U0152687

21世纪数学规划教材

数学基础课系列

2nd Edition

Probability
Theory

概率论（第二版）

何书元 编著

北京大学出版社
PEKING UNIVERSITY PRESS

图书在版编目 (CIP) 数据

概率论 / 何书元编著 . — 2 版 . —北京：北京大学出版社，2024.3
ISBN 978-7-301-34848-2

Ⅰ.①概⋯   Ⅱ.①何⋯   Ⅲ.①概率论－高等学校－教材   Ⅳ.① O21

中国国家版本馆 CIP 数据核字 (2024) 第 022091 号

书　　　　名	概率论（第二版）
	GAILÜLUN（DE-ER BAN）
著作责任者	何书元　编著
责 任 编 辑	潘丽娜　刘　勇
标 准 书 号	ISBN 978-7-301-34848-2
出 版 发 行	北京大学出版社
地　　　　址	北京市海淀区成府路 205 号　 100871
网　　　　址	http://www.pup.cn
电 子 信 箱	zpup@pup.cn
新 浪 微 博	@ 北京大学出版社
电　　　　话	邮购部010-62752015　发行部010-62750672　编辑部010-62752021
印 　刷 　者	大厂回族自治县彩虹印刷有限公司
经 销 者	新华书店
	890 毫米 ×1240 毫米　A5　11 印张　327 千字
	2006 年 1 月第 1 版
	2024 年 3 月第 2 版　2024 年 3 月第 1 次印刷
定　　　　价	49.00 元

未经许可，不得以任何方式复制或抄袭本书之部分或全部内容。
版权所有，侵权必究
举报电话：010-62752024　电子信箱：fd@pup.cn
图书如有印装质量问题，请与出版部联系，电话：010-62756370

作者简介

何书元　博士,现任首都师范大学特聘教授,1984 年至 2010 年历任北京大学数学科学学院讲师、副教授、教授.曾任中国概率统计学会第十届理事会理事长,教育部高等学校数学与统计学教学指导委员会副主任委员、统计学教学指导分委员会主任委员.从事概率论与数理统计的教学和科研工作.

第二版前言

本书是北京大学数学教学系列丛书《概率论》的修订版. 和前一版比较, 在概率空间的引入、事件的独立性定义和对零概率事件的理解方面增加了必要的解释. 将第一版附录中计算随机变量函数和随机向量函数的密度的微分法, 通过定理的形式列入正文. 在介绍随机变量的独立性时, 本书给出了更加简单易行的直观判别法, 使得在许多情况下可以节省计算边缘密度的步骤. 为了方便计算机的使用, 本书对于常用的概率分布采用了与多数计算软件一致的简写符号.

多做习题是打好基础、理解基本定理的必由之路. 本书列出了较多的习题供读者选择. 习题配有答案, 对于技巧性较高的题目还给出提示. 有余力的读者应当尝试独立完成每一道习题.

本书不刻意强调内容的自封闭性, 但尽力使用简单易懂的语言和符合惯例的符号叙述主要内容, 尽力避免繁复的数学推导. 因为阅读本书的基础是数学分析和高等代数, 所以尽管书中涉及了 σ 代数、博雷尔 (Borel) 集、可测函数的概念, 但其目的只是使读者对这些名词有初步了解. 本书所涉及的数集和函数还都是数学分析中描述的数集和函数.

本书附有 PDF 格式的演示课件, 可通过电子信箱 gpup@pku.edu.cn 申请.

本书的写作尽量做到符合时代精神. 但是由于作者水平有限, 书中难免不妥之处, 希望读者不吝指正.

何书元

北京海淀丹青府

2023 年 7 月

第一版前言

概率是描述随机事件发生的可能性的度量. 概率论通过对简单随机事件的研究, 逐步进入复杂随机现象规律的研究, 是研究复杂随机现象规律的有效方法和工具. 概率论还是学习统计学的基础.

多做习题是打好数学基础、练好数学基本功的必由之路. 本书列出了较多的从易到难的习题供学生们选择. 习题配有答案, 对于技巧性较高的题目还给出提示. 本书在每个小节后都列出较简单的练习题目, 供学习完本小节使用. 课后作业只需要选择所备习题的 1/2 至 3/4 即可达到训练的目的. 有能力的同学应当尝试独立完成每一道习题.

严谨的逻辑推理是基本功. 但是只学好严谨的逻辑推理是远远不够的. 科学领域的原创性成果往往不源于逻辑推理. 开放的形象思维、直觉、灵感、顿悟等才是原创性成果的源泉. 本书编者试图在培养同学的想象力和考虑问题的直觉方面做一些努力. 但是否能达到目的就难说了. 除了概率论的基本内容外, 本书还力图通过较多的举例和习题介绍概率论的众多应用领域.

本书在 §2.5 和 §3.4 中介绍随机变量函数和随机向量函数的密度的计算方法, 这是解决较为复杂问题的有力方法. 本书的举例和习题的选择较多地考虑了以后继续学习概率论和统计学的需要, 许多举例和习题的结论在今后的学习甚至工作中都是有用的.

多年来, 北京大学数学科学学院将概率论列为本科生第四学期的必修课. 编者曾多次以汪仁官教授的《概率论引论》为教材讲授概率论. 随着时间的推移, 有不少新的讲法和举例逐渐积累, 于是萌生了编写本教材的想法. 为了和其他课程保持衔接, 本书基本保持了《概率论引论》的体系. 从教学规律来讲, 这个体系是合理的.

根据经验, 使用本书作为教材时的授课进度可大致如下 (仅供参考).

第一章占 20% 学时, 基本内容是古典概率模型、几何概率模型、概率空间、条件概率、全概率公式与贝叶斯 (Bayes) 公式.

第二章占 14% 学时, 基本内容是随机变量的独立性、分布函数、连续型随机变量的概率密度.

第三章占 18% 学时, 基本内容是随机向量及其联合分布、连续型随机向量及其联合密度、随机向量函数的概率分布、条件分布和条件密度.

第四章占 20% 学时, 基本内容是数学期望及其性质、方差、协方差、相关系数和条件数学期望.

第五章占 20% 学时, 基本内容是概率母函数、特征函数、多元正态分布、强弱大数律和中心极限定理.

第六章占 8% 学时, 基本内容是泊松 (Poisson) 过程, 马尔可夫 (Markov) 链和时间序列.

全书是针对一个学期的课程 (每周 4 学时) 设计的. 每周 3 学时的课程应略去带 * 的内容或第六章. 每周 2 学时的课程应略去带 * 的内容和第六章. 前五章和不带 * 的部分是本书的主要内容.

除了作者编写的内容外, 本书的部分举例和习题选自汪仁官教授的《概率论引论》. 本书的编写还得到了汪教授的大力支持. 作者对汪教授深表感谢.

陈家鼎教授对本书次序统计量的联合密度的推导提供了很好的修改意见, 特致谢意.

由于作者水平有限, 书中难免不妥之处, 请读者不吝指教.

何书元

北京海淀蓝旗营

2005 年 10 月

符 号 说 明

$\overline{A}$	A 的余集
$A \subseteq B$	A 是 B 的子集
$A - B$	$A\overline{B}$
$\#A$	集合 A 中元素的个数
$a_n \simeq b_n$	$\lim\limits_{n\to\infty} a_n/b_n = 1$
$\boldsymbol{A}^{\mathrm{T}}$	矩阵 $\boldsymbol{A}$ 的转置
$\mathrm{Cov}(X,Y)$	X,Y 的协方差
$\det(\boldsymbol{A})$	矩阵 $\boldsymbol{A}$ 的行列式
$\mathrm{diag}\,(a_1,a_2,\cdots,a_n)$	以 $a_1,a_2,\cdots,a_n$ 为主对角线元的对角矩
$\mathrm{E}X$	X 的数学期望
$F(x-)$	F 在 x 处的左极限
$F_n \xrightarrow{w} F$	F_n 弱收敛到 F
I_A 或 $\mathrm{I}[A]$	A 的示性函数
$m(A)$	A 的体积
ρ_{XY}	X,Y 的相关系数
σ_{XY}	X,Y 的协方差
$\mathbf{R} = (-\infty,\infty)$	全体实数
$\mathbf{R}^n$	全体 n 维向量
$\mathrm{Var}(X)$	X 的方差
σ_X	X 的标准差 ($\sigma_X = \sqrt{\mathrm{Var}\,(X)}$)
X^+	X 的正部
X^-	X 的负部
$X_n \xrightarrow{p} Y$	X_n 依概率收敛到 Y
$X_n \xrightarrow{d} Y$	X_n 依分布收敛到 Y

目　　录

第一章　　古典概型和概率空间

在考虑一个 (未来) 事件是否会发生的时候, 人们实际上在关心该事件发生的可能性的大小. 就像用尺子测量长度、用天平测量质量一样, 我们用概率测量一个未来事件发生的可能性大小. 概率是概率测度的简称. 为了介绍概率, 需要先介绍试验和事件.

§1.1　　试验与事件

通常把按照一定的想法去做的事情称为随机试验. 随机试验的简称是试验. 下面都是试验的例子:

乘坐公交车时, 观察候车时间;

掷一枚硬币, 观察是否正面朝上;

掷一颗骰子, 观察掷出的点数;

在一副扑克牌中随机抽取两张, 观察是否得到数字相同的一对.

投掷一枚硬币, 用 H(head) 表示正面朝上, 用 T(tail) 表示反面朝上, 则试验有两个可能的结果: H 和 T. 我们称 H 和 T 为样本点, 称样本点的集合 {H, T} 为试验的样本空间.

投掷一颗骰子, 用 1 表示掷出点数 1, 用 2 表示掷出点数 2······ 用 6 表示掷出点数 6, 则试验的可能结果是 1, 2, 3, 4, 5, 6. 我们称这 6 个数为试验的样本点, 称样本点的集合

$$\{\omega \,|\, \omega = 1, 2, \cdots, 6\}$$

为试验的样本空间.

为了叙述方便和明确, 下面把一个特定的试验称为试验 S.

样本点: 称试验 S 的可能结果为样本点, 用 ω 表示.

样本空间: 称试验 S 的样本点构成的集合为样本空间, 用 Ω 表示. 于是

$$\Omega = \{\omega | \omega \text{ 是试验 } S \text{ 的样本点}\}.$$

投掷一颗骰子的样本空间是 $\Omega = \{\omega | \omega = 1, 2, \cdots, 6\}$. 用集合 $A = \{3\}$ 表示掷出 3 点, 则 A 是 Ω 的子集, 这时称 A 为事件. 如果掷出 3 点, 则称事件 A 发生, 否则称事件 A 不发生. 用集合 $B = \{2, 4, 6\}$ 表示掷出偶数点, 则 B 是 Ω 的子集, 这时称 B 为事件. 如果掷出偶数点, 则称事件 B 发生, 否则称事件 B 不发生. 事件 B 发生等价于掷出偶数点.

在区间 (a, b) 中任掷一点, 用 ω 表示落点, 则 ω 是样本点. 试验的样本空间是

$$\Omega = (a, b) \quad \text{或} \quad \Omega = \{\omega | \omega \in (a, b)\}.$$

设 C 是 Ω 的子集, 则 C 是事件. 如果落点 $\omega \in C$, 称事件 C 发生, 否则称 C 不发生. 事件 C 发生等价于 $\omega \in C$.

注 1.1.1 本书中 $\mathbf{R} = (-\infty, \infty)$ 的子集均指数学分析中所述的子集.

设 Ω 是试验 S 的样本空间. 试验 S 的事件是 Ω 的子集, 通常用大写字母 A, B, C, D 或 A_i, B_j, C_k 等表示.

可以用集合的语言描述样本点、样本空间和事件: 试验 S 的样本空间 Ω 是全集, Ω 的元素 ω 是样本点, 事件 A 是 Ω 的子集. 对于 $A \subseteq \Omega$, 如果试验的结果 $\omega \in A$, 则称事件 A 发生, 否则称 A 不发生. 事件 A 不发生等价于 A 的余集 $\overline{A} = \Omega - A$ 发生.

空集 $\varnothing$ 是 Ω 的子集. 因为 $\varnothing$ 中没有样本点, 永远不会发生, 所以称 $\varnothing$ 为**不可能事件**. Ω 也是样本空间 Ω 的子集, 因为 Ω 包含了所有的样本点, 必然发生, 所以称 Ω 为**必然事件**.

明显, 如果 A, B 是事件, 则

$$A \cap B, \quad A \cap B, \quad A - B = A \cap \overline{B}$$

也是事件. 说明事件经过集合运算得到的结果还是事件.

本书也用 AB 表示 $A\cap B$. 当 $AB = \varnothing$ 时, 也用 $A+B$ 表示 $A\cup B$.

当事件 $AB = \varnothing$ 时, 称事件 A, B **不相容**. 特别称 $\overline{A}$ 为 A 的**对立事件**或**逆事件**. 如果多个事件 $A_1, A_2, \cdots$ 两两不相容: $A_iA_j = \varnothing, i \neq j$, 则称它们**互不相容**.

事件的运算符号和集合的运算符号是相同的, 例如:

(1) $A = B$ 表示事件 A, B 相等;

(2) $A \cup B$ 发生等价于至少 A, B 之一发生;

(3) $A \cap B$ (或 AB) 发生等价于 A 和 B 都发生;

(4) $A - B = A\overline{B}$ 发生等价于 A 发生和 B 不发生;

(5) $\bigcup\limits_{j=1}^{n} A_j$ 发生表示至少有一个 A_j $(1 \leqslant j \leqslant n)$ 发生;

(6) $\bigcap\limits_{j=1}^{n} A_j$ 发生表示所有的 A_j $(1 \leqslant j \leqslant n)$ 都发生.

事件的运算公式就是集合的运算公式, 例如:

(1) $A \cup B = B \cup A$, $A \cap B = B \cap A$;

(2) $A \cup (B \cup C) = A \cup B \cup C$, $A \cap (B \cap C) = A \cap B \cap C$;

(3) $A(B \cup C) = (AB) \cup (AC)$, $A \cup (B \cap C) = (A \cup B) \cap (A \cup C)$;

(4) $A \cup B = A + \overline{A}B$, $A = AB + A\overline{B}$;

(5) $\overline{\bigcup\limits_{j=1}^{\infty} A_j} = \bigcap\limits_{j=1}^{\infty} \overline{A}_j$, $\overline{\bigcap\limits_{j=1}^{\infty} A_j} = \bigcup\limits_{j=1}^{\infty} \overline{A}_j$.

公式 (5) 被称为**对偶公式**或**德摩根 (De Morgan) 律**. 公式 (4) 和 (5) 值得记住.

练 习 1.1

1.1.1 证明下列事件的运算公式:

(1) $A \cup B = A + \overline{A}B = AB + \overline{A}B + \overline{B}A$;

(2) $A = AB + A\overline{B}$;

(3) $AB + A\overline{B} + \overline{A}B + \overline{A}\,\overline{B} = \Omega$;

(4) $\overline{\bigcup\limits_{j=1}^{n} A_j} = \bigcap\limits_{j=1}^{n} \overline{A_j}$, $\overline{\bigcap\limits_{j=1}^{n} A_j} = \bigcup\limits_{j=1}^{n} \overline{A_j}$.

1.1.2 用集合的运算表达以下事件:

(1) A 发生、B 和 C 不发生;

(2) A 不发生、B 和 C 发生;

(3) A, B, C 都不发生;

(4) 仅有 A, B, C 之一发生;

(5) A, B, C 之一发生.

§1.2 古 典 概 型

概率是介于 0 和 1 之间的数, 其概念形成于 16 世纪, 与当时用投掷骰子进行赌博有密切的关系.

用 $^{\#}A$, $^{\#}\Omega$ 分别表示事件 A 和样本空间 Ω 中样本点的个数. 以下的概率模型由费马 (Fermat) 和帕斯卡 (Pascal) 在 1654 年提及.

定义 1.2.1 设试验 S 的样本空间 Ω 是有限集合, $A \subseteq \Omega$. 如果 Ω 的每个样本点发生的可能性相同, 则称

$$P(A) = \frac{^{\#}A}{^{\#}\Omega} \tag{1.2.1}$$

为试验 S 下事件 A 发生的概率, 简称为 A 的概率.

用定义 1.2.1 描述的模型称为**古典概率模型**, 简称为**古典概型.**

从定义 1.2.1 可以看出, 概率 P 有以下的性质:

(1) $P(A) \geqslant 0$;

(2) $P(\Omega) = 1$;

(3) 如果 A, B 不相容, 则 $P(A + B) = P(A) + P(B)$;

(4) 如果 $A_1, A_2, \cdots, A_n$ 互不相容, 则

$$P(A_1 + A_2 + \cdots + A_n) = P(A_1) + P(A_2) + \cdots + P(A_n);$$

(5) $P(\varnothing) = 0$, $P(A) + P(\overline{A}) = 1$, $P(A) = P(AB) + P(A\overline{B})$.

在计算事件 A 的概率时, 先计算样本空间中样本点的个数 $^{\#}\Omega$, 然后计算事件 A 中样本点的个数 $^{\#}A$. 特别要注意样本空间 Ω 中每个样本点发生的可能性必须相同, 这样 A 中样本点发生的可能性也是相同的.

从定义 1.2.1 知道, 投掷一枚均匀的硬币, 用 A 表示正面朝上, 则 $P(A) = 1/2$. 投掷该硬币 2 次, 用 A_k 表示正面朝上的次数为 k, 则 $P(A_0) = 1/4$, 则 $P(A_1) = 1/2, P(A_2) = 1/4$. 投掷该硬币 3 次, 则出现 0, 1, 2, 3 次正面的概率依次为 $1/8, 3/8, 3/8, 1/8$.

无特殊声明时, 以下所述的硬币、骰子等都是均匀的.

掷一颗骰子, 用 A 表示掷出奇数, B 表示掷出 5. 由 $^{\#}\Omega = 6$, $^{\#}A = 3$, $^{\#}B = 1$ 知道 $P(A) = 3/6, P(B) = 1/6$.

掷两颗骰子, 用 A 表示点数之和为 7. 由 $^{\#}\Omega = 6^2$, $^{\#}A = 6$ 知道 $P(A) = 6/36 = 1/6$. 如果用 A_k 表示点数之和为 k, 则 $2 \leqslant k \leqslant 7$ 时 $^{\#}A_k = k - 1$, $8 \leqslant k \leqslant 12$ 时 $^{\#}A_k = 12 - k + 1$, 由此计算出 $p_k = P(A_k)$ 如下:

k	2	3	4	5	6	7
p_k	$1/6^2$	$2/6^2$	$3/6^2$	$4/6^2$	$5/6^2$	$6/6^2$
k	8	9	10	11	12	
p_k	$5/6^2$	$4/6^2$	$3/6^2$	$2/6^2$	$1/6^2$	

可以看出, 随着 k 从 2 增加到 12, p_k 先随 k 增加, 达到最大值 p_7 后开始随 k 减少. p_k 的最大值点是 $7 = (2 + 12)/2$.

如果掷 3 颗骰子, 则得到的点数和介于 3 和 18 之间. 用 p_k 表示点数和等于 k 的概率, 可以计算出 p_k 先随 k 增加, 达到最大值 $p_{10} = p_{11}$ 后开始随 k 减少. p_k 的最大值点位于 $10.5 = (3 + 18)/2$ 的两旁.

在概率论中所说的任取、随机抽取都是指等可能的抽取.

例 1.2.1 N 件产品中有 N_i 件 i $(1 \leqslant i \leqslant k)$ 等品, 从中任取 n 件. 求这 n 件中恰有 n_i 件 i 等品的概率.

解 从题意知 $N_1 + N_2 + \cdots + N_k = N$, $n_1 + n_2 + \cdots + n_k = n$. 用 Ω 表示试验的样本空间, 用 A 表示取出的 n 件中恰有 n_i 件 i 等品, 则

$$^{\#}\Omega = \mathrm{C}_N^n, \quad ^{\#}A = \mathrm{C}_{N_1}^{n_1} \mathrm{C}_{N_2}^{n_2} \cdots \mathrm{C}_{N_k}^{n_k},$$

于是

$$P(A) = \frac{\mathrm{C}_{N_1}^{n_1} \mathrm{C}_{N_2}^{n_2} \cdots \mathrm{C}_{N_k}^{n_k}}{\mathrm{C}_N^n}. \tag{1.2.2}$$

在例 1.2.1 中, 如果厂家从这 N 件产品中任取 M 件送往分销部, 商家再从分销部任取 n 件送往商场, 则商场的这 n 件中恰有 n_i 件 i 等品的概率仍由 (1.2.2) 式给出. 由此知道, 没有特殊情况时, 市场里产品的合格率等于生产厂家的产品合格率.

证明如下: 设想将这 N 件产品放入口袋中摇匀, 从中任取 M 件攥在手中不拿出 (相当于取 M 件送往分销部), 再从这 M 件中任取 n 件拿出 (相当于从分销部取 n 件). 因为按此方法得到的这 n 件也是从 N 件中任取的, 所以这 n 件中恰有 n_i 件 i 等品的概率也由 (1.2.2) 式给出.

在古典概型的计算中经常用到以下的计数方法.

(1) 从 n 个不同的元素中有放回地每次抽取一个, 依次抽取 m 个排成一列, 可以得到 n^m 个不同排列. 当随机抽取时, 得到的不同排列是等可能的.

(2) 从 n 个不同的元素中 (无放回地) 抽取 m 个元素排成一列时, 可以得到

$$\mathrm{A}_n^m = \frac{n!}{(n-m)!}$$

个不同的排列. 当随机抽取和排列时, 得到的不同排列是等可能的.

(3) 从 n 个不同的元素中 (无放回地) 抽取 m 个元素, 不论次序地组成一组, 可以得到

$$\mathrm{C}_n^m = \frac{n!}{m!(n-m)!}$$

个不同的组合. 当随机抽取时, 得到的不同组合是等可能的.

(4) 将 n 个不同的元素分成有次序的 k 组, 不考虑每组中元素的次序, 第 $i\,(1 \leqslant i \leqslant k)$ 组恰有 n_i 个元素的不同结果数是

$$\binom{n}{n_1, n_2, \cdots, n_k} = \frac{n!}{n_1! n_2! \cdots n_k!}.$$

当随机分组时, 得到的不同结果是等可能的.

(5) 从 n 个不同的球中有放回地每次抽取一个, 共抽取 m 次. 将这 m 个球不论次序地组成一组时, 可以得到 C_{n+m-1}^m 个不同的组合.

(6) 将 m 个不可区分的球放入 n 个盒子, 可以得到 C_{n+m-1}^m 个不同结果, 每个盒子中都有球的不同结果数是 $\mathrm{C}_{n+m-n-1}^{m-n} = \mathrm{C}_{m-1}^{m-n}$.

只证明 (5) 和 (6). 其他参考附录 A. 用 e_i 表示 0 或 1, 称 $(e_1, e_2, \cdots, e_n)$ 为 n 维 0-1 向量. 恰有 m 个 0 的 n 维 0-1 向量共有 C_n^m 个.

将 n 个球从 1 至 n 编号. 做 n 个相邻的盒子如下:

$$(\ 1\ |\ 2\ |\ 3\ |\ 4\ |\ \cdots \cdots |\ n-1\ |\ n\ )$$

对于 $1 \leqslant i \leqslant n$, 将取到的 i 号球放入 i 号盒子后, 其结果恰对应一个取球结果. 将盒子两端的左右边分别视为左右括弧, 将相邻盒子的公共边视为 1, 将盒子中的球视为 0 时, 不同的取球结果就对应不同的 0-1 向量. 例如, 取到一个 1 号球, 两个 2 号球, 零个 3 号球, 一个 4 号球, $\cdots$, 一个 $n-1$ 号球, 零个 n 号球对应

$$(\mathrm{o}\ |\ \mathrm{oo}\ |\quad |\ \mathrm{o}\ |\quad \cdots \cdots \quad |\ \mathrm{o}\ |\quad),$$

也对应向量

$$(\ 0\ 1\ 0\ 0\ 1\ 1\ 0\ 1\quad \cdots \cdots \quad 1\ 0\ 1\ ).$$

以上对应是一一的. 每个向量有 $n-1$ 个 1, m 个 0, 维数是 $n-1+m$. 因为不同的向量数是 C_{n+m-1}^m, 所以不同的抽取结果也是 C_{n+m-1}^m 个.

(6) 将 m 个不可区分的球放入 n 个盒子的不同结果数与 (5) 中的不同结果数相同, 都是 C_{n+m-1}^m. 每个盒子都有球的结果对应于将 $m-n$ 个不可区分的球放入 n 个盒子的结果, 所以共有 $\mathrm{C}_{n+m-n-1}^{m-n} = \mathrm{C}_{m-1}^{m-n}$ 个不同结果.

注 1.2.1　这里和以后对 $k < 0$ 或 $k > n$ 规定 $\mathrm{C}_n^k = 0$, $\mathrm{A}_n^k = 0$.

例 1.2.2　证明: 对 $m \geqslant n$, 满足方程

$$x_1 + x_2 + \cdots + x_n = m \qquad (1.2.3)$$

的正整数解 $(x_1, x_2, \cdots, x_n)$ 共有 C_{m-1}^{m-n} 个.

证明　因为方程的解 $(x_1, x_2, \cdots, x_n)$ 和计数方法 (6) 中第 1 个盒子里有 x_1 个球, 第 2 个盒子里有 x_2 个球 $\cdots\cdots$ 第 n 个盒子里有 x_n 个球——一一对应, 所以方程 (1.2.3) 解的个数等于每个盒子里都有球的不同结果数, 都是 C_{m-1}^{m-n}.

例 1.2.3 (生日问题)　全院有 n 位教师, 计算:

(1) 至少有一位教师的生日在今天的概率 q_n;

(2) 至少有两位教师生日相同的概率 p_n.

解　认为每位教师的生日等可能地出现在 365 天中的任一天, 则样本空间 Ω 的元素数为 $^\#\Omega = 365^n$.

(1) 用 A 表示没有一位教师的生日在今天, 则 $^\#A = 364^n$, 于是

$$P(A) = (364/365)^n.$$

因为 $P(\overline{A}) + P(A) = 1$, 所以要计算的概率是

$$q_n = P(\overline{A}) = 1 - P(A) = 1 - (364/365)^n.$$

对于不同的 n, 可以计算出下面结果:

n	50	60	80	100	300	600	900
q_n	0.128	0.152	0.197	0.240	0.561	0.807	0.915

(2) 用 C 表示 n 位教师的生日互不相同, 则作为 Ω 的子集, $^\#C = \mathrm{A}_{365}^n$. 因为 $P(\overline{C}) + P(C) = 1$, 所以要求的概率

$$p_n = P(\overline{C}) = 1 - P(C) = 1 - \mathrm{A}_{365}^n/365^n.$$

对于不同的 n, 可以计算出以下结果:

n	20	30	40	50	60	70	80
p_n	0.411	0.706	0.891	0.970	0.994	0.999	0.999 9

从中看出, 全院有 50 位教师时, 我们以 97% 的把握保证至少有两位教师生日相同. 全院有 60 位教师时, 我们以 99.4% 的把握保证至少有两位教师生日相同.

图 1.2.1 是 p_n 和 q_n 的图形. 横坐标是 n, 纵坐标分别是 p_n 和 q_n. 当 n 增加时, 可以看出 q_n 增加得很慢, p_n 增加得很快.

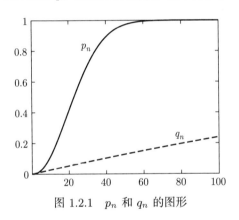

图 1.2.1 p_n 和 q_n 的图形

比较例 1.2.3 中 (1) 和 (2) 的结论时, 你会发现对于指定的一天, 300 个人中有人在今天过生日的概率仅为 0.561, 而 50 个人中至少有两人同生日的概率已经达到了 0.97. 这样的差异和我们的直觉并不一致, 说明直觉并不总是可靠. 尽管如此, 直觉仍然是发明创造的源泉.

例 1.2.4 有若干同学参加了春游活动, 已知其中没有人同生日. 同学甲判断至少有 50 人参加了这次春游, 甲的判断正确吗?

解 用 A 表示参加春游活动的同学中至少有两人同生日, 则对立事件 $\overline{A}$ 表示没有同学同生日. 如果同学甲判断正确, 按照例 1.2.3 的计算有 $P(A) \geqslant 0.97$ (见习题 1.50). 于是

$$P(\overline{A}) = 1 - P(A) \leqslant 1 - 0.97 = 0.03.$$

如果同学甲的判断正确, $\overline{A}$ 发生的概率不超过 0.03. $\overline{A}$ 是一个小概率事件, 一般不会发生. 所以我们应当断定同学甲判断失误.

做出以上结论也有可能犯错误, 犯错误的概率不超过 0.03. 这是因为犯错误的条件是甲判断正确时, 事件 $\overline{A}$ 发生, 而甲的判断正确时, 事件 $\overline{A}$ 发生的概率不超过 0.03.

练 习 1.2

1.2.1 投掷一枚硬币 n 次, 出现多少次正面的概率最大?

1.2.2 投掷一枚骰子 n 次, 点数之和是多少时概率最大?

1.2.3 设样本空间 Ω 有 n 个样本点, 用 $\mathcal{F}$ 表示 Ω 的子集的全体. 证明: $\mathcal{F}$ 中有 2^n 个事件, 这些事件满足:

(1) $\Omega \in \mathcal{F}$;

(2) 如果 $A \in \mathcal{F}$, 则 $\overline{A} \in \mathcal{F}$;

(3) 如果 $A_j \in \mathcal{F}$, 则 $\bigcup\limits_{j=1}^{\infty} A_j \in \mathcal{F}$.

1.2.4 全班有 n 个学生, 计算至少有一个学生和本课程老师同生日的概率 q_n.

1.2.5 试直观解释例 1.2.3 中的 q_n 和 p_n 有较大差异的原因.

§1.3 几 何 概 型

用 $\mathbf{R}^r$ 表示 r 维向量空间

$$\mathbf{R}^r = \{(x_1, x_2, \cdots, x_r) \,|\, x_i \in (-\infty, \infty), 1 \leqslant i \leqslant r\}.$$

对于 $\mathbf{R}^r$ 的子集 A, 用

$$m(A) = \int \cdots \int_A \mathrm{d}x_1 \, \mathrm{d}x_2 \cdots \mathrm{d}x_r \tag{1.3.1}$$

表示 A 的体积.

注 1.3.1 本书总假设所述 $\mathbf{R}^r$ 的子集的体积存在, 也就是 (1.3.1) 式有意义.

用 Ω 表示试验 S 的样本空间, 当 $\Omega \subseteq \mathbf{R}^r$, 称 Ω 的子集为**事件**. 类似于古典概型, 可以给出几何概率的定义.

定义 1.3.1 设样本空间 Ω 的体积 $m(\Omega)$ 是正数, 样本点等可能地落在 Ω 中 (指 Ω 的体积相同的子集发生的可能性相同). 对于 $A \subseteq \Omega$, 称

$$P(A) = \frac{m(A)}{m(\Omega)} \tag{1.3.2}$$

为**事件 A 发生的概率**, 简称为 A 的**概率**.

用定义 1.3.1 描述的概率模型被称为**几何概率模型**, 简称为**几何概型**. 从积分 (1.3.1) 的性质得到几何概率 P 的性质:

(1) $P(A) \geqslant 0$;

(2) $P(\Omega) = 1$;

(3) 如果 $A_1, A_2, \cdots, A_n$ 互不相容, 则 $P\left(\bigcup\limits_{j=1}^{n}\right) = \sum\limits_{j=1}^{n} P(A_j)$.

例 1.3.1 设质点等可能地落在半径为 $1\,\mathrm{m}$ 的圆 Ω 中, A 是半径为 $0.5\,\mathrm{m}$ 的圆, $A \subseteq \Omega$, 计算:

(1) 质点落在小圆内的概率;

(2) 质点落在小圆外的概率;

(3) 质点落在小圆边缘的概率.

解 大圆的面积是 $\pi\,\mathrm{m}^2$, 质点等可能地落入大圆. 小圆的面积是 $0.5^2\,\pi\,\mathrm{m}^2$.

(1) 质点落入小圆的概率是

$$P(A) = \frac{A\ \text{的面积}}{\Omega\ \text{的面积}} = \frac{0.5^2\,\pi}{\pi} = 0.25.$$

(2) 质点落在小圆外的概率是

$$P(\overline{A}) = 1 - 0.25 = 0.75.$$

(3) 因为小圆边缘的面积是 0, 所以质点落在小圆边缘的概率也是 0.

例 1.3.2 (贝特朗 (Bertrand) 问题)　在半径为 1 的圆内任取一条弦, 求弦长大于等于 $\sqrt{3}$ 的概率.

解　由图 1.3.1 知道, 圆的内接等边三角形的边长为 $\sqrt{3}$. 用 Ω 表示试验的样本空间, 用 A 表示得到的弦长大于等于 $\sqrt{3}$.

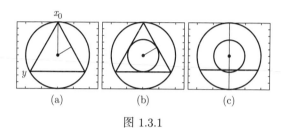

图 1.3.1

(1) 若认为弦的端点等可能地落在圆周上, 则一点 x_0 确定后另一点 y 也等可能地落在圆周上 (图 1.3.1(a)). 因为

$$\Omega = \{y \mid y \in [0, 2\pi)\}, \quad A = \{y \mid 2\pi/3 \leqslant y \leqslant 4\pi/3\},$$

所以 $P(A) = 1/3$.

(2) 若认为弦的中点等可能地落在圆内 (见图 1.3.1(b)), 则 Ω 是大圆盘, A 是小圆盘. 由 $m(\Omega) = \pi, m(A) = \pi/2^2$, 得到 $P(A) = 1/4$.

(3) 若认为弦的中点等可能地落在与之垂直的直径上, 则可从图 1.3.1(c) 看出: 当且仅当弦的中点与圆心的距离小于 1/2 时, 它的弦长才大于 $\sqrt{3}$. 因此 $P(A) = 1/2$.

在本例中, 因为题目没有指明 "等可能" 的具体含义, 所以不同的理解导致了不同的结论. 能够看到的是, 如果弦的端点等可能地落在圆周上, 则弦的中点就不会等可能地落在圆内, 也不会等可能地落在与之垂直的直径上. 另外, 对等可能性的不同理解还导致了样本空间的不同.

练　习　1.3

1.3.1　在区间 $[0,1]$ 中随机取两点, 求它们的平方和小于 1 的概率.

1.3.2 二人相约在 5:00 至 6:00 之间见面, 如果两人在 5:00 至 6:00 之间独立地随机到达, 求一人至少等另一人半小时的概率.

1.3.3 在顶点为 a, b, c 的三角形的 ab 边上任取一点 d, 联结 dc. 用 θ 表示角 acd. 当 d 等可能地落在 ab 中, θ 是否等可能地落在角 acb 中? 试证明你的结论.

§1.4 概 率 空 间

在几何概型中要求样本空间 Ω 和事件 A 的体积存在, 我们看什么样的集合的体积存在. 为了方便, 我们把体积改称为**测度**. 测度在 $[0, \infty]$ 中取值.

设 Ω 是 $\mathbf{R} = (-\infty, \infty)$ 的子区间, 则测度 $m(\Omega)$ 存在. 用 $\mathcal{A}$ 表示 Ω 的子区间的全体, 则 $\mathcal{A}$ 中元素的测度存在. 如果 A, B 的测度存在, 可以证明

$$\overline{A}, \ A \cup B, \ A \cap B, \ A - B$$

的测度都存在 (略去证明). 由此知道, $\mathcal{A}$ 中的元素经过有限次集合运算后得到的集合的测度存在.

现在设 $A_1, A_2, \cdots$ 互不相容且测度都存在, 定义 $\bigcup\limits_{j=1}^{\infty} A_j$ 的测度

$$m\Big(\bigcup_{j=1}^{\infty} A_j\Big) = \sum_{j=1}^{\infty} m(A_j). \tag{1.4.1}$$

于是, $\bigcup\limits_{j=1}^{\infty} A_j$ 的测度存在.

对任何测度存在的子集 $A_1, A_2, \cdots$, 定义 $A_0 = \varnothing$,

$$B_j = A_j - \bigcup_{i=1}^{j-1} A_i, \quad j = 1, 2, \cdots,$$

则 B_j 互不相容, 且测度 $m(B_j)$ 存在. 于是可列并

$$\bigcup_{j=1}^{\infty} A_j = \bigcup_{j=1}^{\infty} B_j$$

的测度存在.

注 1.4.1 可列指元素个数或运算次数可以排列起来.

现在用 $\mathcal{F}$ 表示 $\mathcal{A}$ 的元素经过交集、余集和可列次并的运算及其依次反复运算得到的集合的全体, 则 $\mathcal{F}$ 满足以下的性质:

(1) $\Omega \in \mathcal{F}$;

(2) 如果 $A \in \mathcal{F}$, 则 $\overline{A} \in \mathcal{F}$;

(3) 如果 $A_j \in \mathcal{F}$, 则 $\bigcup\limits_{j=1}^{\infty} A_j \in \mathcal{F}$.

并且 $\mathcal{F}$ 中元素的测度存在, 我们称 $\mathcal{F}$ 中的元素为**事件**, 称 $\mathcal{F}$ 为**事件域**.

当 $r > 1$ 时, 设 Ω 是 $\mathbf{R}^r$ 的立方体子集, 用 $\mathcal{F}$ 表示 Ω 的立方体子集经过交集、余集和可列次并的运算及其依次反复运算得到的集合的全体. 同样可以证明 $\mathcal{F}$ 中的元素的测度存在, $\mathcal{F}$ 也满足上面的性质 (1), (2) 和 (3). 数学分析和高等数学里的集合都在 $\mathcal{F}$ 中.

现在设 Ω 是试验 S 的样本空间, 用 $\mathcal{F}$ 表示试验 S 的事件构成的集合, 我们也要求 $\mathcal{F}$ 满足上面的性质 (1), (2) 和 (3), 于是引入以下定义.

定义 1.4.1 设 Ω 是试验 S 的样本空间, 用 $\mathcal{F}$ 表示 Ω 的子集构成的集合, 如果 $\mathcal{F}$ 满足:

(1) $\Omega \in \mathcal{F}$,

(2) 若 $A \in \mathcal{F}$, 则 $\overline{A} \in \mathcal{F}$,

(3) 若 $A_j \in \mathcal{F}$, 则 $\bigcup\limits_{j=1}^{\infty} A_j \in \mathcal{F}$,

则称 $\mathcal{F}$ 为 Ω 的**事件域** 或**σ 域**, 称 $\mathcal{F}$ 中的元素为**事件**, 称 $(\Omega, \mathcal{F})$ 为**可测空间.**

σ 域又被称为**σ 代数**. 可测空间的含义是指该空间中的元素是可以测量的, 而测量的尺度便是概率.

例 1.4.1 设 $\mathcal{F}$ 是事件域, $A_i \in \mathcal{F}$, 则

(1) $A_1 \cup A_2 \cup \cdots \cup A_n = A_1 \cup A_2 \cup \cdots \cup A_n \cup \varnothing \cup \varnothing \cup \cdots \in \mathcal{F}$;

(2) 由 $\overline{\bigcap\limits_{j=1}^{\infty} A_j} = \bigcup\limits_{j=1}^{\infty} \overline{A_j} \in \mathcal{F}$, 得到 $\bigcap\limits_{j=1}^{\infty} A_j \in \mathcal{F}$;

(3) $\bigcap\limits_{j=1}^{n} A_j = A_1 \cap A_2 \cap \cdots \cap A_n \cap \Omega \cap \Omega \cap \cdots \in \mathcal{F}$;

(4) $A_1 - A_2 = A_1 \overline{A_2} \in \mathcal{F}$.

在我们的生活经验中, 无论将纸张 A 怎样一次次裁剪, 其面积之和都等于 A 的面积. 无论将立方体 B 怎样一次次分割, 其体积之和都等于 B 的体积. 由此知道在几何概率模型中, 对于互不相容的事件 $A_1, A_2, \cdots$, 概率 P 有以下性质:

$$P(A_j) \geqslant 0, \quad P(\Omega) = 1, \quad P\Big(\bigcup\limits_{j=1}^{\infty} A_j\Big) = \sum\limits_{j=1}^{\infty} P(A_j).$$

在古典概型中, 因为样本空间 Ω 只有有限个互不相交的非空子集, 所以上述结论也成立.

由此知道, 对于由样本空间 Ω 及其事件域 $\mathcal{F}$ 构成的可测空间 $(\Omega, \mathcal{F})$, 也应当要求概率 P 具有以上性质. 于是引入以下定义.

定义 1.4.2 设 $(\Omega, \mathcal{F})$ 是可测空间, P 是定义在 $\mathcal{F}$ 上的函数. 如果 P 满足下面的条件:

(1) 非负性: 对 $A \in \mathcal{F}$, $P(A) \geqslant 0$,

(2) 完全性: $P(\Omega) = 1$,

(3) 可列可加性: 对于 $\mathcal{F}$ 中互不相容的事件 $A_1, A_2, \cdots$,

$$P\Big(\bigcup\limits_{j=1}^{\infty} A_j\Big) = \sum\limits_{j=1}^{\infty} P(A_j),$$

则称 P 为 $\mathcal{F}$ 上的**概率测度**, 简称**为概率**, 称 $(\Omega, \mathcal{F}, P)$ 为**概率空间**.

对于 $A \in \Omega$, 如果 $P(A) = 1$, 则称 A **以概率 1 发生**或**几乎必然发生**.

无特殊声明时, 本书以后的叙述都建立在概率空间的基础上, 所涉 Ω 的子集都假定为事件.

有关概率空间的基础性工作是由俄国数学家科尔莫戈罗夫 (Kolmogorov) 在 1933 年建立的.

例 1.4.2 证明概率 P 有以下性质:

(1) 空集的概率是零: $P(\emptyset) = 0$;

(2) 有限可加性: 如果事件 $A_1, A_2, \cdots, A_n$ 互不相容, 则

$$P(A_1 + A_2 + \cdots + A_n) = P(A_1) + P(A_2) + \cdots + P(A_n). \quad (1.4.2)$$

证明 (1) 由概率的可列可加性得到

$$1 = P(\Omega + \emptyset + \emptyset + \cdots) = P(\Omega) + P(\emptyset) + P(\emptyset) + \cdots.$$

再用 $P(\Omega) = 1$ 得到 $P(\emptyset) = 0$.

(2) 由概率的可列可加性得到

$$
\begin{aligned}
&P(A_1 + A_2 + \cdots + A_n) \\
&= P(A_1 + A_2 + \cdots + A_n + \emptyset + \emptyset + \cdots) \\
&= P(A_1) + P(A_2) + \cdots + P(A_n) + P(\emptyset) + P(\emptyset) + \cdots \\
&= P(A_1) + P(A_2) + \cdots + P(A_n).
\end{aligned}
$$

例 1.4.3 (离散概率空间) 设 $\Omega = \{\omega_j | j = 1, 2, \cdots\}$, 事件域 $\mathcal{F}$ 由 Ω 的所有子集构成, 非负常数 $p_1, p_2, \cdots$ 之和等于 1. 对 $A \in \mathcal{F}$ 定义

$$P(A) = \sum_{i: \omega_i \in A} p_i, \quad (1.4.3)$$

则 P 是可测空间 $\{\Omega, \mathcal{F}\}$ 上的概率, 满足 $p_i = P(\omega_i)$, 且 $\{\Omega, \mathcal{F}\}$ 上的概率都有 (1.4.3) 的形式.

练 习 1.4

1.4.1 袋中有大小和质量相同的红、黄、蓝、白球各一个, 从中有放回地任取三次, 每次一个, 并记录下颜色.

(1) 写出相应的概率空间;

(2) 求取到的三个球颜色互不相同的概率.

1.4.2 设 $\mathcal{F}_1, \mathcal{F}_2$ 都是 Ω 的事件域, 证明: $\mathcal{F}_1 \cap \mathcal{F}_2$ 也是 Ω 的事件域.

§1.5　概率与频率

古典概型和几何概型只对等可能的情况定义了概率, 为了描述真实的自然界并研究其复杂的随机现象, 需要理解概率与频率的关系. 在实际问题中, 事件 A 的概率往往是用其在历史观测中的发生频率估算的.

定义 1.5.1　设 Ω 是试验 S 的样本空间, $A \subseteq \Omega$. 在相同的条件下将试验 S 独立重复 N 次, 用 N_A 表示这 N 次试验中 A 发生的次数. 如果

$$\lim_{N \to \infty} \frac{N_A}{N} = p, \tag{1.5.1}$$

则称 A 为试验 S 的**事件**, 称 $P(A) = p$ 为事件 A 在试验 S 下发生的**概率**, 简称为 A 的**概率**.

独立重复投掷一枚均匀的硬币 n 次, 人们都会相信正面朝上的频率会随 n 的增加接近 $1/2$. 独立重复投掷一颗均匀的骰子 n 次, 人们也都会相信点数 j 出现的频率会随 n 的增加接近 $1/6$. 也就是说, 在独立重复试验中, 人们相信频率会向概率收敛.

实际上, 只要 A 是事件, 则 (1.5.1) 中的极限必然存在. 具体来讲, 对于概率空间 $\{\Omega, \mathcal{F}, \mathcal{P}\}$ 中的任何事件 A, 理论上可以证明 (见定理 5.4.3)

$$\lim_{N \to \infty} \frac{N_A}{N} = P(A) \text{ 以概率 } 1 \text{ 成立}. \tag{1.5.2}$$

对于以概率 1 成立的事件, 需要进一步理解. 首先, 以概率 1 发生的事件在实际中必然发生. 这等价于说概率为零的事件必然不发生. 具体来说, 设 B 是试验 S 的事件, 如果 $P(B) = 0$, 则在试验 S 下, B 一定不发生.

关于零概率事件是否会发生, 下面的经验会让人产生错觉. "在区间 $(0,1)$ 中任取一个数 a, 取到任何数的概率都是零. 但是你一定能取到一个数". 这其实是一个 "打哪儿指哪儿, 还是指哪打哪儿" 的逻辑问题. 真实情况是, 你如果真能指定一个数 $a \in (0,1)$, 你就一定取不到这个数.

因为计算机只能保留有限位小数, 比如保留 3 位. 当用计算机取到 $a = 0.123$, 则取到 a 就不是一个零概率事件. 因为事件 $A =$ "取到 0.123" 等价于 $A =$ "取到 $[0.1225, 0.1235)$ 中的数" 发生, 所以 $P(A) = 0.001 > 0$.

如果让计算机产生 $(0,1)$ 的随机数, 保留 30 位小数. 那么对于任何 $a \in (0,1)$, 尽管取到这个数的概率为正数, 但是现在的一台普通计算机运算 100 年也极不可能取到这个 a (见练习 1.8.3).

实际上, 无论是利用计算机还是手工, 我们只能产生所述随机数的近似值, 而产生这个近似值的概率是正数. 后面将会证明, 如果你真能在 $(0,1)$ 中随机取到一个数 a, 则 a 是无理数 (见例 2.3.2).

可以证明 (见例 1.6.3 的结论 (2)): 如果 $P(A_j) = 0$, 则

$$P\left(\bigcup_{j=1}^{\infty} A_j\right) = 0.$$

可见在依次进行的试验中, 概率为零的事件永不会发生.

§1.6 加法公式和连续性

1.6.1 加法公式

概率的有限可加性和可列可加性是概率 P 的最基本性质, 由此推出概率的加法公式:

(1) 如果 $B \subseteq A$, 则 $P(A - B) = P(A) - P(B)$, $P(A) \geqslant P(B)$;

(2) $P(A \cup B) = P(A) + P(B) - P(AB)$;

(3) $P\Big(\bigcup_{j=1}^{3} A_j\Big) = \sum_{j=1}^{3} P(A_j) - \sum_{i \neq j} P(A_i A_j) + P(A_1 A_2 A_3);$

(4) 若尔当 (Jordan) 公式: 对事件 $A_1, A_2, \cdots, A_n$, 设

$$p_k = \sum_{1 \leqslant j_1 < j_2 < \cdots < j_k \leqslant n} P(A_{j_1} A_{j_2} \cdots A_{j_k}), \tag{1.6.1}$$

则

$$P\Big(\bigcup_{i=1}^{n} A_i\Big) = \sum_{k=1}^{n} (-1)^{k-1} p_k; \tag{1.6.2}$$

(5) 如果 $P(A_{j_1} A_{j_2} \cdots A_{j_k}) = P(A_1 A_2 \cdots A_k)$ 对任何 k 和 $1 \leqslant j_1 < j_2 < \cdots < j_k \leqslant n$ 成立, 则

$$P\Big(\bigcup_{i=1}^{n} A_i\Big) = \sum_{k=1}^{n} (-1)^{k-1} \mathrm{C}_n^k P(A_1 A_2 \cdots A_k). \tag{1.6.3}$$

证明 (1) 由 $A = B + (A - B)$ 和 $B \cap (A - B) = \varnothing$ 得到 $P(A) = P(B) + P(A - B)$, 移项后得到结论 (1).

(2) 用 $A \cup B = A + \overline{A}B$, $\overline{A}B + AB = B$ 得到

$$\begin{aligned} P(A \cup B) &= P(A + \overline{A}B) = P(A) + P(\overline{A}B) \\ &= P(A) + [P(\overline{A}B) + P(AB)] - P(AB) \\ &= P(A) + P(B) - P(AB). \end{aligned}$$

(3) 两次使用加法公式 (2) 便得到加法公式 (3).

(4) 可用归纳法证明公式 (1.6.2), 见练习 1.6.3 或例 4.2.9.

(5) 因为 $\displaystyle\sum_{1 \leqslant j_1 < j_2 < \cdots < j_k \leqslant n} 1 = \mathrm{C}_n^k$, 所以 (1.6.3) 式成立.

例 1.6.1 n 个人将各自的帽子混在一起后任取一顶, 求至少有一人拿对自己的帽子的概率.

解 设帽子有从 1 到 n 的编号, 第 $1, 2, \cdots, n$ 个人得到的帽子号分别是 $a_1, a_2, \cdots, a_n$. 取帽子的每个结果恰好对应一个全排列 $a_1 a_2 \cdots a_n$. 全排列的总数 $n!$ 正是试验的等可能结果数.

用 A_i 表示第 i 个人拿对自己的帽子, 用 B 表示至少有一人拿对自己的帽子, 则 $B = \bigcup\limits_{j=1}^{n} A_j$. 对互不相同的 i, j, k, 利用若尔当公式和

$$P(A_i) = \frac{(n-1)!}{n!}, \qquad p_1 = C_n^1 P(A_1) = \frac{1}{1!},$$

$$P(A_i A_j) = \frac{(n-2)!}{n!}, \qquad p_2 = C_n^2 P(A_1 A_2) = \frac{1}{2!},$$

$$P(A_i A_j A_k) = \frac{(n-3)!}{n!}, \qquad p_3 = C_n^3 P(A_1 A_2 A_3) = \frac{1}{3!},$$

$$\cdots\cdots \qquad\qquad \cdots\cdots$$

$$P(A_1 A_2 \cdots A_n) = \frac{1}{n!}, \qquad p_n = C_n^n \frac{1}{n!} = \frac{1}{n!},$$

得到

$$p = P(B) = \sum_{k=1}^{n} \frac{(-1)^{k-1}}{k!}.$$

下面是具体的计算结果:

n	3	4	5	6	7	8	9
p	0.667	0.625	0.633	0.632	0.632	0.632	0.632

可以看出, 当 n 增加, $p \to 1 - e^{-1} \approx 0.632$. 这是因为 $1 - e^{-1}$ 有下面的级数展开:

$$1 - e^{-1} = \sum_{k=1}^{\infty} (-1)^{k-1} \frac{1}{k!} \approx 0.632.$$

即对较大的 n, $P(B) \approx 1 - e^{-1}$.

例 1.6.2 m 个听众随机走进 $n(\leqslant m)$ 个会场, 求每个会场都至少有一个听众的概率 q_m.

解 用 A_i 表示第 i 个会场没有听众, 用 B 表示至少一个会场没有听众, 则 $B = \bigcup\limits_{i=1}^{n} A_i$. 我们要计算 $q_m = P(\overline{B}) = 1 - P(B)$. 对于互不

相同的 i, j, k, 利用若尔当公式和

$$P(A_i) = \frac{(n-1)^m}{n^m}, \qquad p_1 = C_n^1 \frac{(n-1)^m}{n^m},$$

$$P(A_i A_j) = \frac{(n-2)^m}{n^m}, \qquad p_2 = C_n^2 \frac{(n-2)^m}{n^m},$$

$$P(A_i A_j A_k) = \frac{(n-3)^m}{n^m}, \qquad p_3 = C_n^3 \frac{(n-3)^m}{n^m},$$

$$\cdots\cdots \qquad\qquad \cdots\cdots$$

$$P(A_1 A_2 \cdots A_{n-1}) = \frac{1}{n^m}, \qquad p_{n-1} = C_n^{n-1} \frac{1}{n^m},$$

$$P(A_1 A_2 \cdots A_n) = \frac{0}{n^m}, \qquad p_n = 0,$$

得到

$$P(B) = \sum_{k=1}^{n} (-1)^{k-1} C_n^k \frac{(n-k)^m}{n^m}.$$

最后得到

$$q_m = \sum_{k=0}^{n} (-1)^k C_n^k \frac{(n-k)^m}{n^m}.$$

1.6.2 概率的连续性

如果 $A_1 \subseteq A_2 \subseteq \cdots$, 则称事件序列 $\{A_j\} = \{A_j \,|\, j = 1, 2, \cdots\}$ 为**单调增**的. 如果 $A_1 \supseteq A_2 \supseteq \cdots$, 则称事件序列 $\{A_j\}$ 为**单调减**的. 单调增序列和单调减序列统称为**单调序列**.

定理 1.6.1 设 $\{A_j\}$ 和 $\{B_j\}$ 是事件序列.

(1) 如果 $\{A_j\}$ 是单调增序列, 则

$$P\Big(\bigcup_{j=1}^{\infty} A_j\Big) = \lim_{n \to \infty} P(A_n);$$

(2) 如果 $\{B_j\}$ 是单调减序列, 则

$$P\Big(\bigcap_{j=1}^{\infty} B_j\Big) = \lim_{n \to \infty} P(B_n).$$

证明 (1) 当 $\{A_j\}$ 单调增, 取 $A_0 = \varnothing$,

$$B_j = A_j - A_{j-1}, \quad j \geqslant 1, \tag{1.6.4}$$

则 B_j 互不相容, $P(B_j) = P(A_j) - P(A_{j-1})$. 于是由 $\bigcup\limits_{j=1}^{\infty} A_j = \bigcup\limits_{j=1}^{\infty} B_j$ 得到

$$\begin{aligned}
P\Big(\bigcup_{j=1}^{\infty} A_j\Big) &= P\Big(\bigcup_{j=1}^{\infty} B_j\Big) = \sum_{j=1}^{\infty} P(B_j) \\
&= \lim_{n\to\infty} \sum_{j=1}^{n} [P(A_j) - P(A_{j-1})] \\
&= \lim_{n\to\infty} P(A_n).
\end{aligned}$$

(2) 取 $A_j = \overline{B_j}$, 则 $\{A_j\}$ 是单调增序列, 从结论 (1) 得到

$$\begin{aligned}
P\Big(\bigcap_{j=1}^{\infty} B_j\Big) &= 1 - P\Big(\overline{\bigcap_{j=1}^{\infty} B_j}\Big) = 1 - P\Big(\bigcup_{j=1}^{\infty} A_j\Big) \\
&= 1 - \lim_{n\to\infty} P(A_n) = 1 - \lim_{n\to\infty} [1 - P(B_n)] \\
&= \lim_{n\to\infty} P(B_n).
\end{aligned}$$

以后称 $A = \bigcup\limits_{j=1}^{\infty} A_j$ 为单调增序列 $\{A_j\}$ 的极限, 称 $B = \bigcap\limits_{j=1}^{\infty} B_j$ 为单调减序列 $\{B_j\}$ 的极限. 于是单调事件列必有极限. 这和微积分中单调序列必有极限 (含 $\pm\infty$) 的结论是一致的.

设 $f(x)$ 是实函数. 如果对于任何 x 和任何单调收敛到 x 的数列 $\{x_j\}$, 都有 $f(x_j) \to f(x)$, 则称 $f(x)$ 为连续函数. 定理 1.6.1 说明, 单调增序列 $\{A_j\}$ 的概率 $P(A_j)$ 收敛到其极限 $A = \bigcup\limits_{j=1}^{\infty} A_j$ 的概率 $P(A)$, 单调减序列 $\{B_j\}$ 的概率 $P(B_j)$ 收敛到其极限 $B = \bigcap\limits_{j=1}^{\infty} B_j$ 的概率 $P(B)$. 说明概率 P 作为事件域 $\mathcal{F}$ 上的函数, 具有连续性.

例 1.6.3 对于事件列 $A_1, A_2, \cdots$, 证明:

(1) 次可加性: $P\Big(\bigcup_{j=1}^{\infty} A_j\Big) \leqslant \sum_{j=1}^{\infty} P(A_j)$;

(2) 如果 $P(A_j) = 0$ 对 $j \geqslant 1$ 成立, 则 $P\Big(\bigcup_{j=1}^{\infty} A_j\Big) = 0$;

(3) 如果 $P(A_j) = 1$ 对 $j \geqslant 1$ 成立, 则 $P\Big(\bigcap_{j=1}^{\infty} A_j\Big) = 1$;

(4) 如果对任何 $i \neq j$, $P(A_i A_j) = 0$, 则 $P\Big(\bigcup_{j=1}^{\infty} A_j\Big) = \sum_{j=1}^{\infty} P(A_j)$.

证明 只证明 (4). 因为对 $k \geqslant 2$ 和 $1 \leqslant j_1 < j_2 < \cdots < j_k \leqslant n$, 有 $P(A_{j_1} A_{j_2} \cdots A_{j_k}) = P(A_1 A_2 \cdots A_k) = 0$, 于是 (1.6.2) 中的

$$p_1 = \sum_{j=1}^{n} P(A_j), \quad p_k = 0, \quad k > 1.$$

再由概率的连续性和加法公式 (1.6.2) 得到

$$P\Big(\bigcup_{j=1}^{\infty} A_j\Big) = \lim_{n \to \infty} P\Big(\bigcup_{j=1}^{n} A_j\Big) = \lim_{n \to \infty} \sum_{j=1}^{n} P(A_j) = \sum_{j=1}^{\infty} P(A_j).$$

练 习 1.6

1.6.1 如果 $P(A) = 1$, 则对任何事件 B, $P(AB) = P(B)$.

1.6.2 证明例 1.6.3 的结论 (1), (2), (3), 并解释其含义.

1.6.3 公式 (1.6.2) 的证明: 用 $\displaystyle\sum_{J \in \{1,2,\cdots,n\}}$ 表示对 $\{1, 2, \cdots, n\}$ 的所有非空子集 J 求和, 则公式 (1.6.2) 等价于

$$P\Big(\bigcup_{i=1}^{n} A_i\Big) = \sum_{J \in \{1,\cdots,n\}} (-1)^{\#J-1} P\Big(\bigcap_{i \in J} A_i\Big). \tag{1.6.5}$$

用归纳法. $n = 1$ 时结论成立. 设 (1.6.5) 对 n 成立, 利用加法公式 (2)

和

$$\bigcup_{i=1}^{n+1} A_i = \Big(\bigcup_{i=1}^{n} A_i \Big) \bigcup A_{n+1},$$

$$\Big(\bigcup_{i=1}^{n} A_i \Big) A_{n+1} = \bigcup_{i=1}^{n} (A_i A_{n+1}),$$

$$\Big(\bigcap_{i \in J} A_i \Big) A_{n+1} = \bigcap_{i \in J} (A_i A_{n+1}),$$

得到

$$\begin{aligned}
P\Big(\bigcup_{i=1}^{n+1} A_i \Big) &= P\Big(\bigcup_{i=1}^{n} A_i \Big) + P(A_{n+1}) - P\Big(\bigcup_{i=1}^{n} (A_i A_{n+1}) \Big) \\
&= \sum_{J \in \{1,\cdots,n\}} (-1)^{\#J-1} P\Big(\bigcap_{i \in J} A_i \Big) + P(A_{n+1}) \\
&\quad + \sum_{J \in \{1,\cdots,n\}} (-1)^{\#J} P\Big(\bigcap_{i \in J} A_i A_{n+1} \Big) \\
&= \sum_{J \in \{1,\cdots,n+1\}} (-1)^{\#J-1} P\Big(\bigcap_{i \in J} A_i \Big).
\end{aligned}$$

说明 (1.6.5) 对 $n+1$ 成立.

§1.7 条件概率和乘法公式

例 1.7.1 掷一颗骰子, 已知掷出了偶数点, 求掷出的是 2 的概率.

解 用事件 A 表示掷出偶数点, 事件 B 表示掷出 2. 已知 A 发生后试验的 (已知) 条件已经改变. 在新的试验条件下 A 成为样本空间, A 的样本点具有等可能性, B 是 A 的子集, $\#A = 3$, $\#B = 1$. 所以, 用 $P(B|A)$ 表示要求的概率时,

$$P(B|A) = \frac{\#B}{\#A} = \frac{1}{3}.$$

这时称 $P(B|A)$ 为已知事件 A 发生的条件下, 事件 B 发生的概率.

设 A, B 是事件, 以后总用 $P(B|A)$ 表示已知 A 发生的条件下, B 发生的条件概率, 简称为**条件概率**.

在我们的日常生活中, 经常遇到忙中出错的事情. 当你匆忙外出时, 更容易把该带的东西忘掉. 当你情绪激动时, 更容易和别人发生争执. 例如, 一个不礼貌的驾驶行为就会引起情绪激动, 从而导致重大交通事故的发生. 一句话, 当人的情绪处在焦急或亢奋状态时, 就更容易引发其他意外. 所有这些问题中, 前期发生的事件都大大增加了后面接连出错的概率. 这时, 因为引起忙乱的前期事件已经发生, 所以后期出错的概率便是条件概率. 学习条件概率的计算公式时, 还应当学会在情绪不稳定的情况下保持冷静.

更有极端的实例表明, 平时看起来绝无可能的事情, 在特定的条件下也会发生: 在国际期货市场上, 150 美元/桶的原油最高价格是 2008 年金融危机期间创造的. 原油价格一般都在几十美元/桶, 从未出现过负值. 但是 2020 年突发的疫情, 使得大量航班停运, 出行减少, 全球的用油量大幅减少. 大量的原油储罐也趋于饱和, 使得装满原油的货船无处卸载, 最终导致 2020 年 4 月 20 日美国纽约 WTI (美国西德克萨斯轻质原油) 五月到期的原油期货合约创下了不可思议的价格 −37.63 美元/桶. 而中国银行原油宝团队由于没有应对预案, 且处理不当, 一时造成了几百亿人民币的重大损失.

当然, "急中生智" 也是条件概率的一种诠释.

总之, 学习条件概率不应局限于可以量化的计算方法上, 还应当学会用条件概率公式指导我们思考.

在古典概型下, 设试验 S 的样本空间是 Ω, A, B 是事件, $P(A) > 0$. 已知 A 发生后试验的条件已经改变. 在新的试验条件下 A 成为样本空间, A 的样本点具有等可能性. 已知 A 发生后, $B = AB$ 是 A 的子集. 利用古典概型的定义知道

$$P(B|A) = P(AB|A) = \frac{\#(AB)}{\#A} = \frac{\#(AB)/\#\Omega}{\#A/\#\Omega} = \frac{P(AB)}{P(A)}.$$

定理 1.7.1 (条件概率公式) 如果 $P(A) > 0$, 则

$$P(B|A) = \frac{P(AB)}{P(A)}. \tag{1.7.1}$$

在一般的概率空间上, 可以证明公式 (1.7.1) 以概率 1 成立: 设 A, B 是试验 S 下的事件. 对 S 进行 N 次独立重复试验, 设其中 A 发生了 $^\#A$ 次, AB 发生了 $^\#(AB)$ 次, 则已知 A 发生后 AB 发生的频率等于 $^\#(AB)/^\#A$. 因为频率收敛到概率, 所以,

$$\begin{aligned} P(B|A) &= \lim_{N \to \infty} \frac{^\#(AB)}{^\#A} \\ &= \lim_{N \to \infty} \frac{^\#(AB)/N}{^\#A/N} \\ &= \frac{P(AB)}{P(A)} \text{ 以概率 1 成立.} \end{aligned}$$

在计算条件概率时, 公式 (1.7.1) 有时会带来许多的方便. 但有时根据问题的特点可以直接得到结果. 举例如下.

例 1.7.2 将一副扑克的 52 张牌 (已去掉两张王牌) 随机均分给四家, 用 A 表示东家得到 6 张梅花, B 表示西家得到 3 张梅花, 求 $P(B|A)$.

解 四家各有 13 张牌, 已知 A 发生后, A 的 13 张牌已固定. 余下的 39 张牌在另三家中的分派是等可能的. 由于余下的 39 张牌中恰有 7 张梅花, 所以

$$P(B|A) = C_7^3 C_{39-7}^{10}/C_{39}^{13} \approx 0.278.$$

严格说来, 任何随机试验都是在一定的条件下进行的, 如果该条件已知, 则相应的概率便是条件概率. 举例来讲, 投掷一枚均匀的硬币, 硬币均匀便是已知条件. 投掷一颗骰子, 骰子的均匀程度也是条件. 所以, 概率都可以视为条件概率, 条件概率也一定是概率. 这就是下面的结论.

定理 1.7.2 设 $(\Omega, \mathcal{F}, P)$ 是概率空间, $A \in \mathcal{F}$, $P(A) > 0$. 定义

$$P_A(B) = P(B|A), \quad B \in \mathcal{F}, \tag{1.7.2}$$

则 P_A 也是可测空间 $(\Omega, \mathcal{F})$ 上的概率.

证明 根据概率的定义, 只要证明以下三条:

(1) 对 $B \in \mathcal{F}$, $P_A(B) \geqslant 0$;

(2) $P_A(\Omega) = 1$;

(3) 对于 $\mathcal{F}$ 中互不相容的事件 $B_1, B_2, \cdots$, 有

$$P_A\left(\bigcup_{j=1}^{\infty} B_j\right) = \sum_{j=1}^{\infty} P_A(B_j).$$

(1) 和 (2) 是明显的, 下证 (3). 由条件概率公式,

$$\begin{aligned}
P_A\left(\bigcup_{j=1}^{\infty} B_j\right) &= P\left(\bigcup_{j=1}^{\infty} B_j \Big| A\right) = P\left(\bigcup_{j=1}^{\infty} AB_j\right)\Big/ P(A) \\
&= \sum_{j=1}^{\infty} \frac{P(AB_j)}{P(A)} = \sum_{j=1}^{\infty} P(B_j|A) \\
&= \sum_{j=1}^{\infty} P_A(B_j).
\end{aligned}$$

在真实生活中, 事件往往是依次发生的. 如果已知事件 A 发生, 又知道了事件 B 发生, 下面的 (1.7.3) 给出了计算事件 C 发生的条件概率公式.

例 1.7.3 设条件概率 P_A 在定理 1.7.2 中定义, 证明: 对于事件 B, C, 当 $P(AB) > 0$ 时,

$$P_A(C|B) = P(C|AB). \tag{1.7.3}$$

(1.7.3) 是有用的公式. 证明留给读者.

公式 (1.7.3) 的解释如下: 已知事件 A 发生, 又知道事件 B 发生后, 事件 C 发生的概率等于已知事件 AB 发生后 C 发生的概率.

条件概率公式还可以帮助我们澄清一些所谓的"悖论". 在例 1.3.2 的 Bertlant 问题中, 因为同一个题目有三个答案, 所以常被人们称为 Bertlant 悖论. 其实是不同的等可能条件导致了不同的条件概率. 再看下面的例子.

例 1.7.4 投掷一枚硬币两次, 已知至少掷出一次正面的条件下, 计算另一枚也是正面的概率.

解 用 HH 表示第一、二次都掷出正面, 用 HT 表示第一次掷出正面, 第二次掷出反面 …… 则 $A = \{HH, HT, TH\}$ 表示至少一次掷出正面. 用 B 表示另一枚也是正面, 则已知 A 的条件下, $B = AB = \{HH\}$. 因为 A 中的样本点是等可能发生的, 所以要计算的概率为 $P(B|A) = P(AB|A) = 1/3$.

在例 1.7.4 中, 如果不假思索, 容易回答成 1/2. 这是因为人们下意识地认为一枚硬币的正面朝上不会影响另一枚是否正面朝上. 特别是将题目中的 "至少" 去掉后, 更容易回答成 1/2. 这是因为题目没有非常明确地告诉我们, 作为条件的事件, $A = \{HH, HT, TH\}$, 还是 $A = \{HT, TH\}$.

定理 1.7.3 (乘法公式) 设 $A, B, A_1, A_2, \cdots, A_n$ 是事件, 则

(1) 当 $P(A) > 0$, 有 $P(AB) = P(A)P(B|A)$;

(2) 当 $P(A_1 A_2 \cdots A_{n-1}) \neq 0$, 有

$$P(A_1 A_2 \cdots A_n) = P(A_1)P(A_2|A_1) \cdots P(A_n|A_1 A_2 \cdots A_{n-1}). \quad (1.7.4)$$

证明 将条件概率公式用于等式右边的条件概率就得到证明.

例 1.7.5 尽管通常都假设男女婴儿的出生率相同, 但是大量的统计资料表明男婴的出生率高于女婴. 假设男婴的出生率是 $p = 0.51$, 且承认老大的性别不影响老二的性别. 现在新同事家有两个年龄不同的小孩, 已知他家至少有一个女孩时, 计算两个都是女孩的概率.

解 用 A_1 和 A_2 分别表示老大和老二是女孩. 因为老大的性别不影响老二的性别, 所以 $P(A_2|A_1) = P(A_2)$. 用条件概率公式得到

$$P(A_1 A_2) = P(A_1)P(A_2|A_1) = P(A_1)(A_2) = 0.49^2.$$

已知至少有一个女孩等价于已知 $B = A_1 \cup A_2$ 发生. 用 C 表示两个都是女孩, 要计算的概率是

$$P(C|B) = \frac{P(A_1 A_2)}{P(B)} = \frac{P(A_1 A_2)}{P(A_1 \cup A_2)}$$

$$= \frac{P(A_1 A_2)}{P(A_1) + P(A_2) - P(A_1 A_2)}$$

$$= \frac{0.49^2}{0.49 + 0.49 - 0.49^2}$$

$$= \frac{0.49}{2 - 0.49} \approx 0.3245.$$

例 1.7.6 (受贿问题) 某官员第 1 次受贿没被查处的概率是 $q_1 = 98/100 = 0.98$; 第 1 次没被查处后, 第 2 次受贿没被查处的概率是 $q_2 = 96/98 = 0.9796 \cdots\cdots$ 前 $j-1$ 次没被查处后, 第 j 次受贿不被查处的概率是 $q_j = (100 - 2j)/[100 - 2(j-1)] \cdots\cdots$ 求他受贿 n 次还不被查处的概率 p_n.

解 用 A_j 表示该官员第 j 次受贿没被查处, 则 $A_1 A_2 \cdots A_n$ 表示受贿 n 次还不被查处, 则

$$p_n = P(A_1 A_2 \cdots A_n)$$
$$= P(A_1)P(A_2|A_1) \cdots P(A_n|A_1 A_2 \cdots A_{n-1})$$
$$= q_1 q_2 \cdots q_n$$
$$= \frac{98}{100} \cdot \frac{96}{98} \cdots \frac{100 - 2(n-1)}{100 - 2(n-2)} \cdot \frac{100 - 2n}{100 - 2(n-1)}$$
$$= \frac{100 - 2n}{100} = 1 - \frac{n}{50}.$$

下面是具体的计算结果:

n	5	10	15	20	25	30	35	40	45	50
p_n	0.9	0.8	0.7	0.6	0.5	0.4	0.3	0.2	0.1	0.0

可以看出, 随着该官员受贿次数的增加, 其不被查处的概率快速降低. 这可能便是对"多行不义必自毙"的解释.

在例 1.7.6 中, 如果假设 $q_j = 0.98$ 不随 j 变换, 则有

$$p_n = P(A_1 A_2 \cdots A_n)$$
$$= P(A_1)P(A_2|A_1) \cdots P(A_n|A_1 A_2 \cdots A_{n-1})$$
$$= q_1 q_2 \cdots q_n = 0.98^n.$$

这时的近似结果是

n	5	10	15	20	25	30	35	40	45	50
p_n	0.90	0.82	0.74	0.67	0.60	0.55	0.49	0.45	0.40	0.36

练 习 1.7

1.7.1 对于几何概型证明条件概率公式.

1.7.2 证明乘法公式.

1.7.3 设 $P(C) > 0$, $P_C(\cdot) = P(\cdot|C)$, $P_C(A_1 A_2 \cdots A_{n-1}) \neq 0$, 证明:

(1) $P_C(AB) = P_C(A) P_C(B|A)$;

(2) $P(AB|C) = P(A|C) P(B|AC)$;

(3) $P_C(A_1 A_2 \cdots A_n) = P_C(A_1) P_C(A_2|A_1) \cdots P_C(A_n|A_1 A_2 \cdots A_{n-1})$;

(4) $P(A_1 A_2 \cdots A_n|C) = P(A_1|C) P(A_2|A_1 C) \cdots$
$$\cdot P(A_n|A_1 A_2 \cdots A_{n-1} C).$$

§1.8 事件的独立性

在实际问题中, 如果 A 是试验 S_1 下的事件, B 是试验 S_2 下的事件, 且试验 S_1 和试验 S_2 是独立进行的, 则 A 的发生与否不影响 B 的发生概率, 同样 B 的发生与否也不影响 A 的发生概率. 于是有下面的定义.

定义 1.8.1 如果事件 A, B 之一的发生与否, 不影响另一事件的发生概率, 则称事件 A, B **相互独立**, 简称为 A, B **独立**.

按照定义 1.8.1, 事件 A, B 独立的充要条件是:

$$P(B|A) = P(B|\overline{A}) = P(B), \quad P(A|B) = P(A|\overline{B}) = P(A).$$

定理 1.8.1 设 A, B 是事件.

(1) 如果 A, B 独立, 则 $P(AB) = P(A)P(B)$;

(2) 如果 $P(A) \in (0,1), P(B) \in (0,1)$, 则 A, B 独立的充要条件是

$$P(AB) = P(A)P(B).$$

(3) 如果 $P(A) \in (0,1), P(B) \in (0,1)$, 则 A, B 独立的充要条件是

$$P(B|A) = P(B).$$

证明 只证明结论 (2). 如果 $P(AB) = P(A)P(B)$ 成立, 则用条件概率公式得到

$$P(B|A) = \frac{P(AB)}{P(A)} = \frac{P(A)P(B))}{P(A)} = P(B),$$

$$P(B|\overline{A}) = \frac{P(\overline{A}B)}{P(\overline{A})} = \frac{P(B) - P(AB)}{P(\overline{A})} = \frac{P(B)P(\overline{A})}{P(\overline{A})} = P(B).$$

说明 A 的发生与否不影响 B 的发生概率. 同理可证 B 的发生与否不影响 A 的发生概率.

如果 A, B 独立, 则有 $P(B|A) = P(B)$. 用乘法公式得到

$$P(AB) = P(A)P(B|A) = P(A)P(B).$$

明显地, 不可能事件、必然事件与任何其他事件独立. 但是不能说零概率事件和任何其他事件独立. 举例来讲, 在例 1.3.1 中, 用 A 表示质点落在开的小圆内, 用 B 表示质点落在小圆的边缘, 则 $P(B) = P(AB) = 0$. 因为 A, B 互斥, 所以不能称 A, B 独立. 但是这时仍有 $P(AB) = P(A)P(B)$.

如果 $P(A) = 0$ 或 $P(\overline{A}) = 0$, 则 A, B 是否独立要依照问题的背景判断, 不能用公式 $P(AB) = P(A)P(B)$ 判断.

下面的例子说明同一个试验下也可能有相互独立的事件.

例 1.8.1 两线段将长方形 Ω 四等分, 得到 E_1, E_2, E_3, E_4, 如下图所示:

E_1	E_2
E_3	E_4

设 $A = E_1 \cup E_2, B = E_1 \cup E_3, C = E_1 \cup E_4.$ 在 Ω 中任取一点, 则

$$P(AB) = P(A)P(B) = 1/4,$$
$$P(AC) = P(A)P(C) = 1/4,$$
$$P(BC) = P(B)P(C) = 1/4.$$

于是 A, B, C 两两独立.

例 1.8.2 $P(AB) = P(A)P(B)$ 当且仅当 $P(\overline{A}B) = P(\overline{A})P(B)$. 证明留给读者.

定义 1.8.2 设 $A_1, A_2, \cdots$ 是事件.

(1) 如果 $A_1, A_2, \cdots, A_n$ 中任何事件的发生与否都不影响其余事件的发生概率, 则称它们**相互独立**.

(2) 如果对任何 $n \geqslant 2$, $A_1, A_2, \cdots, A_n$ 相互独立, 则称 $A_1, A_2, \cdots$ **相互独立**, 并且称 $\{A_n\}$ 是**独立事件列**.

类似于定理 1.8.1, 我们有下面的定理.

定理 1.8.2 设 $A_1, A_2, \cdots, A_n$ 是事件.

(1) 如果 $A_1, A_2, \cdots, A_n$ 相互独立, 则

$$P(A_1 A_2 \cdots A_n) = P(A_1)P(A_2) \cdots P(A_n);$$

(2) 如果 $P(A_i) \in (0,1)$, $i = 1, 2, \cdots, n$, 则 $A_1, A_2, \cdots, A_n$ 相互独立的充要条件是对任何 $1 \leqslant j_1 < j_2 < \cdots < j_k \leqslant n$, 有

$$P(A_{j_1} A_{j_2} \cdots A_{j_k}) = P(A_{j_1})P(A_{j_2}) \cdots P(A_{j_k}).$$

在日常生活中, 我们常常下意识地使用定理 1.8.2. 例如, 在问路时, 如果两个人独立地告诉你走同一条路, 你会大胆走下去. 因为每个人指错路的概率不超过 10% 时, 两个人都指错路的概率不超过 $(10\%)^2 = 1\%$. 考试时, 你会多带几支笔. 因为每支笔出问题的概率不超过 10% 时, 三支笔都出问题的概率不超过 $(10\%)^3 = 0.1\%$.

在文学或文艺作品中, 有原型的作品往往更精彩. 原因之一是巧合的发生通常遵循条件概率的规律: 前一巧合增大了后面巧合发生的概率. 而凭空编造的剧情常有多个巧合独立发生, 使可信度降低.

容易理解, 如果 $S_1, S_2, \cdots, S_n$ 是 n 个独立进行的试验, A_i 是试验 S_i 下的事件, 则 $A_1, A_2, \cdots, A_n$ 相互独立. 如果 $S_1, S_2, \cdots$ 是一列独立进行的试验, A_i 是试验 S_i 下的事件, 则 $A_1, A_2, \cdots$ 是独立事件列. 于是有以下定理.

定理 1.8.3 设 $A_1, A_2, \cdots, A_n$ 相互独立, 则

(1) 对 $1 \leqslant j_1 < j_2 < \cdots < j_k \leqslant n$, $A_{j_1}, A_{j_2}, \cdots, A_{j_k}$ 相互独立;

(2) 用 B_i 表示 A_i 或 $\overline{A_i}$, 则 $B_1, B_2, \cdots, B_n$ 相互独立;

(3) $(A_1 A_2), A_3, \cdots, A_n$ 相互独立;

(4) $(A_1 \cup A_2), A_3, \cdots, A_n$ 相互独立.

证明留给读者.

下面的例 1.8.3 表明: 同一试验下多个事件之间的两两独立并不代表这些事件的相互独立. 因此, 在同一试验下讨论多个事件的独立性时, 就要十分小心了.

例 1.8.3 证明: 例 1.8.1 中的事件 A, B, C 两两独立, 但不相互独立.

证明 因为 $P(ABC) = 1/4$, $P(A)P(B)P(C) = 1/8$, 所以 A, B, C 不相互独立.

例 1.8.4 假设在 50 个人参加的雪上运动中, 每个人意外受伤的概率是 1%, 且每个人是否意外受伤相互独立. 计算至少有 1 人意外受伤的概率. 为保证无人意外受伤的概率大于 90%, 应当如何控制参加人数?

解 设 $n = 50$. 用 A_j 表示第 j 个人没有意外受伤, 则 $A_1, A_2, \cdots, A_n$ 相互独立, $P(A_j) = 1 - 0.01 = 0.99$. 50 个人无意外受伤的概率

$$P\left(\bigcap_{j=1}^{n} A_j\right) = \prod_{j=1}^{n} P(A_j) = 0.99^n \approx 60.5\%.$$

至少有 1 人意外受伤的概率约为 $1 - 60.5\% = 39.5\%$.

设参加人数为 m 时可以满足要求, 则要求 m 满足

$$P\Big(\bigcap_{j=1}^{m} A_j\Big) = \prod_{j=1}^{m} P(A_j) = 0.99^m \geqslant 0.90.$$

取对数后得到 $m \ln 0.99 \geqslant \ln 0.90$, 从中解出

$$m \leqslant \frac{\ln 0.90}{\ln 0.99} \approx 10.48.$$

所以应当控制参加人数不超过 10 人.

例 1.8.4 告诉我们, 在有多人参加的活动中, 或者要保证每个人都有很高的安全可靠性, 或者要控制参加人数.

例 1.8.4 还告诉我们, 当 $P(A) = \varepsilon > 0$, 且 ε 很小, 则单次试验中 A 一般不会发生. 但是在 N 次独立重复试验中, 由于

$$\lim_{N \to \infty} \frac{A \text{ 发生的次数}}{N} = \varepsilon \text{ 以概率 } 1 \text{ 成立},$$

所以当 N 充分大时, A 必然发生多次. 这一现象被称为**小概率原理**.

例 **1.8.5**   将 52 张扑克牌 (已去掉两张王牌) 随机地分给 4 家.

(1) 计算每家都得到同花色的概率;

(2) 如果全世界按 70 亿人口计, 每人发牌 10 万次, 计算至少遇到一次同花色的概率.

解   (1) 认为 52 张牌被等可能地分为 4 组, 求每组 13 张牌同花色的概率. 这时 $\#\Omega = 52!/(13!)^4$, $\#A = 4!$, 故

$$P(A) = \frac{\#A}{\#\Omega} = \frac{4!(13!)^4}{52!} \approx 4.474 \times 10^{-28}.$$

(2) 将每家得到同花色的发牌结果视为试验成功. 用 A_j 表示第 j 次试验成功, 则 $p = P(A_j) \approx 4.474 \times 10^{-28}$. 设 $n = 7 \times 10^9 \times 10^5$ 是发牌的次数, 要计算的概率是

$$\begin{aligned}
P\Big(\bigcup_{j=1}^{n} A_j\Big) &= 1 - P\Big(\bigcap_{j=1}^{n} \overline{A}_j\Big) \\
&= 1 - (1-p)^n = np + o(np) \\
&\approx 3.132 \times 10^{-13}.
\end{aligned}$$

这样的小概率事件是极不可能遇到的. 因为用 DNA (脱氧核糖核酸) 做亲子鉴定时, 99.99% 的准确率已经被广泛接受, 所以人们已经认可概率不超过 0.01% 的事件是极不可能发生的.

以上分析从另一个方面告诉我们: 尽管理论上小概率事件在独立重复试验中总会发生, 但是当概率太小时, 你没有足够的时间和精力等到它的发生.

例 1.8.6 明青花 (瓷) 享有盛誉. 设一只青花盘在一年中被失手打破的概率是 0.03.

(1) 计算一只弘治 (1488—1505) 时期的青花麒麟 (图案) 盘保留到现在 (约 500 年) 的概率;

(2) 如果弘治年间生产了 1 万只青花麒麟盘, 计算这 1 万只至今都已经被失手打破的概率.

解 (1) 用 A_i 表示该盘在第 i 年没被打破, 要求的概率是

$$p = P(A_1 A_2 \cdots A_{500})$$
$$= P(A_1) P(A_2 | A_1) \cdots P(A_{500} | A_1 A_2 \cdots A_{499})$$
$$= (1 - 0.03)^{500} = 2.43 \times 10^{-7},$$

被失手打破的概率是 $q = 1 - p = 0.999999756$.

(2) 用 B_j 表示第 j 只至今已被打破, $m = 10^4$, 则 $B_1, B_2, \cdots, B_m$ 相互独立. 这 1 万只至今都已经被失手打破的概率是

$$q_1 = P\Big(\bigcap_{j=1}^{m} B_j\Big) = \prod_{j=1}^{m} P(B_j)$$
$$= q^m = 0.99757.$$

有这类青花麒麟盘流传至今的概率是 $p_1 = 1 - q_1 = 0.00243$. 如果当时生产了 50 万只, 则有这类青花麒麟盘流传至今的概率是 $p_{50} = 0.1149$. 如果当时生产了 500 万只, 则有这类青花麒麟盘流传至今的概率是 $p_{500} = 0.7048$.

例 1.8.7 尘肺病是严重危害工人健康的职业病, 通常由医生根据胸透片确诊. 实际中, 富有经验的医生将无病胸透片误判为有病片的

概率平均高于 22%. 为减少误判, 现在对每个病人的胸透片由三位医生独立读片. 如果有两位或以上的医生判断有病就确诊有病, 以误判率为 22% 为例, 计算这三位医生将无病胸透片误判为有病片的概率.

解　用 A_i 表示第 i 位医生发生误判, 则 A_1, A_2, A_3 相互独立, $P(A_i) = 0.22$. 需要计算的概率为

$$p = P(A_1 A_2 A_3) + P(\overline{A_1} A_2 A_3) + P(A_1 \overline{A_2} A_3) + P(A_1 A_2 \overline{A_3})$$
$$= 0.22^3 + 3 \times 0.22^2 \times (1 - 0.22)$$
$$= 0.1239.$$

于是, 误判率从 22% 降低到 12.39%.

练　习　1.8

1.8.1 元件 A 和 B 独立工作, 一天内熔断的概率分别是 p_1 和 p_2.
(1) 当 A, B 并联时, 求 A, B 构成的系统断电的概率;
(2) 当 A, B 串联时, 求 A, B 构成的系统断电的概率.

1.8.2 1654 年 7 月 29 日帕斯卡给费马写信, 转达了德梅尔 (De Mere) 的以下问题: 投掷两颗骰子 24 次, 至少掷出一对 6 的概率小于二分之一. 看来当时帕斯卡并没有解决这个问题. 请你证明这一结论.

1.8.3 在保留 30 位小数的前提下, 假设一台计算机每秒钟可以独立重复产生 10^8 个 $(0, 1)$ 中的随机数. 如果让该计算机连续运转 100 年, 证明: 至少能遇到事先指定的数 a 一次的概率约为 3.1536×10^{-13}.

1.8.4 某射击运动员每次打出 10 环的概率都是 0.8, 要以 99% 的把握打出一次 10 环, 至少要射击几次.

§1.9　全概率公式与贝叶斯公式

定理 1.9.1 (全概率公式)　设事件 $A_1, A_2, \cdots$ 互不相容. 对于 $n \leqslant \infty$, 如果 $B \subseteq \bigcup_{j=1}^{n} A_j$, 则

$$P(B) = \sum_{j=1}^{n} P(A_j)P(B|A_j). \tag{1.9.1}$$

证明　只对 $n = \infty$ 的情况证明. 用概率的可列可加性和乘法公式得到

$$\begin{aligned} P(B) &= P\Big(B \bigcup_{j=1}^{\infty} A_j \Big) = P\Big(\bigcup_{j=1}^{\infty} BA_j \Big) \\ &= \sum_{j=1}^{\infty} P(BA_j) = \sum_{j=1}^{\infty} P(A_j)P(B|A_j). \end{aligned}$$

如果事件 $A_1, A_2, \cdots, A_n$ 互不相容, $\bigcup_{j=1}^{n} A_j = \Omega$, 则称 $A_1, A_2, \cdots,$ A_n 为**完备事件组**. 这时 (1.9.1) 式对任何事件 B 成立. 因为 A 和 $\overline{A}$ 总构成完备事件组, 所以得到常用公式:

$$P(B) = P(A)P(B|A) + P(\overline{A})P(B|\overline{A}). \tag{1.9.2}$$

例 1.9.1 (抽签问题)　n 个签中有 m 个标有"中", 无放回依次随机抽签时, 证明: 第 j 次抽到"中"的概率是 m/n.

证明　用归纳法. 用 A_j 表示第 j 次抽中, 则对一切 $m \leqslant n$, $P(A_1) = m/n$. 设对一切 $m \leqslant n$, 有 $P(A_{j-1}) = m/n$. 已知 A_1 (或 $\overline{A}_1$) 发生后, 可将原来的第 j 次抽签视为新条件下的第 $j-1$ 次抽签. 这时的 $n-1$ 个签中有 $m-1$ (或 m) 个标有"中". 按照归纳法假设, 有

$$P(A_j|A_1) = \frac{m-1}{n-1}, \quad P(A_j|\overline{A}_1) = \frac{m}{n-1}.$$

再利用全概率公式 (1.9.2) 得到

$$\begin{aligned} P(A_j) &= P(A_1)P(A_j|A_1) + P(\overline{A}_1)P(A_j|\overline{A}_1) \\ &= \frac{m}{n} \cdot \frac{m-1}{n-1} + \frac{n-m}{n} \cdot \frac{m}{n-1} \\ &= \frac{m}{n}, \quad 1 \leqslant j \leqslant n. \end{aligned}$$

以上解法有点啰嗦, 但是方法有普遍性, 值得了解. 另外的证明是

$$P(A_j) = m(n-1)!/n!.$$

对抽签问题, 以下证明最能帮助理解: 设想将这 n 个签放入一个口袋中摇匀, 则无论用什么方法抽出一个时, 抽到"中"的概率是 m/n. 现在在袋中依次抽取第 1, 第 2, $\cdots$, 第 $j-1$ 个签攥在手中不拿出, 将抽取的第 j 个拿出, 该签是"中"的概率仍是 m/n.

例 1.9.2 (敏感问题调查) 在调查家庭暴力 (或婚外恋、服用兴奋剂、吸毒等敏感问题) 所占家庭的比例 p 时, 被调查者往往不愿回答真相, 这使得调查数据失真. 为得到实际的 p 同时又不侵犯个人隐私, 调查人员将袋中放入比例是 p_0 的红球和比例是 q_0 的白球. 被调查者在袋中任取一球窥视后放回, 并承诺见到红球就讲真话, 见到白球就直接答"是". 被调查者只需在匿名调查表中选"是"或"否"打钩或画圈, 然后将表放入投票箱. 没人能知道被调查者回答的是什么. 当回答"是"的概率为 p_1 时, 求 p.

> 当你选到白球请回答: 是
> 当你选到红球请回答: 有过家庭暴力吗?
> 　　　是　　　　　否

解 对任选的一个家庭, 用 B 表示回答"是", 用 A 表示取到红球. 利用全概率公式 (1.9.2) 得到

$$p_1 = P(B) = P(B|A)P(A) + P(B|\overline{A})P(\overline{A}) = pp_0 + q_0,$$

于是

$$p = \frac{p_1 - q_0}{p_0}.$$

实际问题中, 概率 p_1 是未知的, 需要经过调查得到. 假定调查了 n 个家庭, 其中有 k 个家庭回答"是", 则可以用 $\hat{p}_1 = k/n$ 估计 p_1, 用

$$\hat{p} = \frac{\hat{p}_1 - q_0}{p_0}$$

估计 p. 如果袋中装 20 个红球、16 个白球, 调查了 90 个家庭, 其中有 45 个家庭回答 "是", 则 $p_0 = 5/9, q_0 = 4/9, \hat p_1 = 4.5/9$,

$$\hat p = \frac{4.5/9 - 4/9}{5/9} = 10\%.$$

可以看到: p_0/q_0 越大, 数据中的有用信息越多, 结论也就越可靠. 但是 p_0/q_0 越大, 调查方案越不易被调查者接受.

例 1.9.3 (波利亚 (Polya) 模型) 口袋中有 b 个黑球、r 个红球, 每次从中任取一个放回后再放入同色球 a 个, 则第 n 次取到黑球的概率为

$$P(B_n) = \frac{b}{b+r}. \tag{1.9.3}$$

解 用 B_n 表示第 n 次取到黑球, 因为 $a = -1$ 和 $a = 0$ 分别对应无放回和有放回的抽球, 所以 (1.9.3) 式成立. 对 $a > 1$, 下面用归纳法证明 (1.9.3) 式. $n = 1$ 时 (1.9.3) 式对任何 $b + r \geqslant 1$ 成立, 设 $n - 1$ 时 (1.9.3) 式对任何 $b + r \geqslant 1$ 成立. 已知 B_1(或 $\overline{B}_1$) 发生后, 原来的第 n 次取球变成新条件下的第 $n - 1$ 次取球, 初始条件是 $b + r + a$ 个球中有 $b + a$ (或 b) 个黑球. 用全概率公式 (1.9.2) 得到

$$P(B_n) = P(B_1)P(B_n|B_1) + P(\overline{B}_1)P(B_n|\overline{B}_1)$$
$$= \frac{b}{b+r} \cdot \frac{b+a}{b+r+a} + \frac{r}{b+r} \cdot \frac{b}{b+r+a}$$
$$= \frac{b(b+a+r)}{(b+r)(b+r+a)} = \frac{b}{b+r}.$$

设医生有 B, R 两种新药品治疗同一种疾病, 疗效未知. 如何决定用哪种药是医生所关心的问题. 医生将口袋里放入 b 个黑球和 r 个红球后任取一球. 对 $i = 1, 2, \cdots$, 第 i 次取到黑球后放回, 用 B 药, 如果药有效就再放入袋中黑球 a 个, 如果药无效再放入红球 c 个. 第 i 次取到红球后放回, 用 R 药, 如果药有效就再放入袋中红球 a 个, 如果药无效再放入黑球 c 个. 可以想象, 如果药 B 比药 R 更有效, 则袋中黑球会增加得快一些. 用 p_n 表示第 n 次取到黑球的概率, 研究 p_n 和

两种药效以及 a, c 的关系是有意义的. 这类问题被称为波利亚坛子问题.

定理 1.9.2 (贝叶斯公式) 设事件 $A_1, A_2, \cdots$ 互不相容, $n \leq \infty$. 如果 $B \subseteq \bigcup_{j=1}^{n} A_j$, $P(B) > 0$, 则有

$$P(A_j|B) = \frac{P(A_j)P(B|A_j)}{\sum_{i=1}^{n} P(A_i)P(B|A_i)}, \quad 1 \leq j \leq n. \tag{1.9.4}$$

证明 只对 $n = \infty$ 证明. 由条件概率公式和全概率公式得到

$$P(A_j|B) = \frac{P(A_jB)}{P(B)} = \frac{P(A_j)P(B|A_j)}{\sum_{i=1}^{\infty} P(A_i)P(B|A_i)}.$$

最常用到的贝叶斯公式是: 当 $P(B) > 0$ 时,

$$P(A|B) = \frac{P(A)P(B|A)}{P(A)P(B|A) + P(\overline{A})P(B|\overline{A})}. \tag{1.9.5}$$

注意, 分子总是分母中的一项.

例 1.9.4 在回答有 A, B, C, D 四个选项的选择题时, 由于题目较难, 只有 20% 的参试人员会这道题目. 如果会的人也有 95% 的概率答错, 不会的人随机猜测答案. 计算答对的人并不会这道题的概率.

解 根据题目, 有 80% 的人在猜测答案. 用 A 表示一个人猜测答案, 则 $P(A) = 0.8$. 用 B 表示他回答正确, 则

$$P(B|A) = 0.25, \quad P(B|\overline{A}) = 0.95.$$

要计算的概率是

$$\begin{aligned}
P(A|B) &= \frac{P(A)P(B|A)}{P(A)P(B|A) + P(\overline{A})P(B|\overline{A})} \\
&= \frac{0.8 \times 0.25}{0.8 \times 0.25 + (1 - 0.8) \times 0.95} \approx 51.28\%.
\end{aligned}$$

结果表明回答正确的人中有多一半是不会这道题的. 问题出在题目的难度较大. 如果把题目的难度降低, 使得有 80% 的人能够答对, 则答对的人并不会这道题的概率降低为

$$P(A|B) = \frac{0.2 \times 0.25}{0.2 \times 0.25 + (1 - 0.2) \times 0.95} \approx 6.17\%.$$

所以难题不应该出成只有四个选项的选择题.

例 1.9.5 (吸烟与肺癌问题) 1950 年某地区曾对 50 ～ 60 岁的男性公民进行调查, 肺癌病人中吸烟的比例是 99.7%, 无肺癌人中吸烟的比例是 95.8%. 如果整个人群的发病率是 $p = 10^{-4}$, 求吸烟人群中的肺癌发病率和不吸烟人群中的肺癌发病率.

解 引入 $A =$ "有肺癌", $B =$ "吸烟", 则 $P(A) = 10^{-4}$, $P(B|A) = 99.7\%$, $P(B|\overline{A}) = 95.8\%$. 利用公式 (1.9.5) 得到

$$\begin{aligned} P(A|B) &= \frac{P(A)P(B|A)}{P(A)P(B|A) + P(\overline{A})P(B|\overline{A})} \\ &= \frac{10^{-4} \times 99.7\%}{10^{-4} \times 99.7\% + (1 - 10^{-4}) \times 95.8\%} \\ &\approx 1.0407 \times 10^{-4}, \\ P(A|\overline{B}) &= \frac{P(A)P(\overline{B}|A)}{P(A)P(\overline{B}|A) + P(\overline{A})P(\overline{B}|\overline{A})} \\ &= \frac{10^{-4} \times (1 - 99.7\%)}{10^{-4} \times (1 - 99.7\%) + (1 - 10^{-4}) \times (1 - 95.8\%)} \\ &\approx 7.1438 \times 10^{-6}. \end{aligned}$$

于是

$$\frac{\text{吸烟人群的发病率}}{\text{不吸烟人群的发病率}} = \frac{P(A|B)}{P(A|\overline{B})} \approx 14.57.$$

结论: 吸烟人群的肺癌发病率是不吸烟人群的肺癌发病率的 14.57 倍.

例 1.9.6 某城市的燃油出租车占 85%, 电动车出租车占 15%. 在一次出租车的交通肇事逃逸案中, 有人指证是电动车肇事. 为了确定, 在肇事地点和相似的能见度下警方对证人的辨别能力进行了测验,

发现证人正确识别电动车的概率是 90%, 正确识别燃油车的概率是 80%. 如果每辆车肇事的概率相同, 且证人没有撒谎, 求电动车肇事的概率.

解 用 A 表示证人指证电动车, 用 B 表示电动车肇事, 则要计算 $P(B|A)$. 用贝叶斯公式得到

$$
\begin{aligned}
P(B|A) &= \frac{P(A|B)P(B)}{P(A|B)P(B) + P(A|\overline{B})P(\overline{B})} \\
&= \frac{0.9 \times 0.15}{0.9 \times 0.15 + (1 - 0.8) \times 0.85} \approx 44.26\%.
\end{aligned}
$$

这个概率看起来很小, 但是在没有证人的情况下, 电动车肇事的概率更小, 是 15%. 如果两个情况相似的证人独立地作出相同的指证, 则是电动车肇事的概率会增加到 78.14%.

实际上, 用 A_i 表示第 i 个人指证电动车, 则在条件 B 下, A_1, A_2 独立. 也就是说在电动车肇事的条件下, 这两个证人是否能指证电动车是相互独立的. 于是

$$
P(A_1 A_2|B) = P(A_1|B)P(A_2|B) = 0.9^2.
$$

同理有

$$
P(A_1 A_2|\overline{B}) = P(A_1|\overline{B})P(A_2|\overline{B}) = (1 - 0.8)^2.
$$

于是

$$
\begin{aligned}
P(B|A_1 A_2) &= \frac{P(A_1 A_2|B)P(B)}{P(A_1 A_2|B)P(B) + P(A_1 A_2|\overline{B})P(\overline{B})} \\
&= \frac{0.9^2 \times 0.15}{0.9^2 \times 0.15 + (1 - 0.8)^2 \times 0.85} \\
&\approx 78.14\%.
\end{aligned}
$$

同样可以计算 k 个情况相似的人都独立作出相同的指证时, 是电动车肇事的概率为

$$
p_k = P(B|A_1 A_2 \cdots A_k) = \frac{0.9^k \times 0.15}{0.9^k \times 0.15 + (1 - 0.8)^k \times 0.85}.
$$

容易计算出

k	3	4	5	6	7
p_k	94.15%	98.64%	99.69%	99.93%	99.98%

如果有 5 个情况相似的人独立指证电动车就认定电动车, 则犯错误的概率约为 0.31%.

例 1.9.7 (疾病普查问题) 一种新方法对某种特定疾病的诊断准确率是 90% (有病被正确诊断和没病被正确诊断的概率都是 90%). 如果群体中这种病的发病率是 0.1%, 甲在身体普查中被诊断患病, 问甲的确患病的概率是多少?

解 设 $A=$ "甲患病", $B=$ "甲被诊断有病". 根据题意, $P(A)=0.001, P(B|A)=0.9, P(B|\overline{A})=0.1$. 用公式 (1.9.5) 得到

$$
\begin{aligned}
P(A|B) &= \frac{P(A)P(B|A)}{P(A)P(B|A)+P(\overline{A})P(B|\overline{A})} \\
&= \frac{0.001 \times 0.9}{0.001 \times 0.9 + 0.999 \times 0.1} \\
&= \frac{9}{9+999} \approx 0.0089 < 1\%.
\end{aligned}
$$

没有病的概率 $P(\overline{A}|B) \approx 0.9911 > 99\%$. 造成这个结果的原因是发病率较低和诊断的准确性不够高.

如果甲复查时又被诊断有病, 则他的确有病的概率将会增加到 7.5%. 如果人群的发病率不变, 诊断的准确率提高到 99%, 可以计算出 $P(A|B) \approx 9.02\%$.

需要指出的是, 例 1.9.7 讲述的是疾病普查, 不适用主动就医的人群. 因为主动就医的人已经有了相应的症状, 发病率早已大大提高了.

在例 1.9.7 中还有一个现象需要注意: 被诊断有病的人中有高达 99% 的人没病. 不明真相者会由此否定诊断的准确率 90%. 这一问题在实际工作中应当特别注意避免.

例 1.9.8 (接例 1.8.7) 根据 2018 年的新闻报道, 贵州某医院从事尘肺病诊断的三位医生在 2012—2016 年期间一共经手了 10708 人次的高千伏胸片检查, 诊断其中的 1640 例为尘肺病患者. 2017 年, 公安

机关从这 1640 份尘肺病患者案例中调走 1353 份, 并聘请有关人员对其中的 547 份案例重新鉴定, 确诊有尘肺病的仅为 42 例. 并由此认为这三位医生的读片误判率达 $(547 - 42)/547 \approx 92.32\%$, 于是对这三位医生以涉嫌国有事业单位人员失职罪进行羁押和审查. 试分析这三位医生是否真的犯有失职罪.

解 从报道看到, 医生读片的平均误判率约为 22%: 无病被判为有病的概率是 22%, 有病被判为有病的概率为 1. 当三位医生独立地尽职工作, 但是有两位或以上医生认为有病就判为有病时, 读片的误判率 (没病被判为有病) 为 12.39%(参考例 1.8.7). 因为 547 个有病病例中仅有 42 例的确有病, 所以 1640 个有病病例中大约有

$$125.92 \approx 1640 \times 42/547$$

个的确有病. 于是相关的 10708 个胸片中, 尘肺病发病率约为

$$q = 125.92/10708 \approx 1.176\%.$$

下面计算被医生判断为有病的病例的确有病的概率.

对于 10708 中的任一个, 用 B 表示他有病, 用 A 表示被医生判断有病, 则

$$P(B) = 1.176\%, \quad P(A|B) = 1, \quad P(A|\overline{B}) = 12.39\%.$$

用贝叶斯公式计算出一位被判定有尘肺病的人的确有尘肺病的概率为

$$P(B|A) = \frac{P(A|B)P(B)}{P(A|B)P(B) + P(A|\overline{B})P(\overline{B})}$$

$$\approx \frac{1.176\%}{1.176\% + 12.39\% \times (1 - 1.176\%)}$$

$$\approx 8.763\%.$$

也就是说, 即使医生尽职工作, 被诊断为有尘肺病的病人真正有尘肺病的概率约为 8.763%, 无尘肺病的概率约为 91.24%. 这与被诊断有病的

人中的真实发病率 92.32% 基本吻合. 数据说明医生应当没有失职问题.

练 习 1.9

1.9.1 设 $A_1, A_2, \cdots$ 互不相容, $B \subseteq \bigcup\limits_{j=1}^{\infty} A_j$, 条件概率 P_A 按 (1.7.2) 式定义, 证明:

(1) $P_A(B) = \sum\limits_{j=1}^{\infty} P_A(A_j) P_A(B|A_j)$;

(2) 当 $P_A(B) > 0$, 有

$$P_A(A_j|B) = \frac{P_A(A_j) P_A(B|A_j)}{\sum\limits_{i=1}^{\infty} P_A(A_i) P_A(B|A_i)}.$$

1.9.2 (三门问题) 三扇关闭的门后各有一个奖品, 其中之一是汽车, 其余是羊. 猜奖者任选一扇门后得到门后的奖品. 当猜奖者选中一扇门尚未打开时, 主持人打开了另两扇门之一, 结果是羊. 这时猜奖者有机会改猜剩下的那扇门. 在下面的情况下, 计算改猜得到汽车的概率.

(1) 假设主持人知道汽车在哪里;

(2) 假设主持人不知道汽车在哪里.

1.9.3 独立重复投掷一枚骰子 n 次, 证明: 当 $n = 2m$ 时, 掷出点数和为 $7m$ 的概率最大; 当 $n = 2m + 1$ 时, 掷出点数和为 $7m + 3$ 和 $7m + 4$ 的概率最大.

§1.10 博雷尔–坎特利引理

1.10.1 以概率 1 成立和必然成立

设 $P(A_j) = 1$ 对 $j \geqslant 1$ 成立, 由例 1.6.3 的结论 (3) 知道

$$P\Big(\bigcap_{j=1}^{\infty} A_j\Big) = 1.$$

说明概率等于 1 的事件在依次进行的试验中必然次次发生.

但是, 还是会有更复杂的情况. 举例来讲, 在 $(0,2)$ 中随机投一质点, 用 C_t 表示落点不是 t, 则 $P(C_t)=1$, 但是

$$D = \bigcap_{t\in(0,1)}^{\infty} C_t$$

表示质点落在 $[1,2)$ 中, $P(D)=1/2$. 说明不可列个概率等于 1 的事件之交集的概率可以小于 1.

因为任意多个必然事件的交集仍然是必然事件, 所以概率等于 1 的事件和必然事件有本质的差别. 为了区分这种差别, 尽管概率为 1 的事件必然发生, 也需要在概率等于 1 的事件后面标注 "以概率 1 发生" 或等价地标注 "几乎必然发生".

同理, 也需要将概率等于 0 的事件和不可能事件 (空集) 加以区别. 设 $P(A_j)=0$ 对 $j \geqslant 1$ 成立, 由例 1.6.3 的结论 (2) 知道

$$P\Big(\bigcup_{j=1}^{\infty} A_j\Big)=0.$$

说明零概率事件在依次进行的试验中必然都不发生.

但是, 如果在 $(0,2)$ 中随机投一质点, 用 A_t 表示落点是 t, 则 $P(A_t)=0$, 但是

$$B = \bigcup_{t\in(0,1)}^{\infty} A_t$$

表示质点落在 $(0,1)$ 中, $P(B)=1/2$. 说明不可列个零概率事件之并集可以是正概率事件. 因为任意多个空集的并仍然是空集, 所以零概率事件和空集也有本质的差别, 在表述时也需要加以区别.

注 1.10.1 在数学表述中, 因为求交集 $\bigcap_{j=1}^{\infty} A_j$ 的运算可以依次进行, 所以称之为 "可列交". 而求交集 $\bigcap_{t\in(0,1)}^{\infty} C_t$ 的运算不能依次进行,

所以称之为"不可列交". 同理, 称 $\bigcup_{j=1}^{\infty} A_j$ 为"可列并", 称 $\bigcup_{t\in(0,1)}^{\infty} A_t$ 为"不可列并".

1.10.2 博雷尔 – 坎特利引理

设 $A_1, A_2, \cdots$ 是事件列. 因为事件 A_j 发生等价于样本点 $\omega \in A_j$, 所以无穷个 A_j 发生, 等价于说

$$\{\omega \,|\, \omega \text{ 属于有无穷个 } A_j\} \tag{1.10.1}$$

发生.

如果有无穷个 A_j 发生, 则对于任何 n, 事件 $\bigcup_{j=n}^{\infty} A_j$ 发生, 因而事件

$$\bigcap_{n=1}^{\infty} \bigcup_{j=n}^{\infty} A_j \tag{1.10.2}$$

发生. 反之, 如果事件 (1.10.2) 发生, 则 $\bigcup_{j=n}^{\infty} A_j$ 发生, 因而有 $m \geqslant n$ 使得 A_m 发生. 又因为 $\bigcup_{j=m+1}^{\infty} A_j$ 发生, 所以有 $k > m$ 使得 A_k 发生, 以此类推知道必有无穷个 A_j 发生. 于是

$$\bigcap_{n=1}^{\infty} \bigcup_{j=n}^{\infty} A_j = \{\text{无穷个 } A_j \text{ 发生}\} = \{\omega \,|\, \omega \text{ 属于有无穷个 } A_j\}. \tag{1.10.3}$$

为了简便, 在概率论中用 $\{A_n \text{ i.o.}\}$ 表示 $\bigcap_{n=1}^{\infty} \bigcup_{j=n}^{\infty} A_j$. 这里 i.o. 是 infinitely often (无限经常) 的缩写. 于是

$$\{A_n \text{ i.o.}\} = \{\text{无穷个 } A_j \text{ 发生}\}. \tag{1.10.4}$$

因为"无穷个 A_j 发生"的对立事件是"至多有限个 A_j 发生", 所以在 (1.10.3) 的两边求余集得到

$$\bigcup_{n=1}^{\infty} \bigcap_{j=n}^{\infty} \overline{A}_j = \{至多有限个 A_j 发生\}.$$

设 $B_j = \overline{A}_j$, 因为 A_j 发生和 B_j 不发生等价, 所以得到

$$\bigcup_{n=1}^{\infty} \bigcap_{j=n}^{\infty} B_j = \{至多有限个 B_j 不发生\}. \tag{1.10.5}$$

下面的定理是概率论中最基本和最重要的结论之一.

定理 1.10.1 (博雷尔 – 坎特利 (Borel-Cantelli) 引理) 对于事件列 $\{A_j\}$,

(1) 如果 $\displaystyle\sum_{j=1}^{\infty} P(A_j) < \infty$, 则 $P(A_n \text{ i.o.}) = 0$;

(2) 如果 $\displaystyle\sum_{j=1}^{\infty} P(A_j) = \infty$, $\{A_j\}$ 是独立事件列, 则 $P(A_n \text{ i.o.}) = 1$.

证明 (1) 因为 $\displaystyle\bigcup_{j=n}^{\infty} A_j$ 关于 n 单调减少, 所以由概率的连续性和次可加性得到

$$P(A_n \text{ i.o.}) = \lim_{n\to\infty} P\Big(\bigcup_{j=n}^{\infty} A_j\Big) \leqslant \lim_{n\to\infty} \sum_{j=n}^{\infty} P(A_j) = 0.$$

(2) 用不等式 $1 - |x| \leqslant e^{-|x|}$ 得到

$$P\Big(\bigcap_{j=n}^{m} \overline{A}_j\Big) = \prod_{j=n}^{m} P(\overline{A}_j) = \prod_{j=n}^{m} [1 - P(A_j)]$$

$$\leqslant \prod_{j=n}^{m} \exp[-P(A_j)] = \exp\Big[-\sum_{j=n}^{m} P(A_j)\Big]$$

$$\to 0, \quad 当 \ m \to \infty.$$

因为 $\displaystyle\bigcup_{j=n}^{m} A_j$ 随 m 单调增加, 所以

$$P\Big(\bigcup_{j=n}^{\infty} A_j\Big) = \lim_{m\to\infty} P\Big(\bigcup_{j=n}^{m} A_j\Big) = \lim_{m\to\infty} \Big[1 - P\Big(\bigcap_{j=n}^{m} \overline{A}_j\Big)\Big] = 1.$$

再用 (1.10.3) 和例 1.6.3 的结论 (3) 得到该定理的结论 (2).

定理 1.10.1 的结论 (1) 说明, 当事件 A_j 的概率 $P(A_j)$ 随 j 增加而趋于零的速度快得使 $\sum\limits_{j=1}^{\infty} P(A_j) < \infty$ 时, 概率为 1 地最多只能有有限个 A_j 发生. 举例来讲, 在几何概率模型下, 如果 $A_1, A_2, \cdots$ 都是 $(0,1)$ 的子区间, 其长度 $P(A_j)$ 之和有限, 则存在 $(0,1)$ 的概率为 1 的子集 C, 使得 C 中的任何数 a 只属于有限个 A_j.

定理 1.10.1 的结论 (2) 说明, 对于相互独立的事件列 $\{A_j\}$, 只要事件 A_j 的概率 $P(A_j)$ 随 j 趋于零的速度得使 $\sum\limits_{j=1}^{\infty} P(A_j) = \infty$ 时, 则概率为 1 地必有无穷个 A_j 发生. 举例来讲, 用 $[x]$ 表示 x 的整数部分, 第 j 次试验是从区间 $[1, j^\alpha]$ 中的整数中任取一个, 则取到每个数的概率都是 $1/[j^\alpha]$. 因为

$$\sum_{j=1}^{\infty} \frac{1}{[j^\alpha]} = \begin{cases} \infty, & \alpha \leqslant 1, \\ c_\alpha, & \alpha > 1, \end{cases}$$

所以当试验依次进行下去时, 若 $\alpha \leqslant 1$, 我们以概率 1 取到任何指定的正整数 k 无穷次; 当 $\alpha > 1$, 我们以概率 1 只能取到任何指定的正整数 k 有限次, 之后就再也取不到这个 k 了.

定理 1.10.1 的结论 (2) 是比小概率原理更进一步的结论: 在依次进行的独立试验中, 无论第 j 次试验的事件 A_j 发生的概率 $P(A_j)$ 多小, 只要使得 $\sum\limits_{j=1}^{\infty} P(A_j) = \infty$, 则以概率 1 遇到无穷个 A_j 发生.

在我们的生活和工作中, 小概率事件的不常发生往往导致了人们对它的忽视或麻痹. 而小概率事件一旦发生, 由于没有预防措施, 就很有可能造成严重的后果. 当然, 也有许多重要的发现或发明也来源于和小概率事件的偶然相遇.

推论 1.10.2 设 $\{A_n\}$ 是独立事件列, 则或者 $P(A_n \text{ i.o.}) = 1$, 或者 $P(A_n \text{ i.o.}) = 0$.

证明 当 $\sum_{j=1}^{\infty} P(A_j) = \infty$, 则 $P(A_n \text{ i.o.}) = 1$; 当 $\sum_{j=1}^{\infty} P(A_j) < \infty$, 则 $P(A_n \text{ i.o.}) = 0$.

推论 1.10.2 说明对于独立事件列, $\{A_n \text{ i.o.}\}$ 发生的概率不是 0 就是 1, 不会有 $0 < P(A_n \text{ i.o.}) < 1$ 的情况, 因而被称为 **0-1 律**.

对于事件 A, 定义**示性函数**如下:

$$\mathrm{I}[A] = \begin{cases} 1, & \text{当 } A \text{ 发生}, \\ 0, & \text{其他}. \end{cases} \tag{1.10.6}$$

如果 $P(A) = 1$, 则 $\mathrm{I}[A] = 1$ 以概率 1 成立.

设 $\{A_n\}$ 是事件列, 则

$$\sum_{j=1}^{\infty} \mathrm{I}[A_j] < \infty \quad \text{和} \quad \sum_{j=1}^{\infty} \mathrm{I}[A_j] = \infty$$

都是事件. $\sum_{j=1}^{\infty} \mathrm{I}[A_j] < \infty$ 表示只有有限个 A_j 发生, $\sum_{j=1}^{\infty} \mathrm{I}[A_j] = \infty$ 表示有无穷个 A_j 发生. 利用示性函数, 可以将博雷尔 – 坎特利引理写成以下的形式.

推论 1.10.3 设 $\{A_n\}$ 是事件列.

(1) 如果 $\sum_{j=1}^{\infty} P(A_j) < \infty$, 则 $\sum_{j=1}^{\infty} \mathrm{I}[A_j] < \infty$ 以概率 1 成立;

(2) 如果 $\{A_n\}$ 是独立事件列且 $\sum_{j=1}^{\infty} P(A_j) = \infty$, 则 $\sum_{j=1}^{\infty} \mathrm{I}[A_j] = \infty$ 以概率 1 成立.

练 习 1.10

1.10.1 在 $(0,1)$ 中任取一点, 用 A_x 表示没取到点 x, 证明:

$$P(A_x) = 1, \quad \bigcap_{x \in (0,1)} A_x = \varnothing, \quad P\left(\bigcap_{x \in (0,1)} A_x \right) = 0.$$

1.10.2 如果第 j 次试验是在开区间 (a,b) 中随机投掷两点构成子区间 $I_j = (a_j, b_j)$, 当试验独立重复进行下去, 对任何满足 $a < a_0 < b_0 < b$ 的 a_0, b_0, 证明: 概率为 1 地有无穷个 I_j 覆盖开区间 (a_0, b_0).

1.10.3 举例说明在 0–1 律中, $A_1, A_2, \cdots$ 相互独立是必要条件.

概率的概念形成于 16 世纪, 与用投掷骰子的方法进行赌博有密切的关系.

学习数学的人对费马 (1601—1665) 是不陌生的. 因为 "费马大定理" 在 1994 年得到证明, 费马的名声早已传播到数学的领域之外. 但是费马和概率论的关系并不为很多人所了解.

费马和笛卡儿 (Descartes, 1596—1650) 同享发明解析几何的荣誉, 但是费马最重要的研究工作是在数论方面. 费马不写论文发表, 只是通过书信的形式和朋友们交流数学研究的思想和成果. 他和帕斯卡 (1623—1662) 的通信是建立概率论的数学基础的起点.

帕斯卡出身于贵族家庭, 16 岁时就发表了圆锥曲线方面的数学论文. 为了帮助他父亲管理账目, 他还发明了一个早期的计算机. 帕斯卡对于概率论的贡献体现在他和费马的通信中.

促使帕斯卡和费马通信的人是德梅尔, 他向帕斯卡请教几个有关赌博的问题. 1654 年 7 月 29 日帕斯卡首先给费马写信, 转达了德梅尔的以下问题: 投掷两个骰子 24 次, 至少掷出一对 6 的概率小于 1/2. 这个概率实际上近似等于 0.4914.

重复投掷一枚硬币 1 万次, 你会得到什么结果呢? 如果硬币是均匀的, 你会判断正面出现的频率大约是 1/2 吗? 初看起来这是一个简单的问题, 但是要在数学上证明它也不容易. 数学上首先证明这个结论的人是伯努利 (Bernoulli, 1654—1705), 尽管他说: 哪怕最笨的人, 不通过别人的教诲也能理解频率大约是 1/2.

伯努利 1654 年出生于瑞士的巴塞尔. 在他的家族成员中, 程度不同地对数学的许多方面做出过贡献, 其中至少有 5 人在概率论方面做出过贡献. 他的父亲希望他成为神职人员, 但是伯努利自己更喜欢数学, 他和同时代的牛顿等人保持密切的通信联系. 现在国际上的伯努利统计期刊和伯努利统计学会就是以他的名字命名的.

概率论的数学理论基础是由著名的俄国数学家科尔莫戈罗夫在 1933 年建立的.

在我国, 许宝騄 (1910—1970) 教授是概率论和数理统计研究的先驱, 有很高的学术成就, 在国际上享有盛誉, 对概率论和数理统计做出了杰出的贡献. 1979 年, 世界著名的统计期刊《数理统计年鉴》(*The Annals of Statistics*) 邀请了一些著名学者撰文介绍了他的生平, 高度评价了他在概率论和数理统计两方面的研究工作.

习 题 一

1.1 设 $\{A_j \mid j = 1, 2, \cdots\}$ 是一列事件, 求互不相容的事件列 $\{B_j \mid j = 1, 2, \cdots\}$, 使得 $B_j \subseteq A_j$, $\bigcup\limits_{j=1}^{\infty} A_j = \bigcup\limits_{j=1}^{\infty} B_j$.

1.2 100 件产品中有 3 件次品, 从中任取两件, 求至少有一件次品的概率.

1.3 从一副扑克的 52 张牌 (已去掉两张王牌) 中无放回地任取 3 张, 求这 3 张牌同花色的概率和花色互不相同的概率.

1.4 从一副扑克的 52 张牌 (已去掉两张王牌) 中有放回地任取 3 张, 求这 3 张牌互不同号的概率和同号的概率.

1.5 钥匙串上的 5 把钥匙中只有一把可以开房门, 现在无放回地试开房门. 计算:

(1) 第 3 次打开房门的概率;

(2) 3 次内打开房门的概率;

(3) 如果 5 把中有 2 把可以打开房门, 求 3 次内打开房门的概率.

1.6 设每个人的生日随机落在 365 天中的任一天, 求 n 个人的生日互不相同的概率和至少有两个人生日相同的概率.

1.7　在标有 1 至 $2n$ 的卡片中无放回地任取 3 张, 求卡片号大于、小于和等于 n 的各有一张的概率.

1.8　在标有 1 至 N 的卡片中有放回地每次抽取一张, 共抽取 n 次, 求抽到的号码依次按严格上升次序排列的概率.

1.9　直径为 1 的硬币随机地落在打有方格的平面上, 问方格的边长为多少才能使硬币和网格不相交的概率小于 0.01?

1.10　在标有 1 至 N 的卡片中有放回地每次抽取一张, 共抽取 n 次.

(1) 求抽到的号码依次按单调不减次序排列的概率.

(2) 求至少有一个卡片没被抽到的概率.

1.11　在 6 副相同的手套中任取 4 只, 求恰有一副的概率.

1.12　在湖中捕获了 80 条鱼, 做记号后放回, 之后又在湖中捕获 100 条鱼时发现其中有 4 条带有记号. 设湖中共有 N 条鱼, 问这一事件发生的概率是多少? 你对 N 的估计是多少?

1.13　n 个人将帽子混在一起后从中任取一顶, 求没有人取得自己的帽子的概率.

1.14　n 个人将各自的帽子混在一起后任取一顶, 求恰有 k 个人拿对自己的帽子的概率.

1.15　在 $[0,1]$ 中任取三点 X, Y, Z, 求线段 X, Y, Z 能构成三角形的概率.

1.16　有 15 名新研究生被随机分配到 3 个专业, 每个专业 5 人. 如果这 15 名学生中有 3 名女生, 计算:

(1) 每个专业各分配到一名女生的概率;

(2) 3 名女生分在同一专业的概率.

1.17　已知 24 小时内有两条船相互独立且随机地到达码头, 它们的停靠时间分别是 3 小时和 4 小时. 如果码头只能容纳一条船, 求后到的船需要等待的概率.

1.18　设一辆出租车一天内穿过 k 个路口的概率是

$$p_k = \frac{\lambda^k}{k!} e^{-\lambda}, \quad k = 0, 1, \cdots, \lambda \text{ 是正常数.}$$

如果各个路口的红绿灯是独立工作的, 在每个路口遇到红灯的概率是 p, 求这辆出租车一天内遇到 m 个红灯的概率.

1.19 两人下棋, 每局获胜者得一分, 累计多于对手两分者获胜. 设甲每局获胜的概率是 p, 求甲最终获胜的概率.

1.20 将 n 个不同的信笺随机放入 n 个写好地址的信封, 求至少有一封匹配的概率.

1.21 设对每个实数 α, $\mathcal{F}_\alpha$ 是 Ω 上的事件域, 证明: $\bigcap\limits_{\alpha} \mathcal{F}_\alpha$ 也是 Ω 上的事件域.

1.22 设 $A_1, A_2, \cdots$ 是 Ω 的子集, 证明: 包含 $A_1, A_2, \cdots$ 的最小事件域唯一存在.

1.23 设 $P(C) > 0$, 事件 $A_1, A_2, \cdots$ 互不相容, $B \subseteq \bigcup\limits_{j=1}^{\infty} A_j$, 证明: 全概率公式

$$P(B|C) = \sum_{j=1}^{\infty} P(A_j|C) P(B|CA_j).$$

1.24 在例 1.9.7 中, 设对疾病判断的准确率是 95%, 人群的发病率是千分之五.

(1) 甲在身体普查中被判断患病, 甲的确患病的概率是多少?

(2) 甲再次复查又被判断有病时, 甲的确患病的概率是多少?

(3) 甲第三次复查又被判断有病, 甲的确患病的概率是多少?

1.25 甲、乙二人比赛, 如果甲胜的概率 $p > 1/2$, 三局两胜的比赛规则对甲有利还是五局三胜的规则对甲有利.

1.26 瓮 I 中有 2 只白球和 3 只黑球, 瓮 II 中有 4 只白球和 1 只黑球, 瓮 III 中有 3 只白球和 4 只黑球. 随机地选取一个瓮并从中随机地抽取一只球, 发现是白球. 求瓮 I 被选到的概率.

1.27 甲乘汽车、火车的概率分别为 0.6, 0.4. 汽车和火车正点到达的概率分别是 0.8, 0.9. 现在甲已经正点到达, 求甲乘火车来的概率.

1.28 一副眼镜第一次落地摔坏的概率是 0.5; 若第一次没摔坏, 第二次落地摔坏的概率是 0.7; 若第二次没摔坏, 第三次落地摔坏的概率是 0.9. 求该眼镜三次落地没有摔坏的概率.

1.29 电梯中的两个人等可能地要去 $2, 3, \cdots, n$ 层, 写出相应的概率空间 $(\Omega, \mathcal{F}, P)$. 给出 #Ω, #$\mathcal{F}$. 用 A 表示这两人到达不同的楼层时, 计算 $P(A)$.

1.30 从自然数 $\{1, 2, \cdots, 1000\}$ 中任选一个数, 求该数能被 3 整除的概率.

1.31 有 $n + 1$ 个口袋, 第 $i (0 \leqslant i \leqslant n)$ 个口袋中有 i 个白球, $n - i$ 个红球. 先在这 $n + 1$ 个袋子中任选定一个, 然后在这个袋中有放回地抽取 r 个球. 如果这 r 个球都是红球, 求再抽一个也是红球的概率.

1.32 一台机床工作状态良好时, 产品的合格率是 99%, 机床发生故障时的产品合格率是 50%. 设每次新开机器时机床处于良好状态的概率是 95%. 如果新开机器后生产的第一件产品是合格品, 求机器处于良好状态的概率.

1.33 甲吸烟时在两盒火柴中任选一盒, 使用其中的一根火柴. 设每盒火柴中有 n 根火柴, 求遇到一盒空而另外一盒剩下 r 根火柴的概率.

1.34 将 10 个黑球和 10 个白球随机分成 10 组, 每组两个. 求每组中恰有一黑一白的概率.

1.35 50 只铆钉随机地用在 10 个部件上, 每个部件用 3 只铆钉. 如果 3 只强度太弱的铆钉用在同一个部件上, 则该部件的强度太弱. 当 50 只铆钉中有 3 只强度太弱时, 求有一个部件强度太弱的概率.

1.36 袋中有 2 个红球、3 个黄球、5 个白球. 有放回地抽取 8 次, 每次一个. 求抽到的是 3 红、3 黄和 2 白的概率.

1.37 一枚深水炸弹击沉、击伤和不能击中一艘潜水艇的概率分别是 1/3, 1/2 和 1/6. 设击伤该艘潜水艇两次也会使该潜艇沉没, 求用 4 枚深水炸弹击沉该艘潜艇的概率.

1.38 设 $\Omega = \{\omega_j | j = 1, 2, \cdots, n\}$, 求 Ω 上的最小和最大 σ 域的元素个数.

1.39 设 $A_1, A_2, \cdots, A_n$ 是 Ω 的完备事件组, 每个 A_i 发生的概率是正数. 设 $\mathcal{F}$ 是包含所有 A_i 的最小事件域, 问 $\mathcal{F}$ 中有多少个元素?

1.40 设样本空间 Ω 是全体正整数. 用 A_m 表示能被 m 整除的正

整数, 用 $\mathcal{F}$ 表示包含 A_3, A_4, A_5 和 A_6 的最小事件域, 求 $^{\#}\mathcal{F}$.

1.41 证明: $\{A_n \text{ i.o.}\}$ 是 $\bigcup\limits_{n=1}^{\infty}\bigcap\limits_{j=n}^{\infty}\overline{A_j}$ 的对立事件.

1.42 从标有 1 至 n 的 n 个球中任取 m 个, 记下号码后放回. 再从这 n 个球中任取 k 个, 记下号码. 求两组号码中恰有 c 个号码相同的概率.

1.43 口袋中有质地相同的 n 个白球和 n 个红球, 从中一次取出 n 个. 用 A_k 表示这 n 个球中恰有 k 个红球.

(1) 计算 $P(A_k)$;

(2) 证明: $\sum\limits_{k=0}^{n}(\mathrm{C}_n^k)^2 = \mathrm{C}_{2n}^n$;

(3) 对正整数 m, 证明: $\sum\limits_{k=0}^{n}\mathrm{C}_n^k\mathrm{C}_m^{n-k} = \mathrm{C}_{n+m}^n$.

1.44 口袋中有质地相同的 N 个球, 其中有 n 个白球, 从中无放回地每次取一个. 用 A_k 表示第 k 次才首次取到白球.

(1) 计算 $P(A_k)$;

(2) 证明等式:
$$\frac{N}{n} = 1 + \frac{N-n}{N-1} + \frac{(N-n)(N-n-1)}{(N-1)(N-2)}$$
$$+ \cdots + \frac{(N-n)\cdots 2\cdot 1}{(N-1)\cdots(n+1)n}.$$

1.45 袋中有 $b+r$ 个红球, $a-r$ 个白球, 从中无放回地任取 b 个.

(1) 求恰有 k 个白球的概率;

(2) 证明: $\mathrm{C}_{a+b}^b = \sum\limits_{k=0}^{a-r}\mathrm{C}_{b+r}^{b-k}\mathrm{C}_{a-r}^k$;

(3) 证明: $\mathrm{C}_{a+b}^{a-r} = \sum\limits_{k=0}^{a-r}\mathrm{C}_b^k\mathrm{C}_a^{k+r}$.

1.46 证明以下组合公式:

(1) $\sum\limits_{i=k}^{n}\mathrm{C}_{i-1}^{k-1} = \mathrm{C}_n^k$;

(2) $\sum_{k=0}^{m} \mathrm{C}_{n-k-1}^{m-k} = \mathrm{C}_n^m$;

(3) $\sum_{j=0}^{m} \mathrm{C}_{n+j}^{n} = \mathrm{C}_{n+m+1}^{n+1}$.

1.47 设 $A_m = \{(j_1, j_2, \cdots, j_n) | j_1 + \cdots + j_n = m, j_1, j_2, \cdots, j_n$ 是非负整数 $\}$, $x_j = x \in (0,1)$, $j = 1, 2, \cdots, n$. 证明:

$$(1-x)^{-n} = \sum_{m=0}^{\infty} \sum_{(j_1, j_2, \cdots, j_n) \in A_m} x_1^{j_1} x_2^{j_2} \cdots x_n^{j_n}, \quad \#A_m = \mathrm{C}_{n+m-1}^m.$$

1.48 将 m 个不可区分的球随机地放入 n 个盒子, 利用上题的结论说明所有不同结果有 C_{n+m-1}^m 个.

1.49 如果 $\Omega = \bigcup_{j=1}^{n} A_j$, $\mathcal{F}$ 是包含 $A_1, A_2, \cdots, A_n$ 的最小事件域, 证明: $\#\mathcal{F} \leqslant 2^{2^n-1}$.

1.50 证明: 例 1.2.4 中的 $P(A) \geqslant 0.97$.

1.51 在圆桌用餐时, 10 对夫妇随机入座. 计算没有一位妻子和她的丈夫相邻的概率.

第二章　随机变量和概率分布

随机事件可以描述简单的随机现象. 随机变量的引入方便了人们对更复杂的随机现象的刻画和研究.

§2.1　随机变量及其独立性

2.1.1　随机变量

设 Ω 是试验 S 的样本空间, 对于事件 A, 示性函数 $\mathrm{I}[A]$ 是 Ω 上的实值函数, 由下式决定:

$$\mathrm{I}[A] \xlongequal{\text{记}} \mathrm{I}_A(\omega) = \begin{cases} 1. & \text{当 } \omega \in A, \\ 0, & \text{当 } \omega \in \overline{A}. \end{cases}$$

定义 $X = \mathrm{I}[A]$, 则有

$$\{X \leqslant x\} \xlongequal{\text{记}} \{\omega \mid X(\omega) \leqslant x\} = \begin{cases} \varnothing, & \text{当 } x < 0, \\ \overline{A} & \text{当 } x \in [0,1), \\ \Omega, & \text{当 } x \geqslant 1. \end{cases}$$

说明无论 x 取何值, $\{X \leqslant x\}$ 都是事件.

如果 $Y = \mathrm{I}[B]$ 是事件 B 的示性函数, 则 Y 也是 Ω 上的实值函数. 于是可以对 X, Y 进行数学运算. 这时称 X, Y 为随机变量.

在一副扑克的 52 张牌 (已去掉两张王牌) 中任取 1 张, 样本空间的每个样本点 ω 表示 1 张扑克. 用 X 表示所取扑克的大小, 则 $X = 3$ 表示所取到的扑克是 3, 满足

$$\{X = 3\} \xlongequal{\text{记}} \{\omega \mid X(\omega) = 3\} = \{\text{梅花 3, 黑桃 3, 红桃 3, 方块 3}\}.$$

X 也是样本空间 Ω 上的函数, 也称为随机变量.

不严格地说, 定义在样本空间 Ω 上的任何实值函数都是随机变量. 严格地说, 随机变量有下面的定义.

定义 2.1.1 设 $(\Omega, \mathcal{F})$ 是可测空间, 如果 Ω 上的实值函数 $X(\omega)$ 使得对任何实数 x,

$$\{X \leqslant x\} \overset{\text{记}}{=\!=\!=} \{\omega \,|\, X(\omega) \leqslant x\} \in \mathcal{F}, \tag{2.1.1}$$

则称 $X(\omega)$ 为可测空间 $(\Omega, \mathcal{F})$ 上的**随机变量**.

通常将随机变量 $X(\omega)$ 简记为 X. 在概率论和数理统计学中, 人们习惯用 X, Y, Z, ξ, η 等表示随机变量. 不够时还可以用 $X_1, X_2, \cdots$ 表示.

如果 P 是可测空间 $(\Omega, \mathcal{F})$ 上的概率, 则 $(\Omega, \mathcal{F}, P)$ 是概率空间. 按照概率空间的定义, 只有 $\mathcal{F}$ 中的元素 A 才称为事件, 才能计算 A 的概率 $P(A)$. 这正是在随机变量的定义中要求 $\{X \leqslant x\} \in \mathcal{F}$ 的原因. 这时可以计算 $\{X \leqslant x\}$ 的概率

$$P(X \leqslant x) = P(\omega \,|\, X(\omega) \leqslant x). \tag{2.1.2}$$

容易理解, 掷一颗骰子, 用 X 表示掷出的点数, 则 $X, X^2, X + \sqrt{X}$ 都是随机变量. 设 X 是随机变量, 则对于 $a < b$, $\{a < X \leqslant b\} = \{X \leqslant b\} - \{X \leqslant a\}$ 是事件.

例 2.1.1 在 52 张扑克牌 (已去掉两张王牌) 中任取 13 张, 求这 13 张牌中恰有 5 张梅花的概率.

解 用 X 表示这 13 张牌中梅花的张数, 则 $X = 5$ 是关心的事件, 容易得到

$$P(X = 5) = \frac{\mathrm{C}_{13}^5 \, \mathrm{C}_{39}^8}{\mathrm{C}_{52}^{13}}.$$

为了将函数 $X(\omega)$ 弄明白, 设试验的样本空间 $\Omega = \{\omega\}$ 由 C_{52}^{13} 个样本点构成, 每个样本点 ω 是不分次序的 13 张牌. $X = X(\omega)$ 是定义在 Ω 上的函数:

$$X(\omega) = \text{“}\omega \text{ 中的梅花数”}, \quad \omega \in \Omega.$$
$$\{X = 5\} = \{\omega \,|\, \omega \text{ 中有 5 张梅花}\}.$$

上面尽管将 X 的函数关系表示了出来, 但对于问题 "$P(X=5)=?$" 的解决并没有更多帮助.

因此, 本书并不十分看重函数 $X=X(\omega)$ 在 Ω 上是如何具体定义的, 只是在必要的时候才将自变元 ω 写出来.

用 $\mathbf{R}$ 表示全体实数 $(-\infty, +\infty)$, 用 $\mathcal{C}$ 表示 $\mathbf{R}$ 的子区间的全体, 用 $\mathcal{B}$ 表示 $\mathcal{C}$ 中的子区间们经过有限次的交集、余集和可列并的运算及其依次反复运算得到的集合的全体, 则 $\mathcal{B}$ 是 σ 域. 通常称为**博雷尔域**, 称 $\mathcal{B}$ 中的元素为**博雷尔集**. 数学分析中遇到的子集都是博雷尔集.

定理 2.1.1　设 X 是可测空间 $(\Omega, \mathcal{F})$ 上的随机变量, 则对任何博雷尔集 A, 有

$$\{X \in A\} \xRightarrow{\text{记}} \{\omega \,|\, X(\omega) \in A\} \in \mathcal{F}. \tag{2.1.3}$$

证明见练习 2.1.3.

当 $(\Omega, \mathcal{F}, P)$ 是概率空间, 定理 2.1.1 说明对博雷尔集 A, $\{X \in A\}$ 是事件, 于是可以计算概率 $P(X \in A)$.

博雷尔域 $\mathcal{B}$ 是 $\mathbf{R}$ 的 σ 域, 所以 $(\mathbf{R}, \mathcal{B})$ 是可测空间. 定义在 $(\mathbf{R}, \mathcal{B})$ 上的随机变量就是以 $\mathbf{R}$ 为定义域的实值函数 $g(x)$, 满足: 对任何实数 a,

$$\{x \,|\, g(x) \leqslant a\} \in \mathcal{B}.$$

下面把一维博雷尔集推广到 n 维博雷尔集. 用 $\mathbf{R}^n$ 表示 n 维向量空间:

$$\mathbf{R}^n = \{(x_1, x_2, \cdots, x_n) \,|\, x_i \in \mathbf{R}, 1 \leqslant i \leqslant n\}. \tag{2.1.4}$$

用 $\mathcal{C}^n$ 表示 $\mathbf{R}^n$ 的全体子立方体. 用 $\mathcal{B}^n$ 表示 $\mathcal{C}^n$ 中的立方体们经过有限次交集、余集和可列并的依次反复运算得到的集合的全体, 则 $\mathcal{B}^n$ 是 σ 域, 称为 n 维博雷尔域. 称 $\mathcal{B}^n$ 中的元素为 n 维博雷尔集. 通常将 "n 维" 略去, 简称为博雷尔域或博雷尔集. 这样, $(\mathbf{R}^n, \mathcal{B}^n)$ 是可测空间.

设 $\varphi(x_1, x_2, \cdots, x_n)$ 是 $\mathbf{R}^n$ 上的 n 元实值函数, 如果对任何实数 x,

$$\{(x_1, x_2, \cdots, x_n) \mid \varphi(x_1, x_2, \cdots, x_n) \leqslant x\} \in \mathcal{B}^n, \qquad (2.1.5)$$

则按定义 2.1.1, $\varphi(x_1, x_2, \cdots, x_n)$ 是 $(\mathbf{R}^n, \mathcal{B}^n)$ 上的随机变量. 可测空间 $(\mathbf{R}^n, \mathcal{B}^n)$ 上的随机变量又称为**博雷尔可测函数**, 简称为**可测函数**.

可以证明连续函数、阶梯函数、单调函数以及这些函数的函数都是可测函数, 数学分析中的函数也都是可测函数.

定理 2.1.2   如果 X 是可测空间 $(\Omega, \mathcal{F})$ 上的随机变量, $g(x)$ 是可测函数, 则 $Y = g(X)$ 是 $(\Omega, \mathcal{F})$ 上的随机变量.

证明   只要证对任何 $a \in \mathbf{R}$, $\{Y \leqslant a\} \in \mathcal{F}$. 对取定的 a, 定义

$$B = \{x \mid g(x) \leqslant a\}, \quad 则 \ B \in \mathcal{B}.$$

注意到 $Y(\omega) = g(X(\omega))$ 是 Ω 上的函数, 再利用定理 2.1.1 得到

$$\{Y \leqslant a\} = \{\omega | Y(\omega) \leqslant a\} = \{\omega | g(X(\omega)) \leqslant a\}$$
$$= \{\omega | X(\omega) \in B\} = \{X \in B\} \in \mathcal{F}.$$

完全类似地可以证明, 如果 $X_1, X_2, \cdots, X_n$ 都是 $(\Omega, \mathcal{F})$ 上的随机变量, $g(x_1, x_2, \cdots, x_n)$ 是 n 元可测函数, 则

$$Y = g(X_1, X_2, \cdots, X_n)$$

是 $(\Omega, \mathcal{F})$ 上的随机变量.

注 2.1.1   本书以后所涉及的数集都是博雷尔集, 所涉及的函数都是博雷尔可测函数, 不再赘述.

2.1.2   随机变量的独立性

对随机事件 $A, B, A_1, A_2, \cdots, A_n$, 以后用 $\{A, B\}$ 表示 AB, 用 $\{A_1, A_2, \cdots, A_n\}$ 表示 $A_1 A_2 \cdots A_n$. 于是, 对随机变量 X, Y, 有 $\{X \leqslant x, Y \leqslant y\} = \{X \leqslant x\} \bigcap \{Y \leqslant y\}$. 对随机变量 $X_1, X_2, \cdots, X_n$, 有

$$\{X_1 \leqslant x_1, X_2 \leqslant x_2, \cdots, X_n \leqslant x_n\} = \bigcap_{j=1}^{n} \{X_j \leqslant x_j\}.$$

定义 2.1.2 设 $X_1, X_2, \cdots$ 是随机变量. 如果对任何 $x_1, x_2, \cdots, x_n$,

$$P(X_1 \leqslant x_1, X_2 \leqslant x_2, \cdots, X_n \leqslant x_n)$$
$$= P(X_1 \leqslant x_1)P(X_2 \leqslant x_2) \cdots P(X_n \leqslant x_n),$$

则称随机变量 $X_1, X_2, \cdots, X_n$ **相互独立**. 如果对任何 n, $X_1, X_2, \cdots, X_n$ 相互独立, 则称随机变量的序列 $X_1, X_2, \cdots$ 相互独立.

容易理解, 当 $S_1, S_2, \cdots, S_n$ 是相互独立进行的随机试验, X_i 是试验 S_i 下的随机变量, 则 $X_1, X_2, \cdots, X_n$ 相互独立. 于是可以理解下面定理的正确性.

定理 2.1.3 对于随机变量 $X_1, X_2, \cdots, X_n$, 以下 4 个条件等价:

(1) $X_1, X_2, \cdots, X_n$ 相互独立;

(2) 对任何数集 $A_1, A_2, \cdots, A_n$, 事件

$$\{X_1 \in A_1\}, \{X_2 \in A_2\}, \cdots, \{X_n \in A_n\}$$

相互独立;

(3) 对任何实函数 $g_1(x), g_2(x), \cdots, g_n(x)$, 随机变量

$$g_1(X_1), g_2(X_2), \cdots, g_n(X_n)$$

相互独立;

(4) 对任何 $k(\geqslant 1)$ 元实函数 $\varphi(x_1, x_2, \cdots, x_k)$, 随机变量

$$\varphi(X_1, X_2, \cdots, X_k), X_{k+1}, X_{k+2}, \cdots, X_n$$

相互独立.

证明 只用 (2) 证明 (3). 对于实数 $x_1, x_2, \cdots, x_n$, 引入集合

$$B_i = \{x | g_i(x) \leqslant x_i\}, \quad 1 \leqslant i \leqslant n.$$

利用 (2) 得到

$$P(g_1(X_1) \leqslant x_1, g_2(X_2) \leqslant x_2, \cdots, g_n(X_n) \leqslant x_n)$$
$$= P(X_1 \in B_1, X_2 \in B_2, \cdots, X_n \in B_n)$$
$$= P(X_1 \in B_1)P(X_2 \in B_2) \cdots P(X_n \in B_n)$$
$$= P(g_1(X_1) \leqslant x_1)P(g_2(X_2) \leqslant x_2) \cdots P(g_n(X_n) \leqslant x_n).$$

由定义 2.1.2 知道随机变量 $g(X_1), g(X_2), \cdots, g(X_n)$ 相互独立.

推论 2.1.4　如果随机变量 $X_1, X_2, \cdots, X_n$ 都只取整数值, 则它们相互独立的充要条件是对任何整数 $i_1, i_2, \cdots, i_n$, 事件 $\{X_1 = i_1\}, \{X_2 = i_2\}, \cdots, \{X_n = i_n\}$ 相互独立.

证明　由定理 2.1.3 的条件 (2) 得到必要性. 下面证明充分性, 这时有

$$P(X_1 = i_1, X_2 = i_2, \cdots, X_n = i_n)$$
$$= P(X_1 = i_1)P(X_2 = i_2) \cdots P(X_n = i_n).$$

对任何数集 $A_1, A_2, \cdots, A_n$, 在上式两边对 $i_1 \in A_1$, $i_2 \in A_2$, $\cdots$, $i_n \in A_n$ 求和, 得到

$$P(X_1 \in A_1, X_2 \in A_2, \cdots, X_n \in A_n)$$
$$= P(X_1 \in A_1)P(X_2 \in A_2) \cdots P(X_n \in A_n).$$

说明事件 $\{X_1 \in A_1\}, \{X_2 \in A_2\}, \cdots, \{X_n \in A_n\}$ 相互独立.

值得注意: 常数与任何随机变量独立.

例 2.1.2 (赌徒破产模型)　甲有本金 a 元, 决心再赢 b 元停止赌博. 设甲每局赢的概率是 $p = 1/2$, 每局输赢都是一元钱, 甲输光后停止赌博, 求甲输光的概率 $q(a)$.

解　用 X_i 表示甲第 i 局赢的钱数. 因为赌博是独立重复试验, 所以 $X_1, X_2, \cdots$ 相互独立. 用 B_k 表示甲有本金 k 元时最后输光, 则

$$q(k) \xlongequal{\text{记}} P(B_k)$$
$$= P(X_1 = 1)P(B_k|X_1 = 1) + P(X_1 = -1)P(B_k|X_1 = -1)$$
$$= \frac{1}{2}P(B_{k+1}) + \frac{1}{2}P(B_{k-1})$$
$$= \frac{1}{2}q(k+1) + \frac{1}{2}q(k-1).$$

于是有 $2q(k) = q(k+1) + q(k-1)$, 用 $q(0) = 1$ 得到

$$q(k+1) - q(k) = q(k) - q(k-1)$$
$$= \cdots$$
$$= q(1) - q(0) = q(1) - 1.$$

上式两边对 $k = n-1, n-2, \cdots, 0$ 求和得到

$$q(n) - 1 = n(q(1) - 1). \tag{2.1.6}$$

取 $n = a + b$, 用条件 $q(a+b) = 0$ 得到

$$0 - 1 = (a+b)(q(1) - 1), \quad 即 \quad q(1) - 1 = -1/(a+b).$$

最后由 (2.1.6) 式得到

$$q(a) = 1 + a(q(1) - 1) = 1 - \frac{a}{a+b} = \frac{b}{b+a}. \tag{2.1.7}$$

(2.1.7) 式说明, 当甲的本金 a 有限, 则贪心 b 越大, 输光的概率越大. 举例来说, 如果甲有 100 元本金, 想赢 900 元, 则他输光的概率是 $900/1000 = 90\%$, 而达到目的的概率为 10%. 如果他一直赌下去 $(b \to \infty)$, 必定输光.

赌徒破产模型揭示了以下现象: 即便是公平赌博, 赌资少的赌徒更容易输光. 这也解释了在各类金融交易市场上频繁操作的散户更容易亏损的现象.

练 习 2.1

2.1.1 设 X 是随机变量, 对实数 $a < b$, 用定义证明: $\{X = a\}$ 和 $\{a < X < b\}$ 是事件.

2.1.2 如果随机变量 X, Y 独立, 用定义证明: 事件 $\{a < X \leqslant b\}$ 和 $\{c < Y \leqslant d\}$ 独立.

2.1.3 定理 2.1.1 的证明: 对 $A \subseteq \mathbf{R}$, 引入

$$X^{-1}(A) = \{\omega | X(\omega) \in A\}, \quad \mathcal{A} = \{A | X^{-1}(A) \in \mathcal{F}, A \subseteq \mathbf{R}\}.$$

先证明 $\mathcal{A}$ 是 σ 域和 $\mathcal{B} \subseteq \mathcal{A}$.

(1) $X^{-1}(\mathbf{R}) = \{\omega | X(\omega) \in \mathbf{R}\} = \Omega \in \mathcal{F}$, 故 $\mathbf{R} \in \mathcal{A}$;

(2) 对任何 $A \in \mathcal{A}$, 有 $X^{-1}(A) \in \mathcal{F}$, 于是

$$X^{-1}(\overline{A}) = \{\omega | X(\omega) \in \overline{A}\} = \overline{\{\omega | X(\omega) \in A\}} = \overline{X^{-1}(A)} \in \mathcal{F},$$

故 $\overline{A} \in \mathcal{A}$;

(3) 对于 $A_j \in \mathcal{A}$, 有 $X^{-1}(A_j) \in \mathcal{F}$, $j = 1, 2, \cdots$. 从而

$$X^{-1}\Big(\bigcup_{j=1}^{\infty} A_j\Big) = \Big\{\omega | X(\omega) \in \bigcup_{j=1}^{\infty} A_j\Big\}$$

$$= \bigcup_{j=1}^{\infty} \{\omega \mid X(\omega) \in A_j\}$$

$$= \bigcup_{j=1}^{\infty} X^{-1}(A_j) \in \mathcal{F},$$

故 $\bigcup\limits_{j=1}^{\infty} A_j \in \mathcal{A}$. 由上述的 (1), (2), (3) 知道 $\mathcal{A}$ 是 σ 域. 由于任何的 $(a, b] \in \mathcal{A}$, 所以 $\mathcal{B} \subseteq \mathcal{A}$, 因而定理成立.

§2.2 离散型随机变量

定义 2.2.1 如果随机变量 X 只取有限个值 $x_1, x_2, \cdots, x_n$, 或可列个值 $x_1, x_2, \cdots$, 则称 X 为**离散型随机变量**, 简称为**离散随机变量**.

以下就 X 取可列个值的情况加以表述, 对于 X 取有限个值的情况可类似的表述.

定义 2.2.2 设离散随机变量 X 的取值是 $x_1, x_2, \cdots$, 则称

$$P(X = x_k) = p_k, \quad k \geqslant 1 \qquad (2.2.1)$$

为 X 的**概率分布**, 称 $\{p_k\}$ 为**概率分布列**, 简称为**分布列**.

当分布列 $\{p_k\}$ 的规律性不够明显时, 也常用下面的方式表达:

$$
\begin{array}{c|cccc}
X & x_1 & x_2 & x_3 & \cdots \\
\hline
P & p_1 & p_2 & p_3 & \cdots
\end{array}
\qquad (2.2.2)
$$

容易看到, 分布列 $\{p_k\}$ 有如下的性质:

(1) $p_k \geqslant 0$;

(2) $\displaystyle\sum_{j=1}^{\infty} p_j = 1$.

不具备以上性质的数列不是分布列. 下面是常用的概率分布.

(1) 伯努利分布 $Bino(1, p)$

设 $p = 1 - q \in (0, 1)$. 如果 X 只取值 0 或 1, 有概率分布

$$P(X = 1) = p, \quad P(X = 0) = q, \qquad (2.2.3)$$

则称 X 服从**伯努利分布**, 记作 $X \sim Bino(1, p)$.

只关心成功与否的试验称为伯努利试验. 对伯努利试验引入随机变量

$$X = \begin{cases} 1, & \text{试验成功,} \\ 0, & \text{试验不成功,} \end{cases}$$

则 X 服从伯努利分布.

最简单的伯努利试验是投掷硬币. 独立重复投掷一枚不必均匀的硬币, 将正面朝上视为成功, 则称

$$X_i = \begin{cases} 1, & \text{若第 } i \text{ 次试验成功,} \\ 0, & \text{若第 } i \text{ 次试验不成功,} \end{cases} \quad i = 1, 2, \cdots \qquad (2.2.4)$$

为伯努利试验序列.

下面是独立重复投掷一枚均匀硬币的依次观测记录.

记录 1, $n = 100$:

1001010100101001101001100101010110010010 0100111001010

0101010110001100010010010010101010110101 1001110110

记录 2, $n = 100$:

1100100010100100010100000110100111111000 11111010000

0010011000000111110110100010101010001100 1011101011

记录 1, 2 中正面朝上的次数分别是 47, 46, 都接近 50. 但是它们还是有明显的差异. 记录 1 中最多有 3 个正面连续出现, 最多有 3 个反面连续出现. 记录 2 中最多有 6 个正面连续出现, 最多有 6 个反面连续出现. 哪个记录更合理呢?

让我们把连续的 0 称作 0 游程, 称其中 0 的个数为游程长度. 记录 1 的 0 游程依次是 00, 0, 0, 00, $\cdots$, 长度分别是 2, 1, 1, 2, $\cdots$. 同样把连续的 1 称作 1 游程, 称其中 1 的个数为游程长度. 记录 1 有 35 个 0 游程, 35 个 1 游程, 游程最大长度是 3. 记录 2 有 25 个 0 游程, 26 个 1 游程, 游程最大长度是 6.

在伯努利试验序列的依次观测中, 用 R 表示其中 1 游程的个数, 如果 n 次试验中有 m 个 1, 可以证明 (见练习 2.2.3)

$$P(R = r) = \frac{C_{m-1}^{r-1} C_{n-m+1}^{r}}{C_n^m}, \quad 1 \leqslant r \leqslant m. \qquad (2.2.5)$$

在记录 1 中, $n = 100$, $m = 47$. 用 R 表示 1 游程的个数, 用 p_r 表示得到 r 个 1 游程的概率 $P(R = r)$. 用公式 (2.2.5) 计算的结果如下:

r	22	23	24	25	26	27	28	29
p_r	0.064	0.102	0.137	0.157	0.154	0.129	0.092	0.056

可以看出, 出现 25 个 1 游程的概率最大. 另外还可以计算出

$$P(22 \leqslant R \leqslant 29) \approx 0.891, \quad P(R \geqslant 35) \approx 1.026 \times 10^{-4}.$$

在记录 1 中, $n = 100$, $m = 47$, $R = 35$, $P(R \geqslant 35) \approx 1.0255 \times 10^{-4}$. 因为这个概率太小了, 所以会让人感到意外. 实际上, 记录 1 是虚构的, 记录 2 是真实的试验结果.

在伯努利试验序列的依次观测中, 用 L_n 表示 n 次试验中 1 游程的最大长度. 当成功的概率等于失败的概率, 可以证明 (参考书目 [8]) 以下公式:

$$P(L_n \geqslant k) = \sum_{r=1}^{n-k+1} (-1)^{r+1} \left(C_{n-rk}^r + 2C_{n-rk}^{r-1} \right) 2^{-(k+1)r}. \quad (2.2.6)$$

当 $n = 100$ 时, 用公式 (2.2.6) 可以计算出 $\{L_{100} \geqslant k\}$ 和 $\{L_{100} = k\}$ 的概率如下:

$$P(L_{100} \geqslant 3) \approx 0.999\,7 \quad\quad P(L_{100} = 3) \approx 0.027\,0$$
$$P(L_{100} \geqslant 4) \approx 0.972\,7 \quad\quad P(L_{100} = 4) \approx 0.162\,6$$
$$P(L_{100} \geqslant 5) \approx 0.810\,1 \quad\quad P(L_{100} = 5) \approx 0.264\,0$$
$$P(L_{100} \geqslant 6) \approx 0.546\,1 \quad\quad P(L_{100} = 6) \approx 0.228\,6$$
$$P(L_{100} \geqslant 7) \approx 0.317\,5 \quad\quad P(L_{100} = 7) \approx 0.147\,3$$
$$P(L_{100} \geqslant 8) \approx 0.170\,2 \quad\quad P(L_{100} = 8) \approx 0.082\,6$$

注意记录 1 中, 1 游程的最大长度为 3, 这明显和 $P(L_{100} \geqslant 4) \approx 0.972\,7$ 不符. 在记录 2 中, 1 游程的最大长度为 6 却是和 $P(L_{100} \geqslant 6) \approx 0.546\,1$ 基本相符. 由此也应当判断记录 1 是虚构的, 记录 2 是合理的.

在我们的生活中也常遇到类似的现象. 两个水平相近的棋手对弈时会遇到其中一位连续赢棋的情况. 喜欢打扑克的人也会遇到连续抓到好牌或差牌. 在谈论运气问题时, 也会听说某某人的运气一直比较好, 等等. 公式 (2.2.5) 和 (2.2.6) 可以对以上现象做出大致的解释.

当然, 虚构的记录 1 也不是毫无用处. 当你的手机中有两首歌曲随机播放时, 按记录 1 的播放体验更好. 真实的随机播放 (记录 2) 的效果并不理想. 其实, 手机中的随机播放并不是真正意义的随机播放.

在由 (2.2.4) 式定义的伯努利试验序列中, $S_n = X_1 + X_2 + \cdots + X_n$ 是 n 次独立重复试验中成功的总次数, 它服从下面的二项分布.

(2) 二项分布 $Bino(n, p)$

设 $p = 1 - q \in (0, 1)$. 如果随机变量有如下的概率分布:

$$P(X = k) = C_n^k p^k q^{n-k}, \quad k = 0, 1, \cdots, n, \tag{2.2.7}$$

则称 X 服从**二项分布**, 记作 $X \sim Bino(n, p)$.

称为二项分布的原因是 $C_n^k p^k q^{n-k}$ 为二项展开式

$$(p + q)^n = \sum_{k=0}^{n} C_n^k p^k q^{n-k}$$

的第 $k + 1$ 项.

二项分布的背景   设试验 S 成功的概率为 p, 将试验 S 独立重复 n 次, 用 X 表示成功的次数, 下面证明 $X \sim Bino(n, p)$.

用 A_j 表示第 j 次试验成功, 则 $A_1, A_2, \cdots, A_n$ 相互独立, 且 $P(A_j) = p$. 从 n 次试验中选定 k 次试验的方法共有 C_n^k 种. 对第 j 种相应的 $\{j_1, j_2, \cdots, j_k\}$, 用

$$B_j = A_{j_1} A_{j_2} \cdots A_{j_k} \overline{A}_{j_{k+1}} \overline{A}_{j_{k+2}} \cdots \overline{A}_{j_n}$$

表示第 $j_1, j_2, \cdots, j_k$ 次试验成功, 其余的试验不成功, 则 $\{B_j\}$ 互不相容, 并且对 $N = C_n^k$,

$$\{X = k\} = \bigcup_{j=1}^{N} B_j, \quad P(B_j) = p^k q^{n-k}.$$

用概率的有限可加性得到

$$P(X = k) = \sum_{j=1}^{N} P(B_j) = C_n^k p^k q^{n-k}.$$

图 2.2.1 是 $Bino(n, 0.6)$ 的概率分布折线图, 从左至右, n 依次等于 $3, 6, \cdots, 15, 18$, 横坐标是 k, 纵坐标是 $P(X = k)$. 可以看出, 随着 n 增加折线图越来越像正态分布.

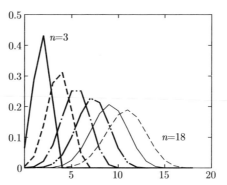

图 2.2.1　$Bino(n, 0.6)$ 的概率分布折线图
$$(n = 3, 6, \cdots, 15, 18)$$

用 $[x]$ 表示 x 的整数部分.

例 2.2.1　如果 $X \sim Bino(n, p)$, $p \in (0, 1)$, $p_k = P(X = k)$, 证明:

(1) 当 $np + p$ 不是正数, p_k 的最大值点是 $k = [(n + 1)p]$;

(2) 当 $np + p$ 是整数, $k = np + p$ 和 $k = np - q$ 都是 p_k 的最大值点.

证明　因为 k 只取整数值, 并且

$$
\begin{aligned}
\frac{p_k}{p_{k-1}} &= \frac{\mathrm{C}_n^k p^k q^{n-k}}{\mathrm{C}_n^{k-1} p^{k-1} q^{n-k+1}} \\
&= \frac{(k-1)!(n-k+1)!p}{k!(n-k)!q} \\
&= \frac{(n-k+1)p}{k(1-p)} > 1
\end{aligned}
$$

成立的充要条件是

$$np - kp + p > k - kp \quad \text{或等价地} \quad k < np + p.$$

所以仅在 $k < np + p$ 时, p_k 单调增. 因而, p_k 在 $k = [(n+1)p]$ 处达到最大. 这就得到结论 (1).

当 $k = np + p = (n+1)p$ 是整数时, 因为

$$\frac{p_k}{p_{k-1}} = \frac{(n-k+1)p}{k(1-p)} = \frac{(n+1)(1-p)p}{(n+1)p(1-p)} = 1,$$

所以 $p_{k-1} = p_k$ 都是最大值. 而 $k-1 = np + p - 1 = np - q$, 所以结论 (2) 成立.

从例 2.2.1 的结论知道, 如果独立重复投掷一枚硬币 100 次, 因为 $(n+1)p = 101 \times 0.5 = 50.5$, 所以出现 50 次正面的概率最大. 投掷 99 次时, 因为 $(n+1)p = 50$, 所以出现 50 和 49 次正面的概率相同, 且最大.

如果单次试验的成功率是 $p = 0.6$, 独立重复该试验 100 次时, 因为 $101p = 60.6$, 所以成功 60 次的概率最大. 独立重复该试验 99 次, 成功 $(99+1)p = 60$ 和 59 次的概率相同, 且最大.

对于例 2.2.1 的结论还应当从频率和概率的关系加以理解: 因为单次试验成功的概率为 p, 所以 n 次试验中若有 k 次成功, 则成功的频率 k/n 约等于 p, 即有 $k/n \approx p$, 于是得到 $k \approx np$. 这说明 $p_k = P(X = k)$ 应在 np 附近取最大值.

当二项分布 $Bino(n,p)$ 中的试验次数 n 增加时, 研究单个 p_k 的意义将会减少. 这是因为对较大的 n, 每个 $p_k = P(X = k)$ 都会很小. 这时感兴趣的问题往往是 $\{a < X \leqslant b\}$ 发生的概率. 而例 2.2.1 的结论告诉我们, 当 np 在 (a,b) 的中间时, $\{a < X \leqslant b\}$ 发生的概率较大. 本书将在 §5.5 详述这一问题.

(3) 泊松分布 $Poiss(\lambda)$

设 $\lambda > 0$ 是常数. 如果随机变量 X 有概率分布

$$P(X = k) = \frac{\lambda^k}{k!} e^{-\lambda}, \quad k = 0, 1, \cdots, \tag{2.2.8}$$

则称 X 服从参数为 λ 的**泊松分布**, 简记为 $X \sim Poiss(\lambda)$.

图 2.2.2 是 $Poiss(\lambda)$ 的概率分布折线图. 从左至右, 参数依次是 $\lambda = 1, 2, \cdots, 6$, 横坐标是 k, 纵坐标是 $P(X = k)$. 容易看出随着 λ 的增加, 折线图越来越像正态分布.

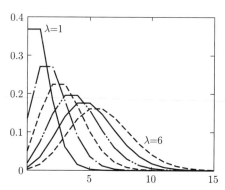

图 2.2.2　$Poiss(\lambda)$ 的概率分布折线图
$(\lambda = 1, 2, \cdots, 6)$

仍用 $[x]$ 表示 x 的整数部分.

例 2.2.2　如果 $X \sim Poiss(\lambda)$, $p_k = P(X = k)$, 证明:

(1) 当 λ 不是整数, p_k 的最大值点为 $k = [\lambda]$;

(2) 当 λ 是整数, $k = \lambda$ 和 $k = \lambda - 1$ 都是 p_k 的最大值点.

证明　因为 k 只取整数值, 并且

$$\frac{p_k}{p_{k-1}} = \frac{\lambda^k \mathrm{e}^{-\lambda}/k!}{\lambda^{k-1}\mathrm{e}^{-\lambda}/(k-1)!} = \frac{\lambda}{k} > 1$$

成立的充要条件是 $k < \lambda$. 说明仅在 $k < \lambda$ 时, p_k 单调增, 因而 p_k 在 $k = [\lambda]$ 处达到最大. 又当 $k = \lambda$ 是整数时,

$$\frac{p_\lambda}{p_{\lambda-1}} = \frac{\lambda}{\lambda} = 1,$$

所以 X 在 λ 和 $\lambda - 1$ 取值的概率相同, 都是最大值.

实际问题中有许多泊松分布的例子.

例 2.2.3 1910 年, 著名科学家卢瑟福 (Rutherford) 和盖革 (Geiger) 观察了放射性物质钋 (polonium) 放射 α 粒子的情况. 他们进行了 $N = 2608$ 次独立重复观测, 每次观测 7.5 秒, 一共观测到 10094 个 α 粒子放出. 表 2.2.1 是观测记录. 最后一列中的随机变量 $Y \sim Poiss(3.87)$, $3.87 = 10094/2608$ 是 7.5 秒中放射出 α 粒子的平均数.

表 2.2.1   放射性物质钋放射 α 粒子数

观测到的 α 粒子数 k	观测到 k 个粒子 的次数 m_k	发生的频率 $f_k = m_k/N$	$P(Y = k)$
0	57	0.022	0.021
1	203	0.078	0.081
2	383	0.147	0.156
3	525	0.201	0.201
4	532	0.204	0.195
5	408	0.156	0.151
6	273	0.105	0.097
7	139	0.053	0.054
8	45	0.017	0.026
9	27	0.010	0.011
10+	16	0.006	0.007
总计	2608	0.999	1.00

用 X 表示这块放射性钋在 7.5 秒内放射出的 α 粒子数, 表 2.2.1 的最后两列表明事件 $X = k$ 在 $N = 2608$ 次重复观测中发生的频率 f_k 和 $P(Y = k)$ 基本相同. 将它们用折线图 2.2.3 表示出来就更清楚了.

从图 2.2.3 看到

$$f_k \approx P(Y = k), \quad 0 \leqslant k < 10. \tag{2.2.9}$$

下面证明 $X \sim Poiss(\lambda)$. 设想将 $t = 7.5$ 秒等分成 n 段, 每段是 $\delta_n = t/n$ 秒. 对充分大的 n, 假定:

(1) 在 δ_n 内最多只有一个 α 粒子放出, 并且放出一个粒子的概率是 $p_n = \mu\delta_n = \mu t/n$, 这里 μ 是正常数;

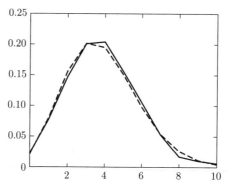

图 2.2.3 例 2.2.3 中的频率 f_k 和概率 $P(Y=k)$ 的折线图

(2) 各个小时间段内是否放射出 α 粒子相互独立.

在以上的假定下, 这块放射性物质放射出的粒子数 X 服从二项分布 $Bino(n, p_n)$. 于是

$$
\begin{aligned}
P(X=k) &= \lim_{n \to \infty} \mathrm{C}_n^k p_n^k (1-p_n)^{n-k} \\
&= \lim_{n \to \infty} \frac{n!}{k!(n-k)!} \left(\frac{\mu t}{n}\right)^k \left(1-\frac{\mu t}{n}\right)^{n-k} \\
&= \lim_{n \to \infty} \frac{(\mu t)^k}{k!} \frac{n(n-1)\cdots(n-k+1)}{n^k} \left(1-\frac{\mu t}{n}\right)^{n-k} \\
&= \frac{(\mu t)^k}{k!} \mathrm{e}^{-\mu t}.
\end{aligned} \tag{2.2.10}
$$

取 $\lambda = \mu t$, 得 $X \sim Poiss(\lambda)$.

由于 λ 和 t 成正比, 所以 λ 越大, 单位时间内放射出的 α 粒子就越多. 对一般的时间段 $(0, t]$, 如果用 $N(t)$ 表示 $(0, t]$ 内观测到的 α 粒子数, 则 $N(t)$ 服从泊松分布 $Poiss(\mu t)$.

从 (2.2.10) 式可以得到近似计算公式

$$
\mathrm{C}_n^k p^k (1-p)^{n-k} \approx \frac{(np)^k}{k!} \mathrm{e}^{-np}, \quad \text{当 } n \to \infty. \tag{2.2.11}
$$

取 $n=80$, $p=0.03$, $np=2.4$. 图 2.2.4 是 $Bino(n,p)$ 和 $Poiss(2.4)$ 的概率分布折线图, 它们基本是重合的.

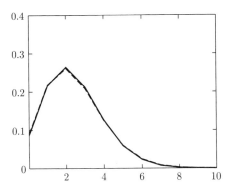

图 2.2.4 泊松分布和二项分布的概率分布折线图

在大批量计算中, 当 n 很大时, 计算组合数 $C_n^k p^k(1-p)^{n-k}$ 更费时费力. 用近似公式 (2.2.11) 可节省计算资源.

(2.2.10) 式验证了二项分布向泊松分布逼近的事实: 如果 n 很大, p 很小, 就可以用泊松分布 $Poiss(np)$ 来描述二项分布 $Bino(n,p)$. 特别是当 n 无法确定时, 就应当使用泊松分布了.

举例来说, 今天早上的第一节课, 对于一个班来讲, 因为学生数已知且不大, 所以上课迟到的人数服从二项分布. 但是应当认为本校 (或全校本年级) 上课迟到的总人数服从泊松分布. 这是因为第一节有课的学生数较大, 且未知.

泊松分布可以描述许多有类似背景的随机现象. 例如一部手机一小时内收到的新闻推送数 X 服从泊松分布. 一个 Email (电子邮件) 账号在一天内收到的 Email 数服从泊松分布, 某确定的高速公路段上一天内发生的交通事故数服从泊松分布, 一小时内到达某个超市的顾客次数 (相约的到达认为是一次到达) 服从泊松分布.

例 2.2.4 据统计, 自 1500 年至 1931 年的 $N = 432$ 年间, 比较重要的战争在全世界共发生了 299 次. 以每年为一个时间段记录在表 2.2.2 中 (参考书目 [7]).

表 2.2.2 中, $Y \sim Poiss(0.69)$, $0.69 = 299/432$ 是平均每年爆发的战争数. 图 2.2.5 是频率 m_k/N 和概率 $P(Y = k)$ 的折线图.

表 2.2.2　1500—1931 年间发生重要战争的次数记录

爆发的战争数 k	爆发 k 次战争的年数 m_k	频率 $f_k = m_k/N$	概率 $p_k = P(Y = k)$
0	223	0.516	0.502
1	142	0.329	0.346
2	48	0.111	0.119
3	15	0.035	0.028
4+	4	0.009	0.005
总计	432	1.000	1.000

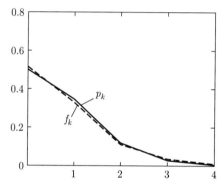

图 2.2.5　例 2.2.4 中的频率 f_k 和概率 p_k 的折线图

可以看出, 在一年中战争爆发的频率 m_k/N 和 $P(Y = k)$ 十分相近. 其原因和例 2.2.3 的相同.

例 2.2.5　一部书稿中的 (输入) 错误数服从泊松分布 $Poiss(\lambda)$. 第一次校对时, 每个错误被校对的概率为 $p \in (0,1)$, 且每个错误是否被校对与其所在位置独立, 也与其他错误是否被校对独立.

(1) 已知该书稿中共有 n 个输入错误时, 计算被校对的错误数的概率分布;

(2) 计算该书稿被校对的错误数的概率分布;

(3) 第一次校对后, 计算该书稿中遗留的错误数的概率分布;

(4) 对该书稿进行 3 遍校对后, 遗留下多少个错误的概率最大?

解 设该书稿中的输入错误数为 Y, 被校对的错误数为 X. 每遇到一个错误相当于做一次试验, 校对出该错误是试验成功, 否则是失败.

(1) 已知 $Y = n$ 时, 相当于做了 n 次独立重复试验, 每次试验成功的概率是 p. 根据二项分布知道, 被校对的错误数有概率分布

$$h_k = P(X = k|Y = n) = C_n^k p^k q^{n-k}, \quad 0 \leqslant k \leqslant n, \ q = 1 - p.$$

(2) 因为 $\{Y = j\}, j = 0, 1, \cdots$ 是完备事件组, 所以用全概率公式得到 X 的概率分布

$$
\begin{aligned}
P(X = k) &= \sum_{n=k}^{\infty} P(Y = n) P(X = k|Y = n) \\
&= \sum_{n=k}^{\infty} \frac{\lambda^n}{n!} e^{-\lambda} C_n^k p^k q^{n-k} = \sum_{n=k}^{\infty} \frac{(\lambda q)^{n-k}}{k!(n-k)!} e^{-\lambda} (\lambda p)^k \\
&= \frac{(\lambda p)^k}{k!} e^{-\lambda} \sum_{j=0}^{\infty} \frac{(\lambda q)^j}{j!} = \frac{(\lambda p)^k}{k!} e^{-\lambda} e^{\lambda q} \\
&= \frac{(\lambda p)^k}{k!} e^{-\lambda p}, \quad k = 0, 1, \cdots.
\end{aligned}
$$

说明 X 服从泊松分布 $Poiss(p\lambda)$.

(3) 因为每个错误没被校对的概率为 $q = 1 - p$, 且与其所在位置独立, 也与其他错误是否被校对独立, 所以根据 (2) 的结论知道遗留下的错误数服从泊松分布 $Poiss(q\lambda)$.

(4) 按照以上的推导, 第二次校对后遗留的错误数服从泊松分布 $Poiss(q^2\lambda)$. 第三次校对后遗留的错误数服从泊松分布 $Poiss(q^3\lambda)$. 再从例 2.2.2 的结论知道对该书稿进行 3 次校对后, 遗留下 $[q^3\lambda]$ 个错误的概率最大.

(4) 超几何分布 $H(N, M, n)$

如果 X 的概率分布是

$$P(X = m) = \frac{C_M^m C_{N-M}^{n-m}}{C_N^n}, \quad m = 0, 1, \cdots, M, \tag{2.2.12}$$

则称 X 服从**超几何分布**, 记作 $X \sim H(N, M, n)$.

类似于二项分布来自二项展开式, 超几何分布来自超几何函数.

例 2.2.6 N 件产品中恰有 M 件次品, 从中任取 n 件, 用 X 表示这 n 件中的次品数, 则 X 服从由 (2.2.12) 式定义的超几何分布.

在例 2.2.6 中, 如果产品数量 N 很大, 抽取的件数 n 较小, 并且是确定的, 则无放回抽取和有放回抽取就没有本质的差异. 这是因为抽取少数几件对次品率的影响极小. 有放回抽取时, 抽到的次品数服从二项分布 $Bino(n, p_N)$, 其中 $p_N = M/N$ 是次品率. 于是得到下面的近似公式: 若 N 较大, n 较小, 则

$$\frac{\mathrm{C}_M^m \, \mathrm{C}_{N-M}^{n-m}}{\mathrm{C}_N^n} \approx \mathrm{C}_n^m p_N^m (1 - p_N)^{n-m}. \tag{2.2.13}$$

实际上, 当 $\lim\limits_{N \to \infty} p_N = p$ 时, 有

$$
\begin{aligned}
P(X = m) &= \frac{\mathrm{C}_M^m \mathrm{C}_{N-M}^{n-m}}{\mathrm{C}_N^n} \\
&= \frac{M!}{m!(M-m)!} \cdot \frac{(N-M)!}{(n-m)!(N-M-n+m)!} \cdot \frac{n!(N-n)!}{N!} \\
&= \mathrm{C}_n^m \frac{M(M-1)\cdots(M-m+1)}{N^m} \\
&\quad \cdot \frac{(N-M)\cdots(N-M-n+m+1)}{N^{n-m}} \\
&\quad \cdot \frac{N^n}{N(N-1)\cdots(N-n+1)} \to \mathrm{C}_n^m p^m (1-p)^{n-m}, \text{当 } n \to \infty.
\end{aligned}
$$

实际问题中, 对于较大的 N, 计算组合数 $\mathrm{C}_N^n, \mathrm{C}_M^m, \mathrm{C}_{N-M}^{n-m}$ 要比计算 C_n^m 费时多了. 因为抽样的个数 n 一般不会很大, 所以对较大的 N 和 M, 用近似公式 (2.2.13) 往往会更方便. 举例如下.

假设 1 万件产品中有 500 件次品, 从中任取 100 件, 用 X 表示抽到的次品数, 则 $X \sim H(N, M, n)$, 其中 $N = 10^4$, $M = 500$, $n = 100$. 用 $h_m = P(X = m)$ 表示用 (2.2.13) 式的左端计算出的概率, 用 $b_m = \mathrm{C}_n^m p_N^m (1 - p_N)^{n-m}$ 表示用 (2.2.13) 式的右端计算的概率, $p_N = 0.05$. 结果如下:

m	0	2	4	6	8	10	12	$\geqslant 13$
h_m	0.58%	8.06%	17.87%	15.08%	6.48%	1.64%	0.27%	≈ 0
b_m	0.59%	8.12%	17.81%	15.00%	6.49%	1.67%	0.28%	≈ 0

尽管 h_m 和 b_m 差别很小, 但是计算 h_m 时, 组合数 C_{10000}^{100} 和 C_{9500}^{100-m} 的计算量是很大的. 当 $n \geqslant 200$ 时, 用电脑计算 h_m 也会发生困难. 而用近似公式 (2.2.13) 时, 只需计算 C_{100}^m.

从以上计算结果看出, 对于较大的 N, M, 类似于二项分布, 当 $X \sim H(N, M, n)$ 时, $p_k = P(X = k)$ 先随着 k 增加然后再减少. 按照例 2.2.1 中的方法, 可以证明 p_k 的最大值点是

$$k = \left[(n+1) \frac{M+1}{N+2} \right], \tag{2.2.14}$$

即事件

$$X = \left[(n+1) \frac{M+1}{N+2} \right] \tag{2.2.15}$$

发生的概率最大. 其中 $[x]$ 仍是 x 的整数部分.

证明如下:

$$
\begin{aligned}
\frac{p_m}{p_{m-1}} &= \frac{C_M^m \, C_{N-M}^{n-m}}{C_M^{m-1} \, C_{N-M}^{n-m+1}} \\
&= \frac{(m-1)!(M-m+1)!(n-m+1)!(M-N-n+m-1)!}{m!(M-m)!(n-m)!(N-M-n+m)!} \\
&= \frac{(M-m+1)(n-m+1)}{m(N-M-n+m)} \\
&= \frac{nM - mM + M - mn + m^2 - m + n - m + 1}{mN - m(M+n-m)} \\
&= \frac{nM + M - 2m + n + 1 - m(M+n-m)}{mN - m(M+n-m)}.
\end{aligned}
$$

于是得到 $p_m > p_{m-1}$ 等价于 $mN < nM + M - 2m + n + 1$, 这又等价于 $m(N+2) < (n+1)(M+1)$. 于是得到 (2.2.14) 式.

在产品的质量检验问题中, 如果委托第三方对产品进行质量检验, 就需要等到所有产品生产完毕并装箱后, 再进行抽样检查. 现在的问题就变为: 在 N 件产品中恰有 M 件次品, 当这 N 件产品已经被随机装入 K 个箱子后, 随机抽取一箱, 再从这一箱中随机抽取 n 件, 用 X 表示这 n 件中的次品数, X 是否还服从超几何分布 $H(N, M, n)$.

答案是肯定的, 但是数学的证明有点烦琐. 让我们用下面的方式考虑和解决问题. 设想所述的产品是小玻璃球, 它们被放入一个大口袋中摇匀. 这时无论你怎样随机取出 n 个, 得到的次品数 $X \sim H(N, M, n)$. 现在你把手伸入口袋, 将这 N 个球分别装入口袋中的 K 个小塑料袋后随机指定一袋, 再从这袋中抽取 n 个, 则这 n 个小玻璃球中的次品数 $X \sim H(N, M, n)$. 原因是这样的抽取也是在大口袋中随机抽取的.

例 2.2.7　在电子对抗赛中, 已知乙方的 100 个目标中有 10 个是有反击能力的真设施, 其余 90 个是假设施. 在对这 100 个目标的第一波打击中, 至少要摧毁多少个目标, 才能以 90% 的概率摧毁所有的真设施?

解　假设摧毁 n 个目标就可以达到目的. 用 X 表示这 n 个目标中的真设施数, 则 $X \sim H(100, 10, n)$. 于是要求 n 使得

$$p_n = P(X = 10) = \frac{\mathrm{C}_{10}^{10}\mathrm{C}_{90}^{n-10}}{\mathrm{C}_{100}^{n}} \geqslant 0.9.$$

可以计算出

n	99	98	97	96	95	94	$\leqslant 93$
p_n	0.900	0.809	0.726	0.652	0.584	0.522	$\leqslant 0.47$

所以至少摧毁 99 个目标才能达到目的.

(5) 几何分布

设 $pq > 0$, $p + q = 1$. 如果随机变量 X 有概率分布

$$P(X = k) = q^{k-1}p, \quad k = 1, 2, \cdots, \tag{2.2.16}$$

则称 X 服从参数为 p 的**几何分布**.

例 2.2.8　甲向一个目标射击, 直到击中为止. 用 X 表示首次击中目标时的射击次数. 若甲每次击中目标的概率是 $p \in (0,1)$, 证明:

(1) X 服从几何分布 (2.2.16);

(2) $P(X > k) = q^k$, $q = 1 - p$, $k = 0, 1, \cdots$.

证明　(1) 用 A_j 表示甲第 j 次没击中, 由 $\{A_j\}$ 的独立性得到

$$P(X = k) = P(A_1 A_2 \cdots A_{k-1} \overline{A}_k)$$
$$= q^{k-1} p, \quad k = 1, 2, \cdots . \tag{2.2.17}$$

(2) 因为 $\{X > k\} = A_1 A_2 \cdots A_k$, 所以

$$P(X > k) = P(A_1 A_2 \cdots A_k) = q^k.$$

对例 2.2.8 中的 X, 有 $P(X < \infty) = \sum_{k=1}^{\infty} q^{k-1} p = p/(1-q) = 1$. 说明只要 $p > 0$, 当他一直射击下去, 一定可以击中目标. 这就再次验证了小概率原理: 如果单次试验中事件 A 发生的概率 $p > 0$, 将试验一直独立重复进行下去, 必然遇到 A 发生.

定理 2.2.1　取正整数值的随机变量 X 服从几何分布 (2.2.16) 的充要条件是 X 有**无后效性**: 对每个 $k \geqslant 1$,

$$P(X = k+1 | X > k) = P(X = 1). \tag{2.2.18}$$

证明　若 (2.2.16) 式成立, 用 $\{X = k+1, X > k\} = \{X = k+1\}$ 和例 2.2.8 的结论 (2) 得到

$$P(X = k+1 | X > k) = \frac{P(X = k+1, X > k)}{P(X > k)}$$
$$= \frac{P(X = k+1)}{P(X > k)} = \frac{q^k p}{q^k}$$
$$= P(X = 1).$$

若无后效性 (2.2.18) 式成立, 设 $P(X = 1) = p$, 则 $P(X > 1) = 1 - p = q$, 则归纳假设

$$P(X = n) = q^{n-1} p, \quad P(X > n) = q^n, \tag{2.2.19}$$

对 $n = 1$ 成立. 设对 $n = k$ 也成立, 则从无后效性 (2.2.18) 式得到

$$P(X = k + 1) = P(X > k)P(X = k + 1 | X > k) = q^k p,$$
$$P(X > k + 1) = P(X > k) - P(X = k + 1) = q^k - q^k p = q^{k+1}.$$

说明 (2.2.19) 对任何 n 成立, 即 X 服从几何分布 (2.2.16).

在例 2.2.8 中, X 是首次击中目标时的射击次数. 无后效性 (2.2.18) 是指已知前 k 次未击中的条件下, 下次是否击中和 k 无关. 因为无后效性 (2.2.18) 等价于几何分布, 所以对整数 $k \geqslant 0$, $j > 0$, 有

$$P(X = k + j | X > k) = \frac{P(X = k + j)}{P(X > k)}$$
$$= \frac{q^{k+j-1}p}{q^k} = P(X = j). \qquad (2.2.20)$$

所以, 无后效性还表示已知前 k 次未击中的条件下, 第 $k + j$ 次击中的概率等于从一开始计算时第 j 次击中的概率, 和 k 无关.

例 2.2.9 现在设想射击的目标是白炽灯 B. 如果仅在时间点 k/n, $k = 1, 2, \cdots$ 进行射击, 则 B 在 k/n 时被打破等价于第 k 次射击时首中目标, 这时称 B 的寿命为 k/n. 用 X_n 表示 B 的寿命. 当增加射击的频率同时降低射击的命中率 $p = p_n$, 使得 $n \to \infty$ 时, $np_n \to \lambda > 0$, 证明: 对任何 $x > 0$, 有

$$P(X_n > x) \to e^{-\lambda x}, \quad n \to \infty.$$

证明 对任何 $x > 0$ 和 n, 有唯一的 k 使得 $k/n \leqslant x < (k+1)/n$, 于是 $n \to \infty$ 时 $k/n \to x$. 由例 2.2.8 的结论 (2) 得到

$$P(X_n > x) = P(X_n > k/n) = P(\text{前 } k \text{ 次射击未击中目标})$$
$$= (1 - p_n)^k = \left[\left(1 - \frac{\lambda}{n} \right)^n \left(1 - \frac{np_n - \lambda}{n - \lambda} \right)^n \right]^{k/n}$$
$$\to e^{-\lambda x}, \quad \text{当 } n \to \infty.$$

如果把 $n \to \infty$ 的情况视为连续射击, 则例 2.2.9 的结论表明: 在连续射击下, 白炽灯 B 的寿命 X 满足

$$P(X > x) = e^{-\lambda x}, \quad x > 0.$$

进一步得到, 对 $s > 0, t \geqslant 0$,

$$
\begin{aligned}
P(X > t + s | X > t) &= \frac{P(X > t + s, X > t)}{P(X > t)} \\
&= \frac{P(X > t + s)}{P(X > t)} = \frac{\mathrm{e}^{-\lambda(t+s)}}{\mathrm{e}^{-\lambda t}} \\
&= P(X > s).
\end{aligned}
$$

这说明白炽灯 B 的寿命有无记忆性: t 时后的剩余寿命和一开始时的寿命有相同的概率分布.

实际上高质量的白炽灯的本身老化是非常缓慢的, 造成白炽灯烧坏的原因多由电压 (或电流) 的随机波动造成, 特别是点亮白炽灯的瞬间. 白炽灯的使用寿命通常以月计算, 但是因为无记忆性的原因, 在全球海量使用的白炽灯中也会有极个别的白炽灯的寿命极长. 2018 年曾有报道指出, 美国加州利弗莫尔消防局的 6 号白炽灯整整亮了 115 年.

(6) 帕斯卡分布

设 $p = 1 - q \in (0, 1)$. 如果随机变量 X 有概率分布

$$
P(X = k) = \mathrm{C}_{k-1}^{r-1} q^{k-r} p^r, \quad k \geqslant r, \tag{2.2.21}
$$

则称 X 服从参数为 (r, p) 的**帕斯卡分布**.

例 2.2.10 甲向一个目标进行独立重复射击, 直到击中 r 次为止. 用 X 表示停止射击时的射击次数. 如果甲每次击中目标的概率是 $p \in (0, 1)$, 则 X 服从帕斯卡分布 (2.2.21).

解 用 A_k 表示第 k 次射击时击中目标, 用 B 表示前 $k - 1$ 次射击中有 $r - 1$ 次击中, 则 B 与 A_k 独立, 且 $\{X = k\} = BA_k$. 于是从

$$
P(B) = \mathrm{C}_{k-1}^{r-1} q^{k-r} p^{r-1}, \quad P(A_k) = p
$$

得到

$$
P(X = k) = P(B)P(A_k) = \mathrm{C}_{k-1}^{r-1} q^{k-r} p^r, \quad k \geqslant r.
$$

(7) 负二项分布

设 $p = 1 - q \in (0, 1)$. 如果随机变量 Y 有概率分布

$$P(Y = k) = \mathrm{C}_{k+r-1}^{r-1} q^k p^r, \quad k = 0, 1, \cdots, \tag{2.2.22}$$

则称 Y 服从参数为 (r, p) 的**负二项分布**.

例 2.2.11 甲向一个目标进行独立重复射击, 直到击中 r 次为止. 用 Y 表示射击停止时射击失败的次数. 如果甲每次击中目标的概率是 $p \in (0, 1)$, 则 Y 服从负二项分布 (2.2.22).

解 对例 2.2.10 中的 X, 引入 $Y = X - r$, 则 Y 是射击停止时, 射击失败的次数. 于是用 (2.2.21) 式得到

$$P(Y = k) = P(X = k + r) = \mathrm{C}_{k+r-1}^{r-1} q^k p^r.$$

容易验证 (2.2.22) 式的等号右边各项求和等于 1. 实际上, 负二项式 $(1-q)^{-r}$ 在 $q = 0$ 的泰勒 (Taylor) 展开式

$$(1-q)^{-r} = 1 + \sum_{k=1}^{\infty} \frac{(r+k-1)(r+k-2)\cdots(r+1)r}{k!} q^k$$
$$= \sum_{k=0}^{\infty} \mathrm{C}_{k+r-1}^{r-1} q^k, \quad |q| < 1 \tag{2.2.23}$$

中, q^k 的系数恰为 C_{k+r-1}^{r-1}. 在 (2.2.23) 式两边同乘 p^r, 得到

$$\sum_{k=0}^{\infty} \mathrm{C}_{k+r-1}^{r-1} q^k p^r = p^r (1-q)^{-r} = 1.$$

在例 2.2.10 中, 用 S_r 表示第 r 次击中目标时的射击次数. 定义

$$X_1 = S_1, \quad X_2 = S_2 - S_1, \quad \cdots,$$

则称 X_r 为等待第 r 次击中的射击次数, 它是第 $r-1$ 次击中目标后, 重新开始计数, 再次首中目标的射击次数. 可以想象, $\{X_k\}$ 是相互独立的随机变量, 每个随机变量都服从参数为 p 的几何分布 (2.2.16). 我们将在例 3.5.1, 例 3.5.2 及习题 3.31 中继续讨论这一问题.

练 习 2.2

2.2.1 设 X 和 Y 独立, 分别有概率分布

$$P(X = j) = p_j, \quad P(Y = j) = q_j, \quad j = 0, 1, \cdots,$$

求 $X + Y$ 的概率分布.

2.2.2 设 X 和 Y 独立, $X \sim Poiss(\lambda)$, $Y \sim Poiss(\mu)$, 求 $X + Y$ 的概率分布.

2.2.3 公式 (2.2.5) 的证明: 把记录的由 0 和 1 构成的有限序列视为向量. 恰好有 m 个 1 和 $n - m$ 个 0 的不同向量一共有 C_n^m 个. 已知投掷硬币 n 次并得到了 m 个正面的条件下, 这 C_n^m 个向量发生的可能性是相等的, 所以 $^\#\Omega = C_n^m$.

用 x_j 表示从左至右第 j 个 1 游程的长度. 因为 1 游程个数为 r, 所以有

$$x_1 + x_2 + \cdots + x_r = m, \quad x_j \geqslant 1. \tag{2.2.24}$$

根据例 1.2.2 满足方程 (2.2.24) 的 $(x_1, x_2, \cdots, x_r)$ 共有 C_{m-1}^{r-1} 个.

对每一确定的 $(x_1, x_2, \cdots, x_r)$, 用 y_j 表示从左至右第 j 个 0 游程的长度, 则有

$$\begin{cases} y_1 + y_2 + \cdots + y_{r+1} = n - m, \\ y_2 \geqslant 1, y_3 \geqslant 1, \cdots, y_r \geqslant 1, \\ y_1 \geqslant 0, y_{r+1} \geqslant 0. \end{cases} \tag{2.2.25}$$

引入

$$z_j = \begin{cases} y_j + 1, & j = 1 \text{或} j = r + 1, \\ y_j, & 2 \leqslant j \leqslant r, \end{cases}$$

则 $(z_1, z_2, \cdots, z_{r+1})$ 满足

$$z_1 + z_2 + \cdots + z_{r+1} = n - m + 2, \quad z_j \geqslant 1. \tag{2.2.26}$$

从例 1.2.2 知道, 满足 (2.2.26) 式的解 $(z_1, z_2, \cdots, z_{r+1})$ 有 C_{n-m+1}^r 个. 所以满足 (2.2.25) 的 $(y_1, y_2, \cdots, y_{r+1})$ 也是 C_{n-m+1}^r 个.

最后知道, 在由 m 个 1 和 $n-m$ 个 0 构成的向量中, 恰有 r 个 1 游程的向量个数是 $C_{m-1}^{r-1}C_{n-m+1}^{r}$. 根据古典概型的定义, 恰有 r 个 1 游程的概率是 (2.2.5).

§2.3　连续型随机变量

在几何概型中, 遇到了样本空间 Ω 是区间的情况. 这时, 定义在 Ω 上的函数可以不再是离散型随机变量. 连续型随机变量就是常见的例子.

定义 2.3.1　设 X 是随机变量, 如果存在非负函数 $f(x)$ 使得对任何 $a < b$,

$$P(a < X \leqslant b) = \int_a^b f(x)\,\mathrm{d}x, \tag{2.3.1}$$

则称 X 为**连续型随机变量**, 称 $f(x)$ 为 X 的**概率密度**.

随机变量 X 的概率密度 $f(x)$ 有如下的基本性质:

(1) $\displaystyle\int_{-\infty}^{\infty} f(x)\,\mathrm{d}x = 1$;

(2) $P(X = a) = 0$, 于是 $P(a < X \leqslant b) = P(a \leqslant X \leqslant b)$;

(3) 对 $\mathbf{R}$ 的子集 A, $P(X \in A) = \displaystyle\int_A f(x)\,\mathrm{d}x$.

证明如下: (1) 事件 $A_n = \{X \in (-n, n]\}$ 单调增, 用概率的连续性得到

$$\int_{-\infty}^{\infty} f(x)\,\mathrm{d}x = \lim_{n\to\infty}\int_{-n}^{n} f(x)\,\mathrm{d}x = \lim_{n\to\infty} P(A_n)$$

$$= P\left(\bigcup_{n=1}^{\infty} A_n\right) = P(X \in (-\infty, \infty)) = 1.$$

(2) $P(X = a) \leqslant P(X \in (a-\varepsilon, a]) = \displaystyle\int_{a-\varepsilon}^{a} f(x)\,\mathrm{d}x \to 0, \ \ \varepsilon \to 0.$

性质 (3) 的证明超出了本书的范围, 略去.

注 2.3.1　可以证明在 $\mathbf{R}$ 上的积分值等于 1 的非负函数一定是某个随机变量的概率密度 (见例 2.6.3).

下面介绍常见的连续型随机变量.

(1) 均匀分布 $Unif(a, b)$

对 $a < b$, 如果 X 的概率密度是

$$f(x) = \begin{cases} \dfrac{1}{b-a}, & x \in (a, b), \\ 0, & \text{其他,} \end{cases} \tag{2.3.2}$$

则称 X 服从区间 (a, b) 上的**均匀分布**, 记作 $X \sim Unif(a, b)$.

对于连续型随机变量 X 来讲, 因为 $P(X = x) = 0$ 对任何 x 成立, 所以表达式 (2.3.2) 中的区间 (a, b) 也可以写成 $(a, b]$, $[a, b)$ 或 $[a, b]$. 采用区间 (a, b) 的示性函数 $\mathrm{I}_{(a,b)}(x)$, 还可以将 (2.3.2) 式中的 $f(x)$ 写成

$$f(x) = \frac{1}{b-a} \mathrm{I}_{(a,b)}(x) \ \text{或} \ f(x) = \frac{1}{b-a}, \quad x \in (a, b). \tag{2.3.3}$$

在几何概型中, 如果 $\Omega = (a, b)$ 是样本空间, 定义 $X(\omega) = \omega$, 则 $X \sim Unif(a, b)$.

对 $\mathbf{R} = (-\infty, \infty)$ 的子集 A, 用 $\mathrm{I}_A(x)$ 表示 A 的示性函数. 当 A 的测度 $m(A) = \displaystyle\int_{\mathbf{R}} \mathrm{I}_A(x)\,\mathrm{d}x \in (0, \infty)$, 定义概率密度

$$f(x) = \frac{1}{m(A)} \mathrm{I}_A(x). \tag{2.3.4}$$

如果 X 以 (2.3.4) 式为概率密度, 则称 X 服从数集 A 上的均匀分布, 记作 $X \sim Unif(A)$. 这时, 对任何数集 B, 有

$$P(X \in B) = \int_B f(x)\,\mathrm{d}x = \frac{1}{m(A)} \int_B \mathrm{I}_A(x)\,\mathrm{d}x = \frac{m(AB)}{m(A)}. \tag{2.3.5}$$

例 2.3.1 设 $X \sim Unif(A)$, $B \subseteq A$, $P(B) > 0$, 证明: 已知 $X \in B$ 的条件下, $X \sim Unif(B)$.

证明 设 $f(x)$ 由 (2.3.4) 式定义. 对于任何区间 C, 用 (2.3.5) 式得到

$$P(X \in C \mid X \in B) = \frac{P(X \in BC)}{P(X \in B)}$$

$$= \frac{m(BC)/m(A)}{m(B)/m(A)} = \frac{m(BC)}{m(B)}$$

$$= \frac{1}{m(B)} \int_C I_B(x) \, dx.$$

说明已知 $X \in B$ 的条件下, X 有概率密度

$$g(x) = \frac{1}{m(B)} I_B(x).$$

以后用 $X|\{X \in B\}$ 表示已知条件 $\{X \in B\}$ 后的 X. 称 "已知 $X \in B$ 的条件下, X 的概率分布" 为 "$X|\{X \in B\}$ 的概率分布". 比如在例 2.3.1 中, 将 $X|\{X \in B\}$ 在 B 上均匀分布, 记作 $X|\{X \in B\} \sim Unif(B)$. 再比如, 对于 (a,b) 的子区间 (c,d), 如果 $X \sim Unif(a,b)$, 则 $X|\{X \in (c,d)\} \sim Unif(c,d)$ 等价于已知 $X \in (c,d)$ 的条件下, X 在 (c,d) 中均匀分布.

例 2.3.2　设随机变量 $X_1, X_2, \cdots$ 相互独立, 有相同的概率分布

$$P(X_j = i) = 0.1, \quad i = 0, 1, \cdots, 9. \tag{2.3.6}$$

证明以下结论:

(1) 随机变量 X 在 $[0,1)$ 中均匀分布的充要条件是

$$X = 0.X_1 X_2 \cdots . \tag{2.3.7}$$

(2.3.7) 式表示 X 的第一位小数是 X_1, 第二位小数是 X_2, $\cdots$;

(2) 如果 X 在 $[0,1)$ 中均匀分布, 则 X 的取值是无理数.

证明　(1) 充分性　设 X 由 (2.3.7) 定义, 对 $(0,1)$ 中的实数 $x = 0.x_1 x_2 x_3 \cdots$, 其中 x_i 是 x 的第 i 位小数, 引入

$$A_1 = \{X_1 < x_1\},$$

$$A_2 = \{X_1 = x_1, X_2 < x_2\},$$

$$A_3 = \{X_1 = x_1, X_2 = x_2, X_3 < x_3\},$$

$$\cdots\cdots$$

则 A_j 互不相容, 并且

$$
\begin{aligned}
P(X < x) &= P(A_1 \cup A_2 \cup A_3 \cup \cdots) \\
&= P(A_1) + P(A_2) + P(A_3) + \cdots \\
&= \frac{x_1}{10} + \frac{1}{10} \cdot \frac{x_2}{10} + \frac{1}{10} \cdot \frac{1}{10} \cdot \frac{x_3}{10} + \cdots \\
&= 0.x_1 x_2 x_3 \cdots \\
&= x = \int_0^x f(t)\,\mathrm{d}t.
\end{aligned}
$$

于是得到 $P(X = x) = 0$, $P(X \leqslant x) = P(X < x) = x$, $x \in [0, 1)$. 说明 $f(x) = \mathrm{I}_{[0,1)}(x)$ 是 X 的概率密度, 即 $X \sim Unif[0, 1]$.

必要性的证明放入练习 2.3.4.

(2) 设 X 的取值是 $x = 0.x_1 x_2 x_3 \cdots$, 则 x_i 是 X_i 的取值. 因为 $X_1, X_2, \cdots$ 相互独立, 有相同的概率分布 (2.3.6), 所以 $x = 0.x_1 x_2 x_3 \cdots$ 不是循环小数.

(2) 指数分布 $Exp(\lambda)$

设 $\lambda > 0$ 是常数. 如果 X 的密度是

$$
f(x) = \begin{cases} \lambda \mathrm{e}^{-\lambda x}, & x \geqslant 0, \\ 0, & x < 0, \end{cases} \tag{2.3.8}
$$

则称 X 服从参数为 λ 的**指数分布**, 记作 $X \sim Exp(\lambda)$. 这里 Exp 是 Exponential 的缩写.

通常还把指数分布的概率密度 (2.3.8) 简记为

$$
f(x) = \lambda \mathrm{e}^{-\lambda x} \mathrm{I}_{[0,\infty)}(x) \quad \text{或} \quad f(x) = \lambda \mathrm{e}^{-\lambda x}, \quad x \geqslant 0.
$$

图 2.3.1 是指数分布的概率密度 (2.3.8) 的图形. 横轴为 x 轴, 纵轴上从高至低分别是 $\lambda = 1.0$, $\lambda = 0.6$, $\lambda = 0.3$ 的概率密度.

如果随机变量 X 使得 $P(X < 0) = 0$, 则称 X 为**非负随机变量**. 如果 $X \sim Exp(\lambda)$, 则有 $P(X \leqslant 0) = \int_{-\infty}^0 f(x)\,\mathrm{d}x = 0$, 因此 X 是非负随机变量.

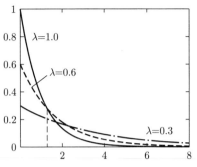

图 2.3.1　指数分布的概率密度图形

($\lambda = 1.0,\ 0.6,\ 0.3$)

定理 2.3.1　连续型非负随机变量 X 服从指数分布的充要条件是 X 有**无记忆性**: 对任何 $s, t \geqslant 0$,

$$P(X > s + t \,|\, X > s) = P(X > t). \tag{2.3.9}$$

证明　设 $X \sim Exp(\lambda)$. 利用

$$P(X > x) = \int_x^\infty \lambda e^{-\lambda s}\, \mathrm{d}s = e^{-\lambda x} \tag{2.3.10}$$

和条件概率公式得到

$$
\begin{aligned}
P(X > s + t \,|\, X > s) &= \frac{P(X > s + t)}{P(X > s)} \\
&= \frac{e^{-\lambda(s+t)}}{e^{-\lambda s}} = e^{-\lambda t} = P(X > t).
\end{aligned}
$$

设 X 有无记忆性, 满足 (2.3.9) 式. 用 $f(x)$ 表示 X 的概率密度, 定义

$$G(x) = P(X > x) = \int_x^\infty f(t)\, \mathrm{d}t, \quad t \geqslant 0, \tag{2.3.11}$$

则 $G(x)$ 是连续函数. 由无记忆性

$$P(X > s + t \,|\, X > s) = \frac{P(X > s + t)}{P(X > s)} = P(X > t)$$

得到对 $s, t \geqslant 0$, $G(s + t) = G(s)G(t) > 0$. 利用高等数学的知识知道 $G(x)$ 是指数函数 $G(x) = \mathrm{e}^{-\lambda x}$ (参考本章习题 2.43). 最后, 对任何 $0 \leqslant a < b$, 从

$$P(a < X \leqslant b) = P(X > a) - P(X > b)$$
$$= \mathrm{e}^{-\lambda a} - \mathrm{e}^{-\lambda b} = \int_a^b \lambda \mathrm{e}^{-\lambda s}\, \mathrm{d}s$$

知道 X 的概率密度是 (2.3.8) 式.

无记忆性是指数分布的特征. 指数分布的概率密度图形也表现出无记忆性: 在图 2.3.1 中, 用垂直线段 $x = t, 0 \leqslant t \leqslant f(t)$, 截取概率密度的后面部分, 得到的曲线和原概率密度曲线在形状上是相同的.

如果 X 表示某仪器的工作寿命, 无记忆性 (2.3.9) 的解释是: 当仪器工作了 s 小时后再继续工作 t 小时的概率等于该仪器刚开始就能工作 t 小时的概率. 说明该仪器的使用寿命不随使用时间的增加发生变化, 或者说仪器是 "永葆青春" 的. 例 2.2.9 解释了白炽灯的使用寿命服从指数分布的原因.

一般来说, 电子元件和计算机软件等具备这种性质, 它们本身的老化是可以忽略不计的, 造成损坏的原因是意外的高电压、计算机病毒等. 当一个物体的寿命终结只由外部的突发随机因素造成时, 应当认为该物体的寿命服从指数分布. 举例来讲, 我们使用的玻璃杯、瓷盘都是由不小心打破的, 和其自身的老化基本无关, 所以可认为其使用寿命服从指数分布.

例 2.3.3 用 X_1 表示例 2.2.3 中从开始至观测到第一个 α 粒子的等待时间, 证明: X_1 服从指数分布.

证明 用 $N(t)$ 表示时间段 $(0, t]$ 内观测到的 α 粒子数. 按例 2.2.3 中的推导, $N(t) \sim Poiss(\mu t)$, 其中 μ 是正常数. 于是由 $\{X_1 > t\} = \{N(t) = 0\}$ 得到

$$P(X_1 > t) = P(N(t) = 0) = \mathrm{e}^{-\mu t}.$$

所以, 对任何 $0 \leqslant a < b$, 有

$$P(a < X_1 \leqslant b) = P(X_1 > a) - P(X_1 > b)$$
$$= \mathrm{e}^{-\mu a} - \mathrm{e}^{-\mu b} = \int_a^b \mu \mathrm{e}^{-\mu x} \mathrm{d}x.$$

说明 $f(x) = \mu \mathrm{e}^{-\mu x}$, $x \geqslant 0$ 是 X_1 的概率密度.

可以想象, 如果 X_2 是从观测到第一个 α 粒子开始到观测到第二个 α 粒子的间隔时间, 则 X_2 也服从指数分布.

例 2.3.4 设随机变量 $X_1, X_2, \cdots, X_n$ 相互独立, 都在 $(0, t)$ 中均匀分布. 定义最小值 $T_n = \min\{X_1, X_2, \cdots, X_n\}$, 证明:

(1) 当 $t \to \infty$, 如果 $\lambda_n = n/t \to \lambda > 0$, 则 $P(T_n > x) \to \mathrm{e}^{-\lambda x}$;

(2) 对于较大的 t, n 和 $\lambda = n/t$, T_n 的概率密度可用 $Exp(\lambda)$ 的概率密度近似.

证明 (1) 因为 $T_n \in (0, t)$, 且 $T_n > x$ 等价于所有的 $X_i > x$, 所以对 $x \in (0, t)$, 用 $P(X_i > x) = (t - x)/t$ 得到

$$P(T_n > x) = P(X_1 > x)P(X_2 > x) \cdots P(X_n > x)$$
$$= \left(1 - \frac{x}{t}\right)^n = \left(1 - \frac{\lambda_n x}{n}\right)^n$$
$$= \left(1 - \frac{\lambda x}{n}\right)^n \left[1 - \frac{(\lambda_n - \lambda)x}{n - \lambda x}\right]^n$$
$$\to \mathrm{e}^{-\lambda x}, \quad \text{当 } n \to \infty.$$

(2) 由结论 (1) 得到, 对任何 $0 < a < b$, 当 t, n 较大且使得 $t > b$ 时, 设 $\lambda = n/t$, 则有

$$P(a < T_n \leqslant b) = P(T_n > a) - P(T_n > b)$$
$$\approx \mathrm{e}^{-\lambda a} - \mathrm{e}^{-\lambda b} = \int_a^b \lambda \mathrm{e}^{-\lambda x} \mathrm{d}x.$$

说明 T_n 的概率密度约等于 $Exp(\lambda)$ 的概率密度 $f(x) = \lambda \mathrm{e}^{-\lambda x}$, $x > 0$.

在上述举例中, 因为 $\lambda_n = n/t$ 是取值于 $(0, t)$ 中随机变量的个数与该区间长度之比, 所以例 2.3.4 解释了以下的自然现象: 如果某地区

每年平均有 n 颗陨石坠落, 则从任何时刻开始计算, 下一颗陨石的坠落时间服从指数分布, $\lambda = n/(365天)$; 如果根据历史资料知道某地区每 100 年平均有 n 次地震发生时, 则从任何时间开始计算, 下一次地震的发生时间服从指数分布, $\lambda = n/(100\ 年)$.

粗略一些来说, 如果顾客在某时间段内相互独立且等可能地到达一服务台, 则从一开始计算, 第一个到达时刻可以用指数分布描述.

注意, 因为指数分布的特征是无记忆性, 所以对发生时间服从指数分布的事件, 尽管可以预测其平均发生间隔, 但是很难预测其具体的发生时刻.

(3) 正态分布 $N(\mu, \sigma^2)$

设 μ 是常数, σ 是正常数. 如果 X 的概率密度是

$$f(x) = \frac{1}{\sqrt{2\pi\sigma^2}} \exp\left[-\frac{(x-\mu)^2}{2\sigma^2}\right], \quad x \in \mathbf{R}, \tag{2.3.12}$$

则称 X 服从参数为 (μ, σ^2) 的**正态分布**, 记作 $X \sim N(\mu, \sigma^2)$. 这里 N 是 Normal 的缩写. 特别, 当 $X \sim N(0,1)$ 时, 称 X 服从**标准正态分布**. 标准正态分布的概率密度有特殊的地位, 所以用一个特定的符号 φ 表示:

$$\varphi(x) = \frac{1}{\sqrt{2\pi}} \exp\left(-\frac{x^2}{2}\right), \quad x \in \mathbf{R}. \tag{2.3.13}$$

图 2.3.2 是 $\mu = 0$ 时正态分布的概率密度 (2.3.12) 的图形. 横轴为 x 轴, 沿纵轴从低至高分别是 $\sigma = 2, \sigma = 1, \sigma = 0.5$ 的概率密度.

正态分布先由高斯 (Gauss) 在研究测量误差时得到: 当测量误差 X 的概率分布仅由其测量偏差和测量精度确定, 则 X 服从正态分布 (见例 5.5.6), 所以正态分布又称为高斯分布. 在布朗运动的研究中, 人们也得到了正态分布. 正态分布在概率论和数理统计中有特殊的重要地位. 事实表明, 产品的许多质量指标, 生物和动物的许多生理指标等都服从或近似服从正态分布. 大量相互独立且有相同概率分布的随机变量的累积也近似服从正态分布 (见推论 5.5.2).

正态分布的概率密度呈钟的形状, 所以也有人将它称为钟型分布. 正态概率密度 (2.3.12) 有如下的简单性质:

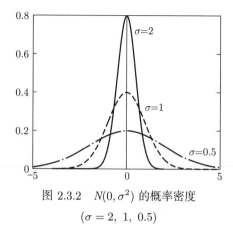

图 2.3.2 $N(0, \sigma^2)$ 的概率密度

$(\sigma = 2, \ 1, \ 0.5)$

(1) $f(x)$ 关于 $x = \mu$ 对称;

(2) $f(\mu) = 1/\sqrt{2\pi\sigma^2}$ 是最大值;

(3) $f(x)$ 在 $x = \mu \pm \sigma$ 处有拐点;

(4) 当 $x \to \pm\infty$, $f(x)$ 趋于 0 极快.

用服从正态分布 $N(\mu, \sigma^2)$ 的随机变量 X 描述产品的某项质量指标 (比如长度、重量或体积) 时, μ 是该产品的质量标准, σ 是该类产品的整齐程度. 从 (2.3.12) 式和图 2.3.2 都可以看出, σ 越小, 产品越整齐.

从图 2.2.1 看出, 当 n 增加时, 二项分布 $Bino(n, p)$ 的概率分布折线图接近正态分布的概率密度. 注意到 n 个相互独立且都服从伯努利分布 $Bino(1, p)$ 的随机变量之和 $X_1 + X_2 + \cdots + X_n$ 服从二项分布 $Bino(n, p)$, 就应当引发我们的进一步思考: 任何 n 个相互独立且有相同概率分布的随机变量之和是否也会有类似的性质? 这个问题的答案便是中心极限定理, 见 §5.5.

容易验证 $f(x)$ 在 $\mathbf{R}$ 上的积分是 1. 实际上利用

$$\left(\frac{1}{\sqrt{2\pi}} \int_{-\infty}^{\infty} e^{-x^2/2} \, dx \right) \left(\frac{1}{\sqrt{2\pi}} \int_{-\infty}^{\infty} e^{-y^2/2} \, dy \right)$$

$$= \frac{1}{2\pi} \int_{-\infty}^{\infty} \int_{-\infty}^{\infty} \mathrm{e}^{-(x^2+y^2)/2} \, \mathrm{d}x\mathrm{d}y$$

$$= \frac{1}{2\pi} \int_{0}^{2\pi} \mathrm{d}\theta \int_{0}^{\infty} \mathrm{e}^{-r^2/2} r \, \mathrm{d}r$$

$$= \frac{1}{2} \int_{0}^{\infty} \mathrm{e}^{-r^2/2} \, \mathrm{d}r^2 = 1$$

得到

$$\frac{1}{\sqrt{2\pi\sigma^2}} \int_{-\infty}^{\infty} \exp\left[-\frac{(x-\mu)^2}{2\sigma^2}\right] \mathrm{d}x = \frac{1}{\sqrt{2\pi}} \int_{-\infty}^{\infty} \mathrm{e}^{-x^2/2} \, \mathrm{d}x = 1.$$

对 $X \sim N(\mu, \sigma^2)$, 在许多的应用问题中会遇到计算概率 $P(X \leqslant a)$ 的问题. 为了使用方便, 引入

$$\Phi(a) = \int_{-\infty}^{a} \varphi(x) \, \mathrm{d}x. \tag{2.3.14}$$

利用 $\varphi(x)$ 的对称性得到

$$\Phi(x) + \Phi(-x) = 1, \quad x \in \mathbf{R}. \tag{2.3.15}$$

并且, 只要 $X \sim N(\mu, \sigma^2)$, 就有

$$\begin{aligned} P(X \leqslant a) &= \frac{1}{\sqrt{2\pi\sigma^2}} \int_{-\infty}^{a} \exp\left[-\frac{(x-\mu)^2}{2\sigma^2}\right] \mathrm{d}x \\ &= \frac{1}{\sqrt{2\pi}} \int_{-\infty}^{(a-\mu)/\sigma} \exp\left(-\frac{x^2}{2}\right) \mathrm{d}x \\ &= \Phi\left(\frac{a-\mu}{\sigma}\right). \end{aligned} \tag{2.3.16}$$

利用公式 (2.3.15) 和 (2.3.16) 可以计算, 当 $X \sim N(\mu, \sigma^2)$ 时,

$$P(|X - \mu| \leqslant \sigma) = \Phi(1) - \Phi(-1) = 2\Phi(1) - 1 = 68.27\%,$$

$$P(|X - \mu| \leqslant 2\sigma) = \Phi(2) - \Phi(-2) = 2\Phi(2) - 1 = 95.45\%,$$

$$P(|X - \mu| \leqslant 3\sigma) = \Phi(3) - \Phi(-3) = 2\Phi(3) - 1 = 99.73\%,$$

$$P(|X - \mu| \leqslant 6\sigma) = \Phi(6) - \Phi(-6) = 2\Phi(6) - 1$$

$$= 99.999999802682\%.$$

为什么把这些特殊值计算出来呢? 在产品质量和服务质量管理中,所谓的 3σ 或 6σ 管理原则就是要求产品质量的合格率、产品性能的可靠性或服务系统的满意度等达到 $P(|X-\mu| \leqslant 3\sigma)$ 或 $P(|X-\mu| \leqslant 6\sigma)$. $\Phi(x)$ 可以查正态分布表 (附录 D) 得到.

(4) $\Gamma(\alpha,\beta)$ 分布

设 α,β 是正常数, $\Gamma(\alpha)$ 由积分

$$\Gamma(\alpha) = \int_0^\infty x^{\alpha-1} \mathrm{e}^{-x}\,\mathrm{d}x \tag{2.3.17}$$

定义. 如果 X 的概率密度是

$$f(x) = \begin{cases} \dfrac{\beta^\alpha}{\Gamma(\alpha)} x^{\alpha-1} \mathrm{e}^{-\beta x}, & x \geqslant 0, \\ 0, & x < 0, \end{cases} \tag{2.3.18}$$

则称随机变量 X 服从参数为 (α,β) 的 Γ (读作: 伽马) **分布**, 记作 $X \sim \Gamma(\alpha,\beta)$.

图 2.3.3 是 $\Gamma(\alpha,2)$ 分布的概率密度图形, 按概率密度的最大值由大到小依次排列是 $\alpha = 1,\ 2,\ 3,\ 6,\ 8,\ 10$ 的图形. 可以看出, 随着 α 增加, $\Gamma(\alpha,2)$ 的概率密度也向正态分布的概率密度靠近.

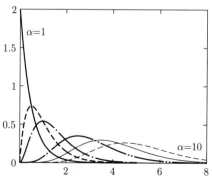

图 2.3.3　$\Gamma(\alpha,2)$ 的概率密度
$(\alpha = 1,\ 2,\ 3,\ 6,\ 8,\ 10)$

英国著名统计学家皮尔逊 (Pearson) 在研究物理、生物及经济中的随机变量时, 发现很多连续型随机变量的概率分布不是正态分布. 这些随机变量的特点是只取非负值, 于是他致力于这类随机变量的研究. 从 1895 年至 1916 年间, 皮尔逊连续发表了一系列的概率密度曲线, 认为这些曲线可以包括常见的单峰分布, 其中就有 Γ 分布. 在气象学中, 干旱地区的年、季或月降水量被认为服从 Γ 分布, 指定时间段内的最大风速等也被认为服从 Γ 分布.

例 2.3.5 在泊松分布的例 2.2.3 中, 用 S_k 表示从开始至观测到第 k 个 α 粒子的时间, 证明: S_k 服从 $\Gamma(k, \mu)$ 分布.

证明 用 $N(t)$ 表示放射性物质在 $(0, t]$ 释放的 α 粒子数, 则从例 2.2.3 知道, $N(t)$ 有概率分布

$$P(N(t) = k) = \frac{(\mu t)^k}{k!} \mathrm{e}^{-\mu t}, \quad k = 0, 1, \cdots.$$

因为 $S_k \leqslant t$ 和 $N(t) \geqslant k$ 都表示在时间段 $(0, t]$ 内至少释放了 k 个 α 粒子, 所以这两个事件相等. 于是得到 S_k 的分布函数

$$
\begin{aligned}
F(t) &= P(S_k \leqslant t) \\
&= P(N(t) \geqslant k) \\
&= 1 - P(N(t) \leqslant k - 1) \\
&= 1 - \sum_{j=0}^{k-1} P(N(t) = j) \\
&= 1 - \sum_{j=0}^{k-1} \frac{(\mu t)^j}{j!} \mathrm{e}^{-\mu t}.
\end{aligned}
$$

易见 $F(0) = 0$, 所以 $F(t)$ 是连续函数, 求导数得到 S_k 的概率密度

$$
\begin{aligned}
f(t) &= F'(t) \\
&= \sum_{j=0}^{k-1} \frac{(\mu t)^j}{j!} \mu \mathrm{e}^{-\mu t} - \sum_{j=1}^{k-1} \frac{(\mu t)^{j-1}}{(j-1)!} \mu \mathrm{e}^{-\mu t}
\end{aligned}
$$

$$= \frac{(\mu t)^{k-1}}{(k-1)!} \mu e^{-\mu t}$$

$$= \frac{\mu^k}{\Gamma(k)} t^{k-1} e^{-\mu t}, \quad t \geqslant 0. \tag{2.3.19}$$

说明 $S_k \sim \Gamma(k, \mu)$.

练 习 2.3

2.3.1 设 X 有概率密度

$$f(x) = \frac{b}{\pi} \cdot \frac{1}{a^2 + (x-\mu)^2},$$

其中 $a^2(>0)$, μ 是已知常数, 求 b.

2.3.2 设 $X \sim N(\mu, \sigma^2)$, 方程 $y^2 + 4y + X = 0$ 无实根的概率是 0.5, 求 μ.

2.3.3 设 $a \neq 0$, a, b, c 是常数. 如果随机变量 X 有概率密度

$$f(x) = \exp(ax^2 + bx + c),$$

证明: X 服从正态分布.

2.3.4 例 2.3.2 中 (1) 的必要性证明: 将 $[0,1)$ 等分成 10 个左闭右开的子区间, 从左至右记作 $J(i_1)$, $0 \leqslant i_1 \leqslant 9$. 再将 $J(i_1)$ 等分成 10 个左闭右开的子区间, 从左至右记作 $J(i_1, i_2)$, $0 \leqslant i_2 \leqslant 9$. 以此类推, 对 $n \geqslant 1$ 得到长度为 10^{-n}, 且互不相交的子区间

$$J(i_1, i_2, \cdots, i_n), \quad 0 \leqslant i_1, i_2, \cdots, i_n \leqslant 9. \tag{2.3.20}$$

定义 $X_1, X_2, \cdots$ 如下: 对 $n \geqslant 1$ 和 $\{0, 1, \cdots, 9\}$ 中的 $i_1, i_2, \cdots, i_n$, 当 $X \in J(i_1, i_2, \cdots, i_n)$, 定义 $X_1 = i_1, X_2 = i_2, \cdots, X_n = i_n$. 这时

$$P(X_1 = i_1) = P(X \in J(i_1)) = 10^{-1},$$

$$P(X_1 = i_1, X_2 = i_2) = P(X \in J(i_1, i_2)) = 10^{-2},$$

$$\cdots\cdots$$

$$P(X_1 = i_1, X_2 = i_2, \cdots, X_n = i_n) = P(X \in J(i_1, i_2, \cdots, i_n)) = 10^{-n}.$$

下面证明 $X_1, X_2, \cdots$ 相互独立, 都服从概率分布 (2.3.6).

首先从定义知道 X_1 有概率分布 (2.3.6).

做归纳法假设: $X_1, X_2, \cdots, X_{n-1}$ 相互独立, 有相同的概率分布 (2.3.6). 因为

$$P(X_1 = i_1, X_2 = i_2, \cdots, X_n = i_n) = 10^{-n}, \qquad (2.3.21)$$

在上式两边关于 $i_1, i_2, \cdots, i_{n-1}$ 求和, 得到 $P(X_n = i_n) = 10^{-1}$. 于是从 (2.3.21) 式和归纳法假设得到

$$P(X_1 = i_1, X_2 = i_2, \cdots, X_n = i_n) = 10^{-(n-1)} P(X_n = i_n)$$
$$= P(X_1 = i_1) P(X_2 = i_2) \cdots P(X_n = i_n).$$

说明 (2.3.7) 式中的 $X_1, X_2, \cdots, X_n$ 相互独立, 有相同的概率分布 (2.3.6). 于是知道 $X_1, X_2, \cdots$ 相互独立, 有相同的概率分布 (2.3.6).

§2.4 概率分布函数

离散型随机变量有概率分布, 连续型随机变量有概率密度, 它们都为计算 $P(a < X \leqslant b)$ 带来了方便. 为了进一步研究随机变量的概率分布, 需要引入随机变量的分布函数.

定义 2.4.1 对随机变量 X, 称 x 的函数

$$F(x) = P(X \leqslant x) \qquad (2.4.1)$$

为 X 的**概率分布函数**, 简称为**分布函数**.

例 2.4.1 设 X 是随机变量.

(1) 当 $X \sim Unif(a, b)$, X 的分布函数是分段可导的右连续函数, 且

$$F(x) = \begin{cases} 0, & x < a, \\ (x-a)/(b-a), & x \in [a, b), \\ 1, & x \geqslant 1. \end{cases}$$

(2) 当 $X \sim Exp(\lambda)$, X 的分布函数是分段可导的右连续函数, 且

$$F(x) = \begin{cases} 1 - \mathrm{e}^{-\lambda x}, & x \geqslant 0, \\ 0, & x < 0. \end{cases} \tag{2.4.2}$$

(3) 当 $X \sim N(0,1)$, X 的分布函数是连续可导函数, 且

$$\Phi(x) = \int_{-\infty}^{x} \varphi(t)\,\mathrm{d}t.$$

(4) 如果 X 是离散型随机变量, 有概率分布

$$p_k = P(X = x_k), \quad k = 1, 2, \cdots,$$

则 X 的分布函数是单调不减右连续的阶梯函数, 且

$$F(x) = P(X \leqslant x) = P\Big(\bigcup_{j:\ x_j \leqslant x} \{X = x_j\} \Big) = \sum_{j:\ x_j \leqslant x} p_j$$

在每个 x_j 有跳跃 p_j. 这时也称 $F(x)$ 为分布列 $\{p_j\}$ 的分布函数.

如果 X 是连续型随机变量, 有概率密度 $f(x)$, 则

$$F(x) = \int_{-\infty}^{x} f(t)\,\mathrm{d}t, \quad x \in \mathbf{R} \tag{2.4.3}$$

是连续函数, 并且在 $f(x)$ 的连续点 x 有 $f(x) = F'(x)$. 这时也称 $F(x)$ 是 $f(x)$ 的分布函数.

下面是分布函数 $F(x)$ 的基本性质.

定理 2.4.1 设 $F(x)$ 是随机变量 X 的分布函数, 则

(1) F 单调不减右连续;

(2) $F(\infty) = 1, F(-\infty) = 0$;

(3) F 在点 x 连续的充要条件是 $P(X = x) = 0$.

证明 (1) 对任何 $x < y$, 单调不减性由下式

$$F(y) - F(x) = P(x < X \leqslant y) \geqslant 0$$

得到. 再由 F 的单调性和概率 P 的连续性得到右连续性:

$$\lim_{n\to\infty} F(x+1/n) = \lim_{n\to\infty} P(X \leqslant x+1/n)$$
$$= P\Big(\bigcap_{n=1}^{\infty}\{X \leqslant x+1/n\}\Big) = P(X \leqslant x) = F(x).$$

(2) 由 F 的单调性和概率 P 的连续性得到

$$F(\infty) = \lim_{n\to\infty} F(n) = \lim_{n\to\infty} P(X \leqslant n)$$
$$= P\Big(\bigcup_{n=1}^{\infty}\{X \leqslant n\}\Big) = P(X < \infty) = 1.$$

同理可证 $F(-\infty) = 0$.

(3) 由分布函数的右连续性和

$$P(X = x) = P\Big(\bigcap_{m=1}^{\infty}\{x-1/m < X \leqslant x\}\Big)$$
$$= \lim_{m\to\infty}[F(x) - F(x-1/m)]$$
$$= F(x) - F(x-)$$

知道 (3) 成立.

可以证明, 任何满足上述性质 (1) 和 (2) 的函数一定是某随机变量的分布函数 (见定理 2.6.1). 于是任何满足上述性质 (1) 和 (2) 的函数都称为分布函数.

例 2.4.2 设 X 是概率空间 $(\Omega, \mathcal{F}, P)$ 上的随机变量, $F(x)$ 是 X 的分布函数, 对于数集 A, 定义集函数 $F(A)$ 如下:

$$F(A) = P(X \in A). \tag{2.4.4}$$

证明: $F(\cdot)$ 是 $(\mathbf{R}, \mathcal{B})$ 上的概率, 其中 $\mathcal{B}$ 是博雷尔域.

证明 由 2.1.1 小节知道 $(\mathbf{R}, \mathcal{B})$ 是可测空间. 要证明 F 是概率, 只要证明以下的 (1), (2) 和 (3).

(1) 对 $A \in \mathcal{B}$, $F(A) = P(X \in A) \geqslant 0$;

(2) $F(\mathbf{R}) = P(X \in \mathbf{R}) = 1$;

(3) 对互不相容的 $A_j \in \mathcal{B}$, $j = 1, 2, \cdots$,

$$F\Big(\bigcup_{j=1}^{\infty} A_j \Big) = P\Big(X \in \bigcup_{j=1}^{\infty} A_j \Big) = P\Big(\bigcup_{j=1}^{\infty} \{X \in A_j\} \Big)$$
$$= \sum_{j=1}^{\infty} P(X \in A_j) = \sum_{j=1}^{\infty} F(A_j).$$

由于上面已经证明了 F 的非负性、完全性和可列可加性, 所以 F 是 $(\mathbf{R}, \mathcal{B})$ 上的概率. 因而 $(\mathbf{R}, \mathcal{B}, F)$ 是概率空间. 数学分析中的实函数都是 $(\mathbf{R}, \mathcal{B}, F)$ 上的随机变量.

对于连续型的随机变量, 概率密度通过 (2.4.3) 式唯一决定分布函数. 下面的定理给出由分布函数决定概率密度的方法.

定理 2.4.2　设 $F(x) = P(X \leqslant x)$ 是连续函数, 导函数分段存在且连续, 则

$$f(x) = \begin{cases} F'(x), & \text{当 } F'(x) \text{ 存在}, \\ 0, & \text{其他} \end{cases} \tag{2.4.5}$$

是 X 的概率密度.

证明　对任何 $a < b$, 无妨设 $F(x)$ 仅在 (a, b) 中的 $a_1, a_2, \cdots, a_k$ 处不可导, 并且

$$a_0 = a < a_1 < a_2 < \cdots < a_k < b = a_{k+1}.$$

这时

$$P(a < X \leqslant b) = \sum_{j=0}^{k} P(a_j < X \leqslant a_{j+1}) = \sum_{j=0}^{k} [F(a_{j+1}) - F(a_j)]$$
$$= \sum_{j=0}^{k} \int_{a_j}^{a_{j+1}} f(t)\, \mathrm{d}t = \int_{a}^{b} f(t)\, \mathrm{d}t.$$

由定义 2.3.1 知道 $f(x)$ 是 X 的概率密度.

在定理 2.4.2 中, F 连续的条件是至关重要的. 因为 F 不连续时, X 一定不是连续型随机变量. 这是因为连续型随机变量 X 有概率密度 $f(x)$, 所以 X 的分布函数作为变上限积分

$$F(x) = \int_{-\infty}^{x} f(t)\,\mathrm{d}t$$

必然是连续函数.

从定理 2.4.2 还不难看出, 尽管随机变量的分布函数是唯一的, 但是概率密度却不必唯一. 这和被积函数在有限个点改变函数值后积分值不变的道理相同. 但是如果密度函数是连续的, 则必然是唯一的.

例 2.4.3 一个使用了 t 小时的热敏电阻在 Δt 内失效的概率是 $\lambda \Delta t + o(\Delta t)$. 设该热敏电阻的使用寿命是连续型随机变量, 求该热敏电阻的使用寿命的概率分布.

解 用 X 表示该热敏电阻的使用寿命, 要求的是 $F(x) = P(X \leqslant x)$. 由题意得到, 对 $t \geqslant 0$,

$$P(t < X \leqslant t + \Delta t \mid X > t) = \frac{P(t < X \leqslant t + \Delta t)}{P(X > t)} = \lambda \Delta t + o(\Delta t),$$

即

$$\frac{F(t + \Delta t) - F(t)}{\overline{F}(t)} = \lambda \Delta t + o(\Delta t),$$

其中 $\overline{F}(x) = 1 - F(x)$ 称为 X 的 **生存函数**. 完全类似地对 $t > 0$, 当 $s = t - \Delta t > 0$ 时, 有

$$\frac{F(t) - F(t - \Delta t)}{\overline{F}(t - \Delta t)} = P(t - \Delta t < X \leqslant t \mid X > t - \Delta t)$$
$$= P(s < X \leqslant s + \Delta t \mid X > s) = \lambda \Delta t + o(\Delta t).$$

于是, 在上面等式的两边除以 Δt, 再令 $\Delta t \to 0$, 得到

$$\frac{F'(t)}{\overline{F}(t)} = \lambda, \quad t > 0. \tag{2.4.6}$$

即有 $\mathrm{d}\ln\overline{F}(t) = -\lambda\,\mathrm{d}t$, 积分后得到 $\overline{F}(t) = c\mathrm{e}^{-\lambda t}$, c 是常数. 再利用 $\overline{F}(0) = c = 1$, 得到 $\overline{F}(t) = \mathrm{e}^{-\lambda t}$. 于是, $F(t) = 1 - \mathrm{e}^{-\lambda t}$, $t \geqslant 0$. 对其求导数得到 X 的概率密度 $f(t) = \lambda\mathrm{e}^{-\lambda t}$, $t \geqslant 0$. 即 $X \sim Exp(\lambda)$.

练　习　2.4

2.4.1 设 $F(x)$ 是 X 的分布函数, 证明: $G(x) = P(X < x)$ 是左连续函数, 并且 $G(x) = F(x-)$.

2.4.2 设 $F(x) = P(X \leqslant x)$ 是分段连续可导函数, 定义

$$g(x) = \begin{cases} F'(x), & \text{当 } F'(x) \text{ 存在}, \\ 0, & \text{其他}, \end{cases}$$

证明: $\displaystyle\int_{-\infty}^{\infty} g(t)\,\mathrm{d}t = 1$ 当且仅当 $F(x)$ 是连续函数.

§2.5　随机变量函数的分布

对于随机变量 X 和实函数 $g(x)$, 从定理 2.1.2 知道 $Y = g(X)$ 是随机变量. 下面介绍由 X 的概率分布计算 $Y = g(X)$ 的概率分布的方法.

例 2.5.1　设 X 有概率分布

X	-2	-1	0	1	3
P	0.1	0.2	0.3	0.2	0.2

求 $Y = X^2$ 的概率分布.

解　Y 的取值是 $0, 1, 4, 9$, 而且

$$P(Y = 0) = P(X = 0) = 0.3,$$
$$P(Y = 1) = P(|X| = 1) = 0.2 + 0.2 = 0.4,$$
$$P(Y = 4) = P(X = -2) = 0.1,$$
$$P(Y = 9) = P(X = 3) = 0.2.$$

于是 Y 有概率分布

X	0	1	4	9
P	0.3	0.4	0.1	0.2

例 2.5.2 设 $X \sim N(\mu, \sigma^2)$, 求 $Y = (X - \mu)/\sigma$ 的概率密度.

解 先求 Y 的分布函数 $F_Y(y)$. 设 $F_X(x)$ 是 X 的分布函数, 则 F_X 连续可导, 并且

$$F_X'(x) = \frac{1}{\sqrt{2\pi\sigma^2}} \exp\left[-\frac{(x-\mu)^2}{2\sigma^2} \right],$$
$$F_Y(y) = P(Y \leqslant y) = P((X-\mu)/\sigma \leqslant y)$$
$$= P(X \leqslant y\sigma + \mu) = F_X(y\sigma + \mu).$$

$F_Y(y)$ 对 y 求导数得到 Y 的概率密度

$$f_Y(y) = F_Y'(y) = F_X'(y\sigma + \mu)\sigma$$
$$= \frac{\sigma}{\sqrt{2\pi\sigma^2}} \exp\left[\frac{-(y\sigma + \mu - \mu)^2}{2\sigma^2} \right]$$
$$= \frac{1}{\sqrt{2\pi}} e^{-y^2/2} = \varphi(y).$$

说明 $Y \sim N(0,1)$.

例 2.5.3 设 $X \sim Unif(0,1)$, $\Phi^{-1}(x)$ 是标准正态分布函数 $\Phi(x)$ 的反函数, 求 $Y = \Phi^{-1}(X)$ 的概率分布.

解 利用 $P(X \leqslant x) = x$, 当 $x \in (0,1)$, $\Phi(y) \in (0,1)$ 和直接计算得到

$$F_Y(y) = P(\Phi^{-1}(X) \leqslant y) = P(X \leqslant \Phi(y)) = \Phi(y).$$

说明 $Y \sim N(0,1)$.

对于比较复杂的问题, 需要下面的引理及其推论.

引理 2.5.1 设 X 有概率密度 $f(x)$, $D \subseteq \mathbf{R} = (-\infty, \infty)$, $Y = g(X)$, $P(Y \in D) = 1$. 如果

(1) 对 $y \in D$, $\{Y = y\} = \bigcup_{i=1}^{n} \{X = h_i(y)\}$;

(2) 每个 $h_i(y)$ 是 D 到其值域 D_i 的可逆映射, 有连续的导数;

(3) $D_1, D_2, \cdots, D_n$ 互不相交, 则 Y 有概率密度

$$f_Y(y) = \begin{cases} \sum_{i=1}^{n} f(h_i(y))|h_i'(y)|, & y \in D, \\ 0, & y \in \overline{D}. \end{cases} \tag{2.5.1}$$

引理 2.5.1 中的 n 也可以是 ∞. 证明见练习 2.5.3.

设随机变量 X 有分布函数 $F(x)$, 用 $\mathrm{d}x$ 表示 x 的微分. 从微积分的知识知道当 $F'(x)$ 在 x 处连续时, 有

$$\begin{aligned} P(X = x) &= \lim_{\Delta x \to 0} |F(x) - F(x - \Delta x)| \\ &= \mathrm{d}F(x) = F'(x)\,\mathrm{d}x. \end{aligned}$$

所以

$$P(X = x) = g(x)\,\mathrm{d}x$$

表示 X 在 x 有概率密度 $g(x)$.

如果 D 是开区间或开区间的并集, 则称 D 为**开集**.

下面的定理 2.5.2 和推论 2.5.3 是引理 2.5.1 的操作步骤.

定理 2.5.2 如果开集 D 使得 $P(X \in D) = 1$, 非负函数 $g(x)$ 在 D 中连续, 使得

$$P(X = x) = g(x)\,\mathrm{d}x, \quad x \in D, \tag{2.5.2}$$

则 X 有概率密度

$$f(x) = g(x), \quad x \in D. \tag{2.5.3}$$

从微积分的知识知道, 如果 $h(y)$ 在 y 处可微, $F(x)$ 在 $x = h(y)$ 处有连续的导数 $f(h(y))$, 则对 $h(y) = x$, 用 (2.5.2) 式得到

$$P(X = h(y)) = |f(h(y))\mathrm{d}h(y)| = f(h(y))|h'(y)|\,\mathrm{d}y. \tag{2.5.4}$$

在使用定理 2.5.2 计算随机变量函数的概率密度时, 公式 (2.5.4) 是非常有用的.

推论 2.5.3 设 X 有概率密度 $f(x)$, $Y = g(X)$ 是 X 的函数, 开集 D 使得 $P(Y \in D) = 1$.

(1) 如果 $h(y)$ 在 D 上严格单调可微, 使得

$$P(Y = y) = P(X = h(y)) = f(h(y))|h'(y)| \, \mathrm{d}y, \quad y \in D,$$

则 Y 有概率密度 $f_Y(y) = f(h(y))|h'(y)|$, $y \in D$;

(2) 如果 $h_j(y)$ 在 D 上严格单调可微, 使得

$$P(Y = y) = \sum_{j=1}^{n} P(X = h_j(y)) = \sum_{j=1}^{n} f(h_j(y))|h_j'(y)| \, \mathrm{d}y, \quad y \in D,$$

则 Y 有概率密度

$$f_Y(y) = \sum_{j=1}^{n} f(h_j(y))|h_j'(y)|, \quad y \in D. \tag{2.5.5}$$

注 2.5.1 推论 2.5.3 结论 (2) 中的 n 也可以是 ∞. 用定理 2.5.2 及推论 2.5.3 计算随机变量函数之概率密度的方法称为**微分法**. 在使用微分法时, 必须遵守以下两条约定:

(1) 当且仅当 $A = B$ 时, 可以使用公式 $P(A) = P(B)$;

(2) 当且仅当 $A = \bigcup_{i=1}^{n} A_i$, 且 $A_1, A_2, \cdots, A_n$ 作为集合互不相交时, 可以使用公式

$$P(A) = \sum_{i=1}^{n} P(A_i).$$

例 2.5.4 设 $a > 0$, $X \sim Unif[-a, a]$, 求 $Y = 1/|X|$ 的概率密度.

解 易见 $P(Y > 1/a) = P(|X| < a) = 1$. 对 $y > 1/a$ 有 $1/y < a$, 并且

$$f_X(1/y) = f_X(-1/y) = \frac{1}{2a}.$$

于是从

$$
\begin{aligned}
P(Y = y) &= P(|X| = 1/y) \\
&= P(X = 1/y) + P(X = -1/y) \\
&= f_X\big(1/y\big)\big|\mathrm{d}(1/y)\big| + f_X\big(-1/y\big)\big|\mathrm{d}(-1/y)'\big| \\
&= \frac{1}{ay^2}\,\mathrm{d}y,
\end{aligned}
$$

得到 Y 的概率密度

$$
f_Y(y) = \frac{1}{ay^2}, \quad y > \frac{1}{a}.
$$

例 2.5.5 设 $X \sim N(0,1)$, 计算 $Y = X^2$ 的概率密度.

解 X 有概率密度

$$
\varphi(x) = \frac{1}{\sqrt{2\pi}} \exp(-x^2/2).
$$

因为 $P(Y > 0) = 1$, 且对 $y > 0$, 有

$$
\begin{aligned}
P(Y = y) &= P(X = \pm\sqrt{y}\,) \\
&= P(X = \sqrt{y}\,) + P(X = -\sqrt{y}\,) \\
&= \Big|\varphi(\sqrt{y})\mathrm{d}\sqrt{y}\,\Big| + \Big|\varphi(-\sqrt{y})\mathrm{d}\sqrt{y}\,\Big| \\
&= \frac{1}{\sqrt{y}}\varphi(\sqrt{y}\,)\,\mathrm{d}y.
\end{aligned}
$$

所以 Y 有概率密度

$$
f_Y(y) = \frac{1}{\sqrt{y}}\varphi(\sqrt{y}\,) = \frac{1}{\sqrt{2\pi}}\,\mathrm{e}^{-y/2}, \quad y > 0.
$$

例 2.5.6 设点 θ 随机地落在中心在原点、半径为 r 的圆周上, 求落点横坐标的概率密度.

解 横坐标 $X = r\cos\theta$, 其中 $\theta \sim Unif(0, 2\pi)$. 易见 $P(|X| < r) = 1$.

因为 $\theta \in [0,\pi)$ 时, $\cos\theta$ 有反函数 $\arccos\theta$, 所以对 $x \in (-r, r)$, 有

$$P(X = x) = P(\cos\theta = x/r)$$
$$= P(\cos\theta = x/r, \theta \in (0,\pi]) + P(\cos\theta = x/r, \theta \in (\pi, 2\pi))$$
$$= P(\theta = \arccos(x/r)) + P(\cos(2\pi - \theta) = x/r, \theta \in (\pi, 2\pi))$$
$$= P(\theta = \arccos(x/r)) + P(\theta = 2\pi - \arccos(x/r))$$
$$= \frac{1}{2\pi}|\,\mathrm{d}\arccos(x/r)| + \frac{1}{2\pi}|\,\mathrm{d}[2\pi - \arccos(x/r)]|$$
$$= \frac{1}{\pi\sqrt{r^2 - x^2}}\,\mathrm{d}x.$$

于是得到 X 的概率密度

$$f_X(x) = \frac{1}{\pi\sqrt{r^2 - x^2}}, \quad |x| < r.$$

例 2.5.7 设 $X \sim N(0,1)$, $b \neq 0$, 求 $Y = a + bX$ 的概率密度.

解 因为 X 有概率密度

$$\varphi(x) = \frac{1}{\sqrt{2\pi}}\exp\left(-x^2/2\right),$$

且对任何 y, 有

$$P(Y = y) = P(a + bX = y)$$
$$= P\left(X = \frac{y-a}{b}\right)$$
$$= \varphi\left(\frac{y-a}{b}\right)\left|\mathrm{d}\left(\frac{y-a}{b}\right)\right|$$
$$= \frac{1}{\sqrt{2\pi}\,|b|}\exp\left[-\frac{(y-a)^2}{2b^2}\right]\mathrm{d}y.$$

所以 $Y \sim N(a, b^2)$, 有概率密度

$$f_Y(y) = \frac{1}{\sqrt{2\pi}\,|b|}\exp\left[-\frac{(y-a)^2}{2b^2}\right], \quad y \in (-\infty, \infty).$$

用 X 表示某种产品的使用寿命, $F_X(x) = P(X \leqslant x)$ 是 X 的分布函数. 在产品的可靠性研究中, 人们称产品的使用寿命 X 大于某固定

值 a 的概率

$$P(X > a) = 1 - F_X(a)$$

为该产品的**可靠性**. 如果产品的使用寿命 X 服从指数分布 $Exp(\lambda)$, 则已经使用了一段时间的旧产品和新产品有相同的可靠性 (见定理 2.3.1). 在实际中的大多数场合, 人们都不愿意使用旧产品, 也就是说, 人们并不认为产品的使用寿命服从指数分布. 为了更加合理地描述产品的使用寿命, 可以对 X 进行改造. 设 a, b 是正数, $X \sim Exp(1)$, 定义

$$Y = (X/a)^{1/b}.$$

现在用 Y 表示产品的使用寿命, 并称 Y 的概率分布为**韦布尔 (Weibull) 分布**.

实际经验表明许多电子元件和机械设备的使用寿命都可以用韦布尔分布描述. 另外, 凡是由局部部件的失效或故障引起全局停止运行的设备的寿命也都常用韦布尔分布近似. 特别是金属材料 (如轴承等) 的疲劳寿命被认为是服从韦布尔分布的 (参考书目 [5]).

例 2.5.8 (韦布尔分布) 设 $X \sim Exp(1)$, a, b 是正常数, 证明: $Y = (X/a)^{1/b}$ 有概率密度

$$f_Y(y) = aby^{b-1} \exp\left(-ay^b\right), \quad y > 0. \tag{2.5.6}$$

这时称 Y 服从参数为 (a, b) 的韦布尔分布, 记作 $Y \sim W(a, b)$.

证明 X 有概率密度 $f_X(x) = \mathrm{e}^{-x}$, $x > 0$. 因为 $P(Y > 0) = 1$, 且对 $y > 0$, 有

$$
\begin{aligned}
P(Y = y) &= P\left((X/a)^{1/b} = y\right) \\
&= P\left(X = ay^b\right) \\
&= f_X(ay^b)\mathrm{d}(ay^b) \\
&= \exp\left(-ay^b\right)aby^{b-1}\,\mathrm{d}y,
\end{aligned}
$$

所以 Y 的概率密度是 (2.5.6).

设 $X \sim N(\mu, \sigma^2)$, 则称 $Y = e^X$ 的概率分布为对数正态分布. 在产品的可靠性研究中, 人们经常用到对数正态分布. 实践表明, 在研究因化学或物理化学的缓慢变化造成的断裂或失效时 (如绝缘体等), 用对数正态分布描述使用寿命是合适的 (参考书目 [5]).

按照定理 2.5.2, 如果开集 D 使得 $P(X \in D) = 1$, D 中的连续函数 $g(x)$ 使得

$$\frac{P(X = x)}{\mathrm{d}x} = g(x), \quad x \in D,$$

则 X 的概率密度是 $g(x)$, $x \in D$.

例 2.5.9 (对数正态分布) 设 $X \sim N(\mu, \sigma^2)$, 证明: $Y = e^X$ 有概率密度

$$f_Y(y) = \frac{1}{\sqrt{2\pi}\,\sigma y} \exp\left[-\frac{(\ln y - \mu)^2}{2\sigma^2}\right], \quad y > 0. \tag{2.5.7}$$

这时称 Y 服从参数为 (μ, σ^2) 的对数正态分布.

证明 易见 $P(Y > 0) = 1$, 对 $y > 0$, 利用

$$f_X(x) = \frac{1}{\sqrt{2\pi}\,\sigma} \exp\left[-\frac{(x - \mu)^2}{2\sigma^2}\right]$$

得到 Y 的概率密度

$$\begin{aligned}
f_Y(y) &= \frac{P(Y = y)}{\mathrm{d}y} = \frac{P(e^X = y)}{\mathrm{d}y} \\
&= \frac{P(X = \ln y)}{\mathrm{d}y} = \frac{f_X(\ln y)\mathrm{d}(\ln y)}{\mathrm{d}y} = \frac{1}{y} f_X(\ln y) \\
&= \frac{1}{\sqrt{2\pi}\,\sigma y} \exp\left[-\frac{(\ln y - \mu)^2}{2\sigma^2}\right], \quad y > 0.
\end{aligned}$$

练 习 2.5

2.5.1 设 $X \sim Unif(-1, 1)$, 用定理 2.5.2 求 $Y = X^2$ 的概率密度.

2.5.2 设 r 是正数, $\theta \sim Unif(0, 4\pi)$, 用微分法求 $X = r\cos\theta$ 的概率密度.

2.5.3 引理 2.5.1 的证明: 设 $f_Y(y)$ 由 (2.5.1) 式定义. 对 $a < b$ 和 $A = (a, b]$, 当 $AD = \varnothing$ 时, 有 $A \subseteq \overline{D}$, 于是

$$P(a < Y \leqslant b) = 0 = \int_A f_Y(y)\,\mathrm{d}y.$$

下面设 $AD \neq \varnothing$. 设 $h_i(y)$ 把 AD 映射到 $A_i \subseteq D_i$, 则该映射是可逆的, 且 $A_1, A_2, \cdots, A_n$ 互不相交.

根据已知条件得到

$$\{Y \in AD\} = \bigcup_{i=1}^{n} \{X \in A_i\}.$$

事件 $\{X \in A_i\}$ $(i = 1, 2, \cdots, n)$ 互不相容. 利用概率密度的性质和积分变换公式得到

$$P(a < Y \leqslant b) = P(Y \in AD) = \sum_{i=1}^{n} P(X \in A_i)$$
$$= \sum_{i=1}^{n} \int_{A_i} f(x)\,\mathrm{d}x = \sum_{i=1}^{n} \int_{AD} f(h_i(y))|h_i'(y)|\,\mathrm{d}y$$
$$= \int_{AD} f_Y(y)\,\mathrm{d}y = \int_A f_Y(y)\,\mathrm{d}y.$$

再由概率密度的定义知道 $f_Y(y)$ 是 $Y = g(X)$ 的概率密度.

§2.6* 随机变量的分位数

设 $F(x)$ 是随机变量 X 的分布函数.

定义 2.6.1 对于 $p \in (0, 1)$, 定义

$$F^{-1}(p) = \sup\{x | F(x) < p\}. \tag{2.6.1}$$

称 $F^{-1}(p)$ 为 F 或 X 的 p **分位数**, 通常用 ξ_p 表示. 特别称 $\xi_{1/2} = F^{-1}(1/2)$ 为 F 或 X 的**中位数**.

由于集合 $\{x | F(x) < p\}$ 关于 p 单调不减, 所以分位数 $F^{-1}(p)$ 是 p 的单调不减函数.

另外容易看出, 集合 $\{x|F(x) < p\}$ 是一个区间, 满足

$$(-\infty, F^{-1}(p)) \subseteq \{x|F(x) < p\}.$$

因而

$$\text{若 } x < F^{-1}(p), \text{ 则 } F(x) < p. \tag{2.6.2}$$

另外只要 $F(x) < p$, 则由 F 的右连续性知道对充分小的正数 ε, 有 $F(x+\varepsilon) < p$. 于是从 (2.6.1) 式得到 $x+\varepsilon \leqslant F^{-1}(p)$.

这就得到如下的结论:

$$x < F^{-1}(p) \quad \text{当且仅当} \quad F(x) < p, \tag{2.6.3}$$

或等价地有

$$x \geqslant F^{-1}(p) \quad \text{当且仅当} \quad F(x) \geqslant p. \tag{2.6.4}$$

例 2.6.1 设 X 有 p 分位数 $\xi_p = F^{-1}(p)$, 证明:

$$P(X \leqslant \xi_p) \geqslant p, \quad P(X \geqslant \xi_p) \geqslant 1-p. \tag{2.6.5}$$

证明 因为 $\xi_p \geqslant F^{-1}(p)$, 所以由 (2.6.4) 式得到

$$P(X \leqslant \xi_p) = F(\xi_p) \geqslant p.$$

另一方面, 对 $\varepsilon > 0$ 有 $\xi_p - \varepsilon < \xi_p$, 用 (2.6.3) 式得到 $F(\xi_p - \varepsilon) < p$. 令 $\varepsilon \to 0$, 得到 $F(\xi_p-) = P(X < \xi_p) \leqslant p$. 故

$$P(X \geqslant \xi_p) = 1 - P(X < \xi_p) \geqslant 1-p.$$

例 2.6.2 设离散型随机变量 X 有概率分布

X	1	2	3	4
P	1/5	2/5	1/5	1/5

(2.6.6)

则中位数 $\xi_{1/2} = 2$, 并且有

$$P(X \leqslant 2) = 3/5 > 1/2, \quad P(X \geqslant 2) = 4/5 > 1 - 1/2.$$

$3/4$ 分位数 $\xi_{3/4} = 3$, 并且有

$$P(X \leqslant 3) = 4/5 > 3/4, \quad P(X \geqslant 3) = 2/5 > 1 - 3/4.$$

给定分布函数 F 后, 用计算机产生以 $F(x)$ 为分布函数的随机数时, 以下定理是有用的.

定理 2.6.1 设 $F(x)$ 是分布函数, $U \sim Unif(0,1)$, 则 $F(x)$ 是随机变量 $Y = F^{-1}(U)$ 的分布函数.

证明 利用 (2.6.4) 式得到

$$P(Y \leqslant x) = P(F^{-1}(U) \leqslant x) = P(U \leqslant F(x)) = F(x).$$

例 2.6.3 证明: 任何在 **R** 上的积分值等于 1 的非负函数 $f(x)$ 一定是某个随机变量的概率密度.

证明 取 $U \sim Unif(0,1)$, $F(x) = \int_{-\infty}^{x} f(t)\,\mathrm{d}t$, 则 $F(x)$ 是 $Y = F^{-1}(U)$ 的分布函数. 于是对任何 $a < b$,

$$P(a < Y \leqslant b) = F(b) - F(a) = \int_{a}^{b} f(t)\,\mathrm{d}t.$$

说明 $f(x)$ 是 Y 的概率密度.

作为 $p = F(x)$ 的反函数, 分位数 $F^{-1}(p)$ 有下面的性质.

定理 2.6.2 设 $F^{-1}(p)$ 是 $F(x)$ 的 p 分位数, 则

(1) $F^{-1}(p)$ 在 $(0,1)$ 中单调不减, 左连续;

(2) $F^{-1}(F(x)) \leqslant x$;

(3) $F(F^{-1}(p)) \geqslant p$;

(4) $F(x) \geqslant p$ 当且仅当 $x \geqslant F^{-1}(p)$;

(5) 若 F 在 $x = F^{-1}(p)$ 处连续, 则 $F(F^{-1}(p)) = p$;

(6) 若 X 的分布函数 $F(x)$ 连续, 则 $Y = F(X) \sim Unif(0,1)$;

(7) $F^{-1}(p) = \inf\{x|\ F(x) \geqslant p\}$.

证明　(1) 只需证明左连续. 只要 $x < F^{-1}(p)$, 有 $F(x) < p$. 对充分小的 $\delta > 0$, 有 $F(x) < p - \delta$, 于是有 $x < F^{-1}(p - \delta)$. 现在 $F^{-1}(p) - \varepsilon < F^{-1}(p)$, 所以对充分小的 $\delta > 0$, 有

$$F^{-1}(p) - \varepsilon < F^{-1}(p - \delta).$$

令 $\delta \to 0$, 然后让 $\varepsilon \downarrow 0$, 得到 $F^{-1}(p) \leqslant F^{-1}(p-)$. $F^{-1}(p)$ 单调不减, 故 $F^{-1}(p) = F^{-1}(p-)$.

(2) 对 $p = F(x)$ 有 $p \leqslant F(x)$, 用 (2.6.4) 式得到 $F^{-1}(p) \leqslant x$, 即 $F^{-1}(F(x)) \leqslant x$.

(3) 见 (2.6.5) 的第一式.

(4) 见 (2.6.4) 式.

(5) 对任何 $\varepsilon > 0$, 由 (2.6.3) 式得到 $F(F^{-1}(p) - \varepsilon) < p$. 令 $\varepsilon \to 0$, 得到 $F(F^{-1}(p)) \leqslant p$. 再由性质 (3) 得到 $F(F^{-1}(p)) = p$.

(6) 和 (7) 的证明留作习题.

注 2.6.1　通常人们还把任何满足

$$P(X \leqslant x) \geqslant p \quad 和 \quad P(X \geqslant x) \geqslant 1 - p$$

的 x 称为 X 的 p 分位数. 按照这个定义, 从 (2.6.5) 知道 $\xi_p = F^{-1}(p)$ 是 X 的 p 分位数中最小的一个.

练　习　2.6

2.6.1　设 $X \sim Unif(0,1)$, 求 $g(x)$ 使得 $Y = g(X) \sim Exp(\lambda)$.

2.6.2　设 $X \sim Unif(0,1)$, 求 $h(x)$ 使得 $Y = h(X) \sim Bino(1,p)$.

伟大的天文学家伽利略 (Galieo, 1564—1642) 可能是第一个提出随机误差概念的人, 他在 1632 年出版的《关于托勒密和哥白尼两大世界体系的对话》中提到了观测误差, 并谈到了观测误差的以下性质:

(1) 所有的观测都可以有误差, 其来源可能归因于观测者、观测仪器和观测条件;

(2) 观测误差对称地分布在 0 的两侧;

(3) 小误差比大误差出现得更频繁.

这里的观测误差实际上是现在我们所说的随机误差.

1809 年, 高斯 (1777—1855) 发表了天体力学的名著《绕日天体运动理论》, 在这部著作的末尾, 他写了一节有关数据组合的问题, 实际上涉及的就是随机误差分布的问题. 高斯在以后的研究工作中发现了正态分布. 这一发现意义重大, 也使正态分布有了高斯分布的名字.

高斯是一个伟大的数学家, 一生中的重要贡献不胜枚举. 今天德国的 10 马克纸币上印有高斯的头像和正态分布的曲线, 它传达了一个信息: 在高斯的科学贡献中, 对人类文明影响最大的, 是正态分布 (参考书目 [1]).

习　题　二

2.1   一射手击中目标的概率是 3/4. 现在他连续射击直到击中目标为止, 用 X 表示首次击中目标时的射击次数. 求 X 是偶数的概率.

2.2   甲、乙击中目标的概率分别是 0.6, 0.7, 各射击 3 次.

(1) 计算他们击中次数相同的概率;

(2) 计算甲击中的次数多的概率.

2.3   设 X 在 $(2,5)$ 中均匀分布, 对 X 进行三次独立观测时, 求观测值大于 3 的次数大于等于 2 次的概率.

2.4 设随机变量 X 和 Y 独立, 对任何 x, y, 直接证明:

(1) $\{X \leqslant x\}$ 和 $\{Y < y\}$ 独立;

(2) $\{X < x\}$ 和 $\{Y \leqslant y\}$ 独立;

(3) $\{X < x\}$ 和 $\{Y < y\}$ 独立;

(4) $\{X = x\}$ 和 $\{Y = y\}$ 独立.

2.5 一辆汽车需要通过多个有红绿灯的路口. 设各路口的红绿灯独立工作, 且红灯和绿灯的显示时间相同. 用 X 表示首次遇到红灯时已经通过的路口数, 求 X 的概率分布.

2.6 公交车随机通过 n 个交叉路口. 这 n 个路口的交通信号灯独立工作, 若每次红灯时长 40 秒, 非红灯时长 20 秒. 用 X 表示该公交车首次遇到红灯时已通过的路口数, 求 X 的概率分布.

2.7 甲击中目标的概率是 p. 在独立重复射击时, 用 X 表示他第二次击中目标时的射击次数.

(1) 计算甲在两次击中目标前恰有 3 次射击失败的概率;

(2) 如果 $P(X = 4) = 3/16$, 求 p.

2.8 在核反应中, 假设一个粒子分裂成 i 个新粒子的概率是 p_i, $p_1 + p_2 + p_3 = 1$. 粒子之间的分裂是相互独立的并且有相同的概率分布. 求两次分裂后粒子总数为 3 的概率.

2.9 设 X 和 Y 是随机变量, 证明以下结论:

(1) $\max\{X, Y\} = (|X - Y| + X + Y)/2$;

(2) $\min\{X, Y\} = (X + Y - |X - Y|)/2$;

(3) $\max\{X, Y\} + \min\{X, Y\} = X + Y$.

2.10 设 $P(X = a) = p, P(X = b) = 1 - p$, 求常数 c, d, 使得

$$Y = cX + d \sim Bino(1, p).$$

2.11 设 T 是表示寿命的非负随机变量, 有连续的概率密度 $f(x)$. 引入 T 的生存函数 $S(x) = P(X \geqslant x)$ 和失效率函数 $\lambda(t) = f(t)/S(t)$. 证明:

$$S(x) = \exp\left(-\int_0^x \lambda(t)\,\mathrm{d}t\right).$$

2.12 设 X 有概率密度 $f(x)$.

(1) 求 $Y = X^{-1}$ 的概率密度;

(2) 求 $Y = |X|$ 的概率密度;

(3) 求 $Y = \tan X$ 的概率密度.

2.13 设电流 I 在 8 至 9 A 之间均匀分布. 当电流通过 2 Ω 的电阻时, 消耗的功率是 $W = 2I^2$ W, 求 W 的概率密度.

2.14 设随机变量 Y 服从对数正态分布, 有概率密度 (2.5.7) 式, 证明: $X = \ln Y \sim N(\mu, \sigma^2)$.

2.15 将一颗骰子投掷 n 次, 用 m 表示掷得的最小点数, 用 M 表示掷得的最大点数, 计算:

(1) $P(m = k), 1 \leqslant k \leqslant 6$;

(2) $P(M = k), 1 \leqslant k \leqslant 6$;

(3) $P(m = 2, M = 4)$.

2.16 设 X, Y 独立, $X \sim Bino(1, p)$, $Y \sim Exp(\lambda)$, 求 $Z = X + Y$ 的分布函数和概率密度.

2.17 设数列 $\{a_j\} = \{a_j | j = 0, \pm 1, \pm 2, \cdots\}$ 单调升, $b_0 = \lim\limits_{j \to -\infty} a_j > -\infty$, $b_1 = \lim\limits_{j \to \infty} a_j < \infty$. X 的分布函数 F 连续, 除去在每个 a_j 外导数 $F'(x)$ 存在且连续, 证明 (2.4.5) 式是 X 的概率密度.

2.18 设 X 有概率密度

$$f(x) = \frac{2}{\pi(1 + x^2)}, \quad x \geqslant 0,$$

求 $Y = \ln X$ 的概率密度.

2.19 某台机床加工的部件长度服从正态分布 $N(10, 36 \times 10^{-6})$. 当部件的长度在 10 ± 0.01 内为合格品, 求一部件是合格品的概率.

2.20 机床加工的部件长度服从正态分布 $N(10, \sigma^2)$. 当部件的长度在 10 ± 0.01 内为合格品, 要使该机床生产的部件的合格率达到 99%, 应当如何控制机床的 σ.

2.21 设车间有 100 台型号相同的机床相互独立地工作着, 每台机床发生故障的概率是 0.01. 一台机床发生故障时只需要一人维修. 考虑两种配备维修工人的方法:

(1) 5 个工人每人负责 20 台机床;

(2) 3 个工人同时负责这 100 台机床.

在以上两种情况下求机床发生故障时不能及时维修的概率, 比较哪种方案的效率更高.

2.22 收藏家在拍卖会上将参加对五件艺术品的竞买, 各拍品是否竞买成功是相互独立的. 如果他成功购得每一件艺术品的概率是 0.1, 计算:

(1) 成功竞买两件的概率;

(2) 至少成功竞买三件的概率;

(3) 至少竞买一件成功的概率.

2.23 对一大批产品的验收方案如下: 从中任取 10 件检验, 无次品就接受这批产品, 次品超过两件就拒收; 遇到其他情况用下述方案重新验收: 从中抽取 5 件产品, 这 5 件中无次品就接受, 有次品时就拒收. 设产品的次品率是 10%, 计算:

(1) 第一次检验产品被接受的概率;

(2) 需要做第二次检验的概率;

(3) 第二次检验产品才被接受的概率;

(4) 产品被接受的概率.

2.24 设 X 有概率分布如下:

X	-2	-1	0	1	2	3	5
P	0.20	0.10,	0.30	0.02	0.08	0.20	0.10

求 $Y = X^2$ 的概率分布.

2.25 设点随机地落在中心在原点、半径为 R 的圆周上, 求落点纵坐标的概率密度.

2.26 一个房间有三扇完全相同的玻璃窗, 其中只有一扇是打开的. 两只麻雀飞入房间后试图飞出房间.

(1) 第一只麻雀是无记忆的, 求它飞出房间时试飞次数 X 的概率分布;

(2) 第二只麻雀是有记忆的, 求它飞出房间时试飞次数 Y 的概率分布;

(3) 计算 $P(X < Y)$, $P(X > Y)$.

2.27 设 X 有概率密度 $f(x) = cx/\pi^2$, $x \in (0, \pi)$, 求 $Y = \sin X$ 的概率密度.

2.28 设一个质点从原点出发在直线上做随机游动, 每次向右移动一个单位的概率是 $p \in (0, 1)$, 向左移动一个单位的概率是 $q = 1 - p$. 用 X_n 表示 n 时质点的位置, 计算 $P(X_n = k)$.

2.29 在长度为 l 的线段的中点两边各任取一点, 求这两点间的距离小于 $l/3$ 的概率.

2.30 设 X, Y 独立, 分别服从参数为 λ_1 和 λ_2 的泊松分布.

(1) 计算条件概率 $P(X = k | X + Y = n)$, $k = 0, 1, \cdots, n$;

(2) 在条件 $X + Y = n$ 下, 求 X 的概率分布.

2.31 设 X, Y 独立, 分别服从二项分布 $Bino(n, p)$ 和 $Bino(m, p)$.

(1) 计算条件概率 $P(X = k | X + Y = n)$, $k = 0, 1, \cdots, n$;

(2) 在条件 $X + Y = n$ 下, 求 X 的概率分布.

2.32 (带吸收壁的随机游动) 设 a, b 是正整数. 在习题 2.28 的假设下, 设质点从 a 出发, 一旦到达 0 或 $a + b$ 就永远停留在 0 或 $a + b$. 这时称 0 和 $a + b$ 是吸收壁. 证明: 质点被 0 吸收的概率

$$
p_a = \begin{cases} \dfrac{1 - (p/q)^b}{1 - (p/q)^{a+b}}, & p \neq q, \\ b/(a+b), & p = q. \end{cases}
$$

2.33 某赌徒有赌资 100 万元, 赌庄有赌资 1 亿元. 现在赌徒和赌庄每局赌 1000 元.

(1) 如果赌徒每局获胜的概率是 0.5, 求赌徒破产的概率;

(2) 如果赌徒每局获胜的概率是 0.499, 求赌徒破产的概率;

(3) 如果赌庄只有赌资 100 万元, 而赌徒的本金是无穷多, 赌徒每局获胜的概率是 0.499, 求赌庄破产的概率.

2.34 设分布函数由 $F(x) = P(X \leqslant x)$ 和 $F_n(x) = P(X_n \leqslant x)$, $n = 1, 2, \cdots$ 定义. 如果在 $F(x)$ 的每个连续点 x, $\lim\limits_{n \to \infty} F_n(x) = F(x)$,

则称 F_n 弱收敛到 F. 如果 F_n 弱收敛到连续的分布函数 F, 证明:

$$\lim_{n\to\infty} \sup_{-\infty < x < \infty} |F_n(x) - F(x)| = 0.$$

2.35 掷两枚均匀的硬币, 试写出试验的样本空间和概率空间 $(\Omega, \mathcal{F}, P)$, 并说明 $(\Omega, \mathcal{F}, P)$ 上存在两个相互独立的随机变量 X, Y.

2.36 设 $(\Omega, \mathcal{F}, P)$ 是概率空间, Ω 中有 2^n 个样本点.

(1) $\mathcal{F}$ 中能否有 $n+1$ 个相互独立的事件 A_j 满足

$$P(A_j) \in (0, 1), \quad j = 1, 2, \cdots, n+1;$$

(2) 能否在 $(\Omega, \mathcal{F}, P)$ 上定义 $n+1$ 个相互独立的非退化的随机变量. (称随机变量 X 为退化的, 如果有常数 c 使得 $P(X = c) = 1$; 否则称为非退化的.)

2.37 已知事件 A, B 和 C 有相同的发生概率 p, 且两两独立, 但 3 个事件不能同时发生.

(1) 证明: $p \leqslant 1/2$;

(2) 举例说明满足本题目的概率模型存在.

2.38 设 $X \sim Unif(0, 6\pi)$, 求 $Y = R\cos X$ 的概率密度.

2.39 设 $X \sim Exp(\lambda)$, 求 $Y = \cos X$ 的概率密度.

2.40 对分布函数 $F(x) = P(X \leqslant x)$, 定义

$$g(x) = \begin{cases} F'(x), & \text{当导数存在,} \\ 0, & \text{当导数不存在.} \end{cases}$$

利用性质

$$\int_a^b g(t)\, dt \leqslant F(b) - F(a), \quad a < b,$$

证明: 如果 $\int_{-\infty}^{\infty} g(t)\, dt = 1$, 则 $g(x)$ 是 X 的概率密度.

2.41* 设 X, Y 分别有分布函数 $F(x), G(x)$. 如果 $G(x) \leqslant F(x)$, 求随机变量 U, V, 使得 $F(x) = P(U \leqslant x)$, $G(x) = P(V \leqslant x)$ 和 $U \leqslant V$ 成立.

2.42* 证明: 反函数 $F^{-1}(p)$ 的性质 (6) 和 (7) (定理 2.6.2).

2.43* (1) 设连续函数 $f(x)$ 满足 $f(x+y) = f(x) + f(y)$, $x, y > 0$, 证明: 有常数 a 使得 $f(x) = ax$, $x \geqslant 0$;

(2) 如果连续函数 $g(x)$ 满足 $g(x+y) = g(x)g(y) > 0$, $x, y > 0$, 证明: 有常数 b 使得 $g(x) = \mathrm{e}^{bx}$, $x \geqslant 0$.

第三章　随机向量及其概率分布

自然界中的许多现象都是相互关联的, 随机现象也是如此. 如果仅将这些随机现象单独研究, 就会丢失它们的关联信息, 不能得到完整的结论. 将相互关联的随机现象作为随机向量进行研究可以克服这一问题.

§3.1　随机向量及其联合分布

定义 3.1.1　如果 $X_1, X_2, \cdots, X_n$ 都是概率空间 $(\Omega, \mathcal{F}, P)$ 上的随机变量, 则称 $\boldsymbol{X} = (X_1, X_2, \cdots, X_n)$ 为概率空间 $(\Omega, \mathcal{F}, P)$ 上的 n **维随机向量**, 简称为**随机向量**.

定义 3.1.2　对随机向量 $\boldsymbol{X} = (X_1, X_2, \cdots, X_n)$, 称 n 元函数

$$F(x_1, x_2, \cdots, x_n) = P(X_1 \leqslant x_1, X_2 \leqslant x_2, \cdots, X_n \leqslant x_n) \qquad (3.1.1)$$

为 $\boldsymbol{X}$ 的**联合分布函数**, 简称为**联合分布**.

容易证明, 联合分布 $F(x_1, x_2, \cdots, x_n)$ 是 $\mathbf{R}^n$ 上的右连续函数, 关于每个自变元 x_j 单调不减. 对于 $1 \leqslant k < n$, 从 $\boldsymbol{X}$ 的联合分布容易得到 $(X_1, X_2, \cdots, X_k)$ 的联合分布如下:

$$\begin{aligned}
&F_k(x_1, x_2, \cdots, x_k) \\
&= P(X_1 \leqslant x_1, X_2 \leqslant x_2, \cdots, X_k \leqslant x_k) \\
&= P(X_1 \leqslant x_1, X_2 \leqslant x_2, \cdots, X_k \leqslant x_k, X_{k+1} < \infty, \cdots, X_n < \infty) \\
&= F(x_1, x_2, \cdots, x_k, \infty, \cdots, \infty).
\end{aligned}$$

对于 $\{1, 2, \cdots, n\}$ 的真子集 $\{i_2, i_2, \cdots, i_k\}$, 称 $(X_{i_1}, X_{i_2}, \cdots, X_{i_k})$ 的联合分布为**边缘分布**. 不难看出, $F(x_1, x_2, \cdots, x_n)$ 有 $\mathrm{C}_n^1 + \mathrm{C}_n^2 + \cdots +$

$C_n^{n-1} = 2^n - 2$ 个边缘分布. 边缘分布由联合分布 $F(x_1, x_2, \cdots, x_n)$ 唯一决定, 但是反之不必成立.

例 3.1.1　设 $F(x,y)$ 是 (X,Y) 的联合分布, 则 X,Y 分别有边缘分布

$$F_X(x) = P(X \leqslant x, Y < \infty) = F(x, \infty),$$
$$F_Y(y) = P(X < \infty, Y \leqslant y) = F(\infty, y).$$

对于 $\mathbf{R}^2$ 中的长方形 $D = \{(x,y) \,|\, a < x \leqslant b, c < y \leqslant d\}$, 有

$$
\begin{aligned}
&P((X,Y) \in D) \\
&= P(a < X \leqslant b, c < Y \leqslant d) \\
&= P(X \leqslant b, c < Y \leqslant d) - P(X \leqslant a, c < Y \leqslant d) \\
&= P(X \leqslant b, Y \leqslant d) - P(X \leqslant b, Y \leqslant c) \\
&\quad - P(X \leqslant a, Y \leqslant d) + P(X \leqslant a, Y \leqslant c) \\
&= F(b,d) - F(b,c) - F(a,d) + F(a,c).
\end{aligned} \tag{3.1.2}
$$

例 3.1.2　如果在 (x,y) 的邻域内

$$\frac{\partial F(x,y)}{\partial x}, \quad \frac{\partial F(x,y)}{\partial y}, \quad \frac{\partial^2 F(x,y)}{\partial y \partial x}, \quad \frac{\partial^2 F(x,y)}{\partial x \partial y}$$

连续, 用 (3.1.2) 式得到

$$
\begin{aligned}
&\lim_{\Delta x \to 0+} \lim_{\Delta y \to 0+} \frac{P(x - \Delta x < X \leqslant x, \; y - \Delta y < Y \leqslant y)}{\Delta x \Delta y} \\
&= \frac{\partial^2 F(x,y)}{\partial x \partial y} = \frac{\partial^2 F(x,y)}{\partial y \partial x}.
\end{aligned} \tag{3.1.3}
$$

例 3.1.3　设 $F(x_1, x_2, \cdots, x_n)$ 是随机向量 $(X_1, X_2, \cdots, X_n)$ 的联合分布函数, $F_i(x_i)$ 是 X_i 的边缘分布函数, 则 $X_1, X_2, \cdots, X_n$ 相互独立的充要条件是对任何 $(x_1, x_2, \cdots, x_n)$, 有

$$F(x_1, x_2, \cdots, x_n) = F_1(x_1) F_2(x_2) \cdots F_n(x_n). \tag{3.1.4}$$

练 习 3.1

3.1.1 设 (X, Y) 有联合分布

$$F(x, y) = \begin{cases} (1 - e^{-2x})(1 - e^{-y}), & x, y \geqslant 0, \\ 0, & \text{其他}, \end{cases}$$

证明: 有在第一象限 $D = \{(x, y) \mid x, y > 0\}$ 中的连续函数 $f(x, y)$, 使得对任何 $(a, b) \in D$,

$$P(X \leqslant a, Y \leqslant b) = \int_{-\infty}^{a} \int_{-\infty}^{b} f(x, y) \, dxdy.$$

3.1.2 对于上题中的随机向量 (X, Y), 计算 $F_X(x) = P(X \leqslant x)$, $F_Y(y) = P(Y \leqslant y)$, 并证明 X, Y 独立.

3.1.3 证明: $X_1, X_2, \cdots, X_n$ 相互独立的充要条件是对任何 $(x_1, x_2, \cdots, x_n)$, 有

$$F(x_1, x_2, \cdots, x_n) = F_1(x_1)F_2(x_2) \cdots F_n(x_n).$$

§3.2 离散型随机向量及其概率分布

3.2.1 离散型随机向量

定义 3.2.1 如果 $X_1, X_2, \cdots, X_n$ 都是离散型的随机变量, 则称 $\boldsymbol{X} = (X_1, X_2, \cdots, X_n)$ 为**离散型随机向量**. 如果 $\boldsymbol{X}$ 的不同取值是

$$\boldsymbol{x}(j_1, j_2, \cdots, j_n) = \big(x_1(j_1), x_2(j_2), \cdots, x_n(j_n)\big), \quad j_1, j_2, \cdots, j_n \geqslant 1,$$

则称

$$p_{j_1, j_2, \cdots, j_n} = P\big(\boldsymbol{X} = \boldsymbol{x}(j_1, j_2, \cdots, j_n)\big), \ j_1, j_2, \cdots, j_n \geqslant 1 \quad (3.2.1)$$

为 $\boldsymbol{X}$ 的**联合概率分布**, 简称为**概率分布**

下面对 $\boldsymbol{X}$ 的每个分量都取可列个值的情况进行表述, $\boldsymbol{X}$ 的分量取有限个值的情况可类似地表述.

设 $\{p_{j_1,j_2,\cdots,j_n}\}$ 是 $\boldsymbol{X}$ 的概率分布, 则有

(1) $p_{j_1,j_2,\cdots,j_n} \geqslant 0$;

(2) $\displaystyle\sum_{j_1,j_2,\cdots,j_n} p_{j_1,j_2,\cdots,j_n} = 1$;

(3) 对正整数 $k < n$, $(X_1, X_2, \cdots, X_k)$ 有概率分布

$$P\big(X_1 = x_1(j_1), X_2 = x_2(j_2), \cdots, X_k = x_k(j_k)\big)$$
$$= \sum_{j_{k+1},j_{k+2},\cdots,j_n} p_{j_1,j_2,\cdots,j_n}, \quad j_1,j_2,\cdots,j_k \geqslant 1. \tag{3.2.2}$$

证明 (1) 是概率的性质.

(2) 由于事件

$$\{X_1 = x_1(j_1), X_2 = x_2(j_2), \cdots, X_n = x_n(j_n)\}, \quad j_1,j_2,\cdots,j_n \geqslant 1$$

构成完备事件组, 所以用概率的可列可加性得到性质 (2).

(3) 设 $B = \{X_1 = x_1(j_1), X_2 = x_2(j_2), \cdots, X_k = x_k(j_k)\}$. 因为

$$\{X_{k+1} = x_{k+1}(j_{k+1}), X_{k+2} = x_{k+2}(j_{k+2}), \cdots, X_n = x_n(j_n)\}$$
$$\overset{\text{记}}{=\!=} A(j_{k+1}, j_{k+2}, \cdots, j_n), \quad j_{k+1},j_{k+2},\cdots,j_n \geqslant 1$$

构成完备事件组, 所以 $BA(j_{k+1}, j_{k+2}, \cdots, j_n)$ 互不相容. 用 $\cup'$ 表示对 $j_{k+1},j_{k+2},\cdots,j_n \geqslant 1$ 求并的运算, 有

$$B = B \cup' A(j_{k+1}, j_{k+2}, \cdots, j_n) = \cup' BA(j_{k+1}, j_{k+2}, \cdots, j_n).$$

所以有

$$P(B) = P\big(\cup' BA(j_{k+1}, j_{k+2}, \cdots, j_n)\big)$$
$$= \sum_{j_{k+1},j_{k+2},\cdots,j_n} P\big(BA(j_{k+1}, j_{k+2}, \cdots, j_n)\big)$$
$$= \sum_{j_{k+1},j_{k+2},\cdots,j_n} p_{j_1,j_2,\cdots,j_n}.$$

对真子集 $\{i_1, i_2, \cdots, i_k\} \subset \{1, 2, \cdots, n\}$, 称 $(X_{i_1}, X_{i_2}, \cdots, X_{i_k})$ 的联合分布为**边缘分布**. 不难看出, $\boldsymbol{X} = (X_1, X_2, \cdots, X_n)$ 也有 $2^n - 2$ 个边缘分布. 边缘分布由联合分布唯一决定, 但是反之不必成立.

例 3.2.1 设 (X, Y) 有概率分布

$$p_{ij} = P(X = x_i, Y = y_j), \quad i, j \geqslant 1, \tag{3.2.3}$$

则 X 和 Y 分别有概率分布

$$\begin{aligned}
p_i &= P(X = x_i) = \sum_{j=1}^{\infty} P(X = x_i, Y = y_j) = \sum_{j=1}^{\infty} p_{ij}, \quad i \geqslant 1, \\
q_j &= P(Y = y_j) = \sum_{i=1}^{\infty} P(X = x_i, Y = y_j) = \sum_{i=1}^{\infty} p_{ij}, \quad j \geqslant 1.
\end{aligned} \tag{3.2.4}$$

例 3.2.2 当 (X, Y) 的概率分布的规律性不强, 或不能用 (3.2.3) 式明确表达时, 还可以用表格的形式表达如下:

p_{ij}	y_1	y_2	y_3	$\cdots$	y_n	$\cdots$	$\{p_i\}$
x_1	p_{11}	p_{12}	p_{13}	$\cdots$	p_{1n}	$\cdots$	p_1
x_2	p_{21}	p_{22}	p_{23}	$\cdots$	p_{2n}	$\cdots$	p_2
x_3	p_{31}	p_{32}	p_{33}	$\cdots$	p_{3n}	$\cdots$	p_3
$\vdots$	$\vdots$	$\vdots$	$\vdots$	$\vdots$	$\vdots$	$\cdots$	$\vdots$
$\{q_j\}$	q_1	q_2	q_3	$\cdots$	q_n	$\cdots$	$\sum = 1$

其中, p_i 是其所在行中 p_{ij} 之和, q_j 是其所在列中 p_{ij} 之和.

例 3.2.3 (多项分布) 设 $A_1, A_2, \cdots, A_r$ 是试验 S 的完备事件组. 对试验 S 进行 n 次独立重复试验时, 用 X_i 表示 A_i 发生的次数, 证明: $(X_1, X_2, \cdots, X_r)$ 的概率分布是

$$\begin{aligned}
&P(X_1 = k_1, X_2 = k_2, \cdots, X_r = k_r) \\
&= \frac{n!}{k_1! k_2! \cdots k_r!} p_1^{k_1} p_2^{k_2} \cdots p_r^{k_r},
\end{aligned} \tag{3.2.5}$$

其中 $k_i \geqslant 0$, $p_i = P(A_i)$, $\sum\limits_{i=1}^{r} k_i = n$.

证明 用归纳法. $n = 1$ 时结果成立, 设 (3.2.5) 式对 $n - 1$ 成立. 用 B_i 表示第 n 次试验 A_i 发生, 用 $\widetilde{X}_i$ 表示在前 $n - 1$ 次试验中 A_i 发生的次数. 用全概率公式得到

$$P(X_1 = k_1, X_2 = k_2, \cdots, X_r = k_r)$$
$$= \sum_{i=1}^{r} P(X_1 = k_1, X_2 = k_2, \cdots, X_r = k_r | B_i) P(B_i)$$
$$= \sum_{i=1}^{r} P(\widetilde{X}_i = k_i - 1, \widetilde{X}_j = k_j, \ j \neq i, 1 \leqslant j \leqslant r) p_i$$
$$= \sum_{i=1}^{r} \frac{(n-1)!}{k_1! k_2! \cdots (k_i - 1)! \cdots k_r!} p_1^{k_1} p_2^{k_2} \cdots p_r^{k_r}$$
$$= \left(\frac{n!}{k_1! k_2! \cdots k_r!} p_1^{k_1} p_2^{k_2} \cdots p_r^{k_r} \right) \sum_{i=1}^{r} \frac{k_i}{n}$$
$$= \frac{n!}{k_1! k_2! \cdots k_r!} p_1^{k_1} p_2^{k_2} \cdots p_r^{k_r}.$$

对于 $1 \leqslant m < r$, 从问题的背景可以得到 $(X_{j_1}, X_{j_2}, \cdots, X_{j_m})$ 的边缘分布:

$$P(X_{j_1} = k_1, X_{j_2} = k_2, X_{j_m} = k_m)$$
$$= \frac{n!}{k_1! k_2! \cdots k_m! k!} p_{j_1}^{k_1} p_{j_2}^{k_2} \cdots p_{j_m}^{k_m} [1 - (p_{j_1} + p_{j_2} + \cdots + p_{j_m})]^k,$$

其中 $0 \leqslant k_i \leqslant n$, $k = n - \sum\limits_{i=1}^{m} k_i \geqslant 0$. 特别有

$$P(X_j = k) = C_n^k p_j^k (1 - p_j)^{n-k}, \quad k \geqslant 0.$$

3.2.2 离散型随机变量的独立性

回忆定义 2.1.2: 如果对任何实数 $x_1, x_2, \cdots, x_n$, 有

$$P(X_1 \leqslant x_1, X_2 \leqslant x_2, \cdots, X_n \leqslant x_n)$$
$$= P(X_1 \leqslant x_1) P(X_2 \leqslant x_2) \cdots P(X_n \leqslant x_n), \tag{3.2.6}$$

则称随机变量 $X_1, X_2, \cdots, X_n$ 相互独立.

关于离散型随机变量的独立性, 有下面的定理.

定理 3.2.1 设离散型的随机向量 $\boldsymbol{X} = (X_1, X_2, \cdots, X_n)$ 有概率分布 (3.2.1), 则 $X_1, X_2, \cdots, X_n$ 相互独立的充要条件是: 对任何 $(x_1(j_1), x_2(j_2), \cdots, x_n(j_n))$, 有

$$P(X_1 = x_1(j_1), X_2 = x_2(j_2), \cdots, X_n = x_n(j_n))$$
$$= P(X_1 = x_1(j_1))P(X_2 = x_2(j_2)) \cdots P(X_n = x_n(j_n)). \quad (3.2.7)$$

我们只对定理 3.2.1 的下述推论给出证明.

推论 3.2.2 设离散型随机向量 (X, Y) 的所有不同取值是

$$(x_i, y_j), \quad i, j \geqslant 1,$$

则 X, Y 相互独立的充要条件是对任何 (x_i, y_j),

$$P(X = x_i, Y = y_j) = P(X = x_i)P(Y = y_j). \quad (3.2.8)$$

证明 如果 (3.2.8) 式成立, 则对任何 $x, y \in \mathbf{R}$, 利用概率的可列可加性得到

$$
\begin{aligned}
P(X \leqslant x, Y \leqslant y) &= P\Big(\bigcup_{i:x_i \leqslant x} \{X = x_i\}, \bigcup_{j:y_j \leqslant y} \{Y = y_j\} \Big) \\
&= \sum_{i:x_i \leqslant x} \sum_{j:y_j \leqslant y} P(X = x_i, Y = y_j) \\
&= \sum_{i:x_i \leqslant x} \sum_{j:y_j \leqslant y} P(X = x_i)P(Y = y_j) \\
&= \sum_{i:x_i \leqslant x} P(X = x_i) \sum_{j:y_j \leqslant y} P(Y = y_j) \\
&= P(X \leqslant x)P(Y \leqslant y).
\end{aligned}
$$

于是 X, Y 相互独立.

设 X, Y 相互独立. 对于 $A = \{x_i\}$ 和 $B = \{y_j\}$, 由定理 2.1.3 知道 $\{X = x_i\} = \{X \in A\}$ 与 $\{Y = y_j\} = \{Y \in B\}$ 独立, 即有 (3.2.8) 式成立.

练 习 3.2

3.2.1 证明: 例 3.2.3 中的随机变量 $X_1, X_2, \cdots, X_r$ 不是相互独立的.

3.2.2 设随机向量 $(X_1, X_2, \cdots, X_r)$ 服从多项分布 (3.2.5). 对 $1 \leqslant k < r$, 求 $Y = X_1 + X_2 + \cdots + X_k$ 的概率分布.

3.2.3 设 $F(x, y)$ 是 (X, Y) 的联合分布. 对 $a < b$, 证明: $g(y) = F(b, y) - F(a, y)$ 是 y 的单调不减函数.

§3.3　连续型随机向量及其联合密度

3.3.1　联合密度

为了方便, 以后用积分号 $\int$ 表示多重积分号 $\int \cdots \int$.

定义 3.3.1 设 $\boldsymbol{X} = (X_1, X_2, \cdots, X_n)$ 是随机向量, 如果有 $\mathbf{R}^n$ 上的非负可积函数 $f(x_1, x_2, \cdots, x_n)$, 使得对 $\mathbf{R}^n$ 的任何子立方体

$$D = \{(x_1, x_2, \cdots, x_n) \mid a_i < x_i \leqslant b_i, 1 \leqslant i \leqslant n\} \tag{3.3.1}$$

$$P(\boldsymbol{X} \in D) = \int_D f(x_1, x_2, \cdots, x_n) \, \mathrm{d}x_1 \, \mathrm{d}x_2 \cdots \mathrm{d}x_n, \tag{3.3.2}$$

则称 $\boldsymbol{X}$ 为**连续型随机向量**, 并称 $f(x_1, x_2, \cdots, x_n)$ 为 $\boldsymbol{X}$ 的**联合概率密度函数**, 简称为**联合密度**或**概率密度**.

按照上述定义, 连续型随机向量的概率分布可以用概率密度刻画, 非连续型的随机向量的概率分布不能用概率密度刻画.

设 $f(x_1, x_2, \cdots, x_n)$ 是 $\boldsymbol{X}$ 的概率密度. 类似 $n = 1$ 的情况, 可以

证明对 $\mathbf{R}^n$ 的子集 B, 有

$$P(\boldsymbol{X} \in B) = \int_B f(x_1, x_2, \cdots, x_n) \, \mathrm{d}x_1 \, \mathrm{d}x_2 \cdots \mathrm{d}x_n, \tag{3.3.3}$$

并且有

$$\int_{\mathbf{R}^n} f(x_1, x_2, \cdots, x_n) \, \mathrm{d}x_1 \, \mathrm{d}x_2 \cdots \mathrm{d}x_n = P(\boldsymbol{X} \in \mathbf{R}^n) = 1. \tag{3.3.4}$$

类似于一维的情况, 随机向量 $\boldsymbol{X}$ 的联合密度不必唯一, 但是需要它们的积分值唯一. 为了便于计算重积分, 我们介绍下面的定理作为备用.

定理 3.3.1 (富比尼 (Fubini) 定理) 设 D 是 $\mathbf{R}^n$ 的子区域, $g(x_1, x_2, \cdots, x_n)$ 是 D 上的非负函数或**绝对可积函数** (指取绝对值后积分有限), 则对区域 D 上的 n 重积分

$$\int_D g(x_1, x_2, \cdots, x_n) \, \mathrm{d}x_1 \, \mathrm{d}x_2 \cdots \mathrm{d}x_n$$

可以进行累次积分计算, 且积分的次序可以交换.

3.3.2 边缘密度

设 $f(x_1, x_2, \cdots, x_n)$ 是随机向量 $\boldsymbol{X} = (X_1, X_2, \cdots, X_n)$ 的联合密度. 对于 $1 \leqslant k < n$, 下面计算 $(X_1, X_2, \cdots, X_k)$ 的联合密度.

对 $\mathbf{R}^k$ 的子立方体

$$D_k = \{(x_1, x_2, \cdots, x_k) \, | \, a_i < x_i \leqslant b_i, 1 \leqslant i \leqslant k\}, \tag{3.3.5}$$

定义

$$D_k \times \mathbf{R}^{n-k} = \{(x_1, x_2, \cdots, x_n) \, | \, (x_1, \cdots, x_k) \in D_k\}, \tag{3.3.6}$$

则对 $\boldsymbol{x} = (x_1, x_2, \cdots, x_n)$, 有

$$P\big((X_1, X_2, \cdots, X_k) \in D_k\big) = P(\boldsymbol{X} \in D_k \times \mathbf{R}^{n-k})$$

$$= \int_{D_k \times \mathbf{R}^{n-k}} f(\boldsymbol{x}) \, \mathrm{d}x_1 \, \mathrm{d}x_2 \cdots \mathrm{d}x_n$$

$$= \int_{D_k} \left(\int_{\mathbf{R}^{n-k}} f(\boldsymbol{x}) \mathrm{d}x_{k+1} \mathrm{d}x_{k+2} \cdots \mathrm{d}x_n \right) \mathrm{d}x_1 \mathrm{d}x_2 \cdots \mathrm{d}x_k. \tag{3.3.7}$$

按照定义 3.3.1, (3.3.7) 式中的被积函数

$$f_k(x_1, x_2, \cdots, x_k) = \int_{\mathbf{R}^{n-k}} f(\boldsymbol{x}) \, \mathrm{d}x_{k+1} \, \mathrm{d}x_{k+2} \cdots \mathrm{d}x_n \qquad (3.3.8)$$

是 $(X_1, X_2, \cdots, X_k)$ 的联合密度.

对真子集 $\{i_1, i_2, \cdots, i_k\} \subset \{1, 2, \cdots, n\}$, 称 $(X_{i_1}, X_{i_2}, \cdots, X_{i_k})$ 的概率密度为**边缘密度**. 不难看出, $\boldsymbol{X} = (X_1, X_2, \cdots, X_n)$ 有 $2^n - 2$ 个边缘分布. 这些边缘密度由 $\boldsymbol{X}$ 的联合密度唯一决定, 但是反之不必成立.

例 3.3.1 设 $\boldsymbol{x} = (x_1, x_2, \cdots, x_n)$, $f(\boldsymbol{x})$ 是 $\boldsymbol{X}$ 的概率密度. 对于 $1, 2, \cdots, n$ 的任一个全排列 $i_1, i_2, \cdots, i_n$ 和 $1 \leqslant k < n$, $(X_{i_1}, X_{i_2}, \cdots, X_{i_k})$ 的概率密度为

$$g_k(x_{i_1}, x_{i_2}, \cdots, x_{i_k}) = \int_{\mathbf{R}^{n-k}} f(\boldsymbol{x}) \, \mathrm{d}x_{i_{k+1}} \mathrm{d}x_{i_{k+2}} \cdots \mathrm{d}x_{i_n}.$$

例 3.3.2 设 (X, Y) 有联合密度 $f(x, y)$, 则 X, Y 分别有概率密度

$$f_X(x) = \int_{-\infty}^{\infty} f(x, y) \, \mathrm{d}y, \quad f_Y(y) = \int_{-\infty}^{\infty} f(x, y) \, \mathrm{d}x. \qquad (3.3.9)$$

定义 3.3.2 设 D 为平面上面积 $m(D)$ 为正数的区域, 如果 (X, Y) 有概率密度

$$f(x) = \begin{cases} \dfrac{1}{m(D)}, & (x, y) \in D, \\ 0, & (x, y) \notin D, \end{cases}$$

则称 (X, Y) 在 D 上均匀分布.

例 3.3.3 设 (X, Y) 在单位圆 $D = \{(x, y) | x^2 + y^2 \leqslant 1\}$ 内均匀分布, 求 X 和 Y 的概率密度.

解 用 I$[D]$ 表示 D 的示性函数, 则 (X, Y) 有联合密度 $f(x, y) =$

$(1/\pi)\mathrm{I}[D]$. X 只在 $[-1,1]$ 中取值. 由例 3.3.2 的结论知道

$$
\begin{aligned}
f_X(x) &= \int_{-\infty}^{\infty} f(x,y)\,\mathrm{d}y \\
&= \frac{1}{\pi} \int_{-\infty}^{\infty} \mathrm{I}[\,x^2 + y^2 \leqslant 1\,]\,\mathrm{d}y \\
&= \frac{1}{\pi} \int_{-\infty}^{\infty} \mathrm{I}\big[\,|y| \leqslant \sqrt{1-x^2}\,\big]\,\mathrm{d}y \\
&= \frac{2}{\pi}\sqrt{1-x^2}, \quad |x| \leqslant 1.
\end{aligned}
$$

同理得到 Y 的概率密度

$$
f_Y(y) = \frac{2}{\pi}\sqrt{1-y^2}, \quad |y| \leqslant 1.
$$

3.3.3 联合分布与联合密度

设 $f(x,y)$ 是 (X,Y) 的联合密度, 则有

$$
F(x,y) = \int_{-\infty}^{x} \left(\int_{-\infty}^{y} f(s,t)\,\mathrm{d}t \right) \mathrm{d}s.
$$

当 $f(x,y)$ 是连续函数时, 有

$$
f(x,y) = \frac{\partial^2 F(x,y)}{\partial x \partial y}. \tag{3.3.10}
$$

如果联合分布 $F(x,y)$ 和 $\dfrac{\partial F(x,y)}{\partial y}$ 都是连续函数, 且混合偏导数 $\dfrac{\partial^2 F(x,y)}{\partial x \partial y}$ 存在且连续, 则 $f(x,y) = \dfrac{\partial^2 F(x,y)}{\partial x \partial y}$ 是 (X,Y) 的联合密度. 更一般地, 有下面的定理.

定理 3.3.2 设 (X,Y) 有连续的分布函数 $F(x,y)$, 定义

$$
D = \left\{ (x,y) \,\middle|\, \frac{\partial^2 F(x,y)}{\partial x \partial y} \text{ 存在且连续} \right\},
$$

$$
f(x,y) = \begin{cases} \dfrac{\partial^2 F(x,y)}{\partial x \partial y}, & (x,y) \in D, \\ 0, & \text{其他}. \end{cases} \tag{3.3.11}
$$

如果 $P\big((X,Y)\in D\big)=1$ 或者 $\int_{\mathbf{R}^2}f(x,y)\,\mathrm{d}x\,\mathrm{d}y=1$, 则 $f(x,y)$ 是 (X,Y) 的联合密度.

证明见习题 3.51.

例 3.3.4 设 X,Y 独立, 都在 $[0,1]$ 上均匀分布, 则 (X,Y) 的分布函数为
$$F(x,y)=F_X(x)F_Y(y).$$
由 (3.3.11) 式定义的
$$f(x,y)=\begin{cases}1,&x,y\in(0,1)\\0,&x,y\notin(0,1).\end{cases}$$
由于 $f(x,y)$ 在 $\mathbf{R}^2$ 上的积分是 1, 所以是 (X,Y) 的联合密度. 说明 (X,Y) 在 $D=\{(x,y)\,|\,x,y\in(0,1)\}$ 中均匀分布.

例 3.3.5 设 X,Y 的分布函数连续, 证明: (X,Y) 的联合分布 $F(x,y)$ 连续.

证明 对于任意一点 (x_0,y_0) 和 $\varepsilon>0$, 有 $\delta>0$ 使得 $|x-x_0|<\delta,|y-y_0|<\delta$ 时, 有
$$|F_X(x)-F_X(x_0)|<\varepsilon/2,\quad|F_Y(y)-F_Y(y_0)|<\varepsilon/2.$$
用 I_1 表示 x,x_0 构成的左开右闭的区间, 用 I_2 表示 y,y_0 构成的左开右闭的区间, 则 $|x-x_0|<\delta,|y-y_0|<\delta$ 时, 有
$$\begin{aligned}&|F(x,y)-F(x_0,y_0)|\\&\leqslant|F(x,y)-F(x_0,y)|+|F(x_0,y)-F(x_0,y_0)|\\&=|P(X\leqslant x,Y\leqslant y)-P(X\leqslant x_0,Y\leqslant y)|\\&\quad+|P(X\leqslant x_0,Y\leqslant y)-P(X\leqslant x_0,Y\leqslant y_0)|\\&=P(X\in I_1,Y\leqslant y)+P(X\leqslant x_0,Y\in I_2)\\&\leqslant P(X\in I_1)+P(Y\in I_2)\\&=|F_X(x)-F_X(x_0)|+|F_Y(y)-F_Y(y_0)|\\&<\varepsilon.\end{aligned}$$

说明 $F(x,y)$ 是连续函数.

更一般的结果见练习 3.3.3.

例 3.3.6 举例证明: 存在随机向量 (X,Y), 它有连续的联合分布函数, 但不是连续型随机向量.

证明 设 X 在 $[0,1]$ 上均匀分布, $Y=X$, 则 (X,Y) 有连续的联合分布函数 (见图 3.3.1)

$$F(x,y) = P(X \leqslant \min\{x,y\}) = \begin{cases} 0, & \min\{x,y\} \leqslant 0, \\ \min\{x,y\}, & \min\{x,y\} \in (0,1], \\ 1, & \min\{x,y\} > 1. \end{cases}$$

如果 (X,Y) 有联合密度 $f(x,y)$, 用 D 表示直线 $y=x$ 上点的全体, 则有矛盾的结果:

$$1 = P(X=Y) = P((X,Y) \in D) = \int_D f(x,y)\,\mathrm{d}x\,\mathrm{d}y = 0.$$

所以 (X,Y) 没有联合密度, 从而不是连续型随机向量.

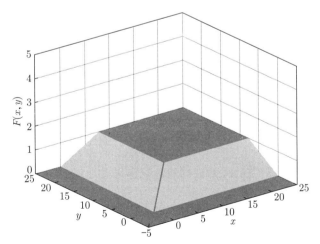

图 3.3.1 (X,Y) 的联合分布

注意, 在例 3.3.6 中 $F(x,y)$ 连续, 除去在有限条线段外, 偏导数

$\dfrac{\partial^2 F(x,y)}{\partial x \partial y}$ 存在且连续.

例 3.3.6 说明: $F(x,y)$ 连续, 除去有限条线段外, $\dfrac{\partial^2 F(x,y)}{\partial x \partial y}$ 存在且连续还不能保证 (X,Y) 有联合密度.

3.3.4 连续型随机变量的独立性

关于连续型随机变量的独立性, 有下面的定理.

定理 3.3.3 设对每个 i $(1 \leqslant i \leqslant n)$, 随机变量 X_i 有概率密度 $f_i(x_i)$, 则 $X_1, X_2, \cdots, X_n$ 相互独立的充要条件是随机向量 $\boldsymbol{X} = (X_1, X_2, \cdots, X_n)$ 有联合密度

$$f(\boldsymbol{x}) = f_1(x_1)f_2(x_2)\cdots f_n(x_n), \quad \boldsymbol{x} \in \mathbf{R}^n, \tag{3.3.12}$$

其中 $\boldsymbol{x} = (x_1, x_2, \cdots, x_n)$

证明 如果 $\boldsymbol{X}$ 的联合密度是 (3.3.12) 式, 则有

$$\begin{aligned}
&P(X_1 \leqslant x_1, X_2 \leqslant x_2, \cdots, X_n \leqslant x_n)\\
&= \int_{-\infty}^{x_1} \cdots \int_{-\infty}^{x_n} f_1(t_1)f_2(t_2)\cdots f_n(t_n)\,\mathrm{d}t_1 \cdots \mathrm{d}t_n\\
&= \int_{-\infty}^{x_1} f_1(t_1)\,\mathrm{d}t_1 \int_{-\infty}^{x_2} f_2(t_2)\,\mathrm{d}t_2 \cdots \int_{-\infty}^{x_n} f_n(t_n)\,\mathrm{d}t_n\\
&= P(X_1 \leqslant x_1)P(X_2 \leqslant x_2)\cdots P(X_n \leqslant x_n).
\end{aligned}$$

由定义 2.1.2 知道 $X_1, X_2, \cdots, X_n$ 相互独立.

如果 $X_1, X_2, \cdots, X_n$ 相互独立, 对 $\mathbf{R}^n$ 的任何子立方体

$$D = \{(x_1, x_2, \cdots, x_n) \mid a_i < x_i \leqslant b_i, 1 \leqslant i \leqslant n\},$$

用富比尼定理得到

$$\begin{aligned}
&P(\boldsymbol{X} \in D)\\
&= P(a_1 < X_1 \leqslant b_1, a_2 < X_2 \leqslant b_2, \cdots, a_n < X_n \leqslant b_n)\\
&= P(a_1 < X_1 \leqslant b_1)P(a_2 < X_2 \leqslant b_2)\cdots P(a_n < X_n \leqslant b_n)
\end{aligned}$$

$$= \int_{a_1}^{b_1} f_1(x_1)\,\mathrm{d}x_1 \int_{a_2}^{b_2} f_2(x_2)\,\mathrm{d}x_2 \cdots \int_{a_n}^{b_n} f_n(x_n)\,\mathrm{d}x_n$$

$$= \int_D f_1(x_1)f_2(x_2)\cdots f_n(x_n)\,\mathrm{d}x_1\,\mathrm{d}x_2\cdots\mathrm{d}x_n.$$

由定义 3.3.1 知道 (3.3.12) 式是 $\boldsymbol{X}$ 的联合密度.

从定理 3.3.3 可以看出, 例 3.3.3 中的随机变量 X, Y 不独立, X 和 Y 的概率分布也不能决定 (X,Y) 的联合分布.

定义 3.3.3 (均匀分布) 设 D 是 n 维区域, 体积 $m(D) \in (0,\infty)$. 如果 $\boldsymbol{X}$ 有概率密度

$$f(x_1, x_2, \cdots, x_n) = \begin{cases} \dfrac{1}{m(D)}, & (x_1, x_2, \cdots, x_n) \in D, \\ 0, & \text{其他}, \end{cases} \tag{3.3.13}$$

则称 $\boldsymbol{X}$ 服从 D 上的**均匀分布**, 记作 $\boldsymbol{X} \sim Unif(D)$.

在定义 3.3.3 中, 如果 D 是由 (3.3.1) 式定义的立方体时, 可以计算出 X_1 和 X_j 的概率密度如下:

$$f_1(x_1) = \int_{\mathbf{R}^{n-1}} \frac{1}{m(D)}\,\mathrm{d}x_2\,\mathrm{d}x_3\cdots\mathrm{d}x_n = \frac{1}{(b_1 - a_1)}\,\mathrm{I}_{(a_1,b_1]}(x_1),$$

$$f_j(x_j) = \int_{\mathbf{R}^{n-1}} \frac{1}{m(D)}\,\mathrm{d}x_1\cdots\mathrm{d}x_{j-1}\,\mathrm{d}x_{j+1}\cdots\mathrm{d}x_n$$

$$= \frac{1}{(b_j - a_j)}\,\mathrm{I}_{(a_j,b_j]}(x_j), \quad j \geqslant 2.$$

于是 $X_j \sim Unif(a_j, b_j)$. 由于

$$f_1(x_1)f_2(x_2)\cdots f_n(x_n) = \frac{1}{m(D)}\mathrm{I}[D]$$

是 $\boldsymbol{X}$ 的联合密度, 所以 $X_1, X_2, \cdots, X_n$ 相互独立.

反之, 若 $X_j \sim Unif(a_j, b_j)$ 且 $X_1, X_2, \cdots, X_n$ 相互独立, 则 $\boldsymbol{X}$ 在 D 上均匀分布. 因为这时 $\boldsymbol{X}$ 的联合密度是 (3.3.13).

练　习　3.3

3.3.1 如果 (X, Y) 是连续型随机向量, c 是常数, 证明:

$$P(X = Y + c) = 0.$$

3.3.2 如果 X 是连续型随机变量, Y 是离散型随机变量, X 和 Y 独立, 证明: 对任何常数 c, $P(X = Y + c) = 0.$

3.3.3 设每个 X_i 的分布函数连续, 证明: $(X_1, X_2, \cdots, X_n)$ 的联合分布函数连续.

§3.4　随机向量函数的概率分布

3.4.1　随机向量函数的概率分布

设 $f(\boldsymbol{x}) = f(x_1, x_2, \cdots, x_n)$ 是随机向量 $\boldsymbol{X} = (X_1, X_2, \cdots, X_n)$ 的联合密度, $g_i(x_1, x_2, \cdots, x_n)$ 是 n 元函数, 则

$$Y_i = g_i(\boldsymbol{X}), \quad 1 \leqslant i \leqslant m$$

是随机变量. 实际中常遇到计算随机向量 $\boldsymbol{Y} = (Y_1, Y_2, \cdots, Y_m)$ 的概率分布问题.

设 $\boldsymbol{x} = (x_1, x_2, \cdots, x_n)$, $\boldsymbol{y} = (y_1, y_2, \cdots, y_m)$. 引入集合

$$C = \{\boldsymbol{x} \,|\, g_i(\boldsymbol{x}) \leqslant y_i, 1 \leqslant i \leqslant m\}.$$

利用 (3.3.3) 式得到

$$
\begin{aligned}
&P(Y_1 \leqslant y_1, Y_2 \leqslant y_2, \cdots, Y_m \leqslant y_m) \\
&= P\big(g_1(\boldsymbol{X}) \leqslant y_1, \cdots, g_m(\boldsymbol{X}) \leqslant y_m\big) \\
&= P(\boldsymbol{X} \in C) \\
&= \int_C f(\boldsymbol{x}) \,\mathrm{d}x_1 \,\mathrm{d}x_2 \cdots \mathrm{d}x_n,
\end{aligned}
$$

即有

$$F_Y(\boldsymbol{y}) = \int_C f(\boldsymbol{x}) \, \mathrm{d}x_1 \, \mathrm{d}x_2 \cdots \mathrm{d}x_n. \tag{3.4.1}$$

定理 3.4.1 如果 (3.4.1) 式中的 $F_Y(\boldsymbol{y})$ 是 $\mathbf{R}^m$ 上的连续函数, 定义

$$D = \left\{ \boldsymbol{y} \,\middle|\, \frac{\partial^m F_Y(\boldsymbol{y})}{\partial y_1 \partial y_2 \cdots \partial y_m} \text{ 存在且连续} \right\},$$

$$f_Y(\boldsymbol{y}) = \begin{cases} \dfrac{\partial^m F_Y(\boldsymbol{y})}{\partial y_1 \partial y_2 \cdots \partial y_m}, & \boldsymbol{y} \in D, \\ 0, & \text{其他,} \end{cases} \tag{3.4.2}$$

则 $P(\boldsymbol{Y} \in D) = 1$ 或者 $\displaystyle\int_{\mathbf{R}^m} f_Y(\boldsymbol{y}) \, \mathrm{d}y_1 \, \mathrm{d}y_2 \cdots \mathrm{d}y_m = 1$ 成立时, $f_Y(\boldsymbol{y})$ 是 $\boldsymbol{Y} = (Y_1, Y_2, \cdots, Y_m)$ 的联合密度.

(3.4.1) 和 (3.4.2) 式是计算随机向量函数的概率分布的基本公式. 参考习题 3.51.

例 3.4.1 (瑞利 (Rayleigh) 分布) 设 X, Y 独立, 都服从标准正态分布 $N(0,1)$, 证明: $R = \sqrt{X^2 + Y^2}$ 的概率密度为

$$f_R(r) = r\mathrm{e}^{-r^2/2}, \quad r \geqslant 0. \tag{3.4.3}$$

证明 (X, Y) 有联合密度

$$f(x, y) = \frac{1}{2\pi} \exp\left(-\frac{x^2 + y^2}{2} \right). \tag{3.4.4}$$

R 在 $[0, \infty)$ 中取值. 对 $r \geqslant 0$, R 的分布函数

$$
\begin{aligned}
F_R(r) &= P(\sqrt{X^2 + Y^2} \leqslant r) \\
&= \int_{\{\sqrt{x^2+y^2} \leqslant r\}} \frac{1}{2\pi} \exp\left(-\frac{x^2 + y^2}{2} \right) \mathrm{d}x \, \mathrm{d}y \\
&= \frac{1}{2\pi} \int_0^{2\pi} \left(\int_0^r \mathrm{e}^{-t^2/2} t \, \mathrm{d}t \right) \mathrm{d}\theta \qquad [\text{取 } x = t\cos\theta, y = t\sin\theta] \\
&= \int_0^r \mathrm{e}^{-t^2/2} t \, \mathrm{d}t.
\end{aligned}
$$

$F_R(r)$ 连续, 求导数得到 R 的概率密度 (3.4.3).

如果 X, Y 独立, 都服从标准正态分布, 则称

$$R = \sqrt{X^2 + Y^2}$$

为**脱靶量**. 这是因为若将 (X, Y) 视为弹落点, 则 R 是弹落点到目标 $(0,0)$ 的距离. 由 (3.4.3) 式定义的 R 的概率密度 $f_R(r)$ 见图 3.4.1.

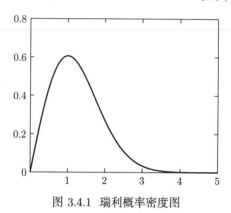

图 3.4.1 瑞利概率密度图

值得指出, 瑞利概率密度 $f_R(r)$ 在 $r = 1$ 取最大值. 如果以原点为心画出若干宽度为 2ε 的圆环, 则在宽度相近的圆环中, 子弹落在圆环

$$\{(x,y) \mid 1 - \varepsilon < \sqrt{x^2 + y^2} < 1 + \varepsilon\}$$

内的概率较大. 这就解释了为什么射击运动员在比赛时打出 9 或 8 环的机会较多, 打出 10 环或 7, 6 环的机会较少.

3.4.2 随机向量函数的联合密度

下面介绍计算随机向量函数之联合密度的一般方法.

引理 3.4.2 设 (X, Y) 有联合密度 $f(x, y)$, $U = u(X, Y)$ 和 $V = v(X, Y)$ 是 (X, Y) 的函数, D 是平面上的区域, 使得 $P((U, V) \in D) = 1$. 如果存在 D 上的函数 $x_i = x_i(u, v), y_i = y_i(u, v)$ $(i = 1, 2, \cdots, n)$, 使得

(1) 对 $(u, v) \in D$, 有 $\{U = u, V = v\} = \bigcup_{i=1}^{n} \{X = x_i, Y = y_i\}$;

(2) 变换 Δ_i:

$$\begin{cases} x_i = x_i(u,v), \\ y_i = y_i(u,v) \end{cases} \tag{3.4.5}$$

是 D 到其值域 D_i 的可逆映射, 有连续的偏导数, 并且雅可比 (Jacobi) 行列式的绝对值

$$\left| \frac{\partial(x_i, y_i)}{\partial(u,v)} \right| \neq 0, \quad (u,v) \in D, \quad i = 1, 2, \cdots, n;$$

(3) 集合 $D_1, D_2, \cdots, D_n$ 互不相交, 则 (U, V) 有联合密度

$$g(u,v) = \begin{cases} \sum_{i=1}^{n} f(x_i(u,v), y_i(u,v)) \left| \dfrac{\partial(x_i, y_i)}{\partial(u,v)} \right|, & (u,v) \in D, \\ 0, & (u,v) \in \overline{D}. \end{cases} \tag{3.4.6}$$

证明见练习 3.4.5.

注 3.4.1 引理 3.4.2 中的 n 可以是 ∞, 证明是类似的.

下面的定理 3.4.3 和推论 3.4.4 给出了引理 3.4.2 的具体使用步骤.

当随机变量 X 的概率密度 $f(x)$ 在点 x 连续, 则按微分法有 $P(X = x) = f(x)\mathrm{d}x$. 当 (X,Y) 的联合密度 $f(x,y)$ 在点 (x,y) 连续, 自然想到有 $P(X = x, Y = y) = f(x,y)\,\mathrm{d}x\mathrm{d}y$. 形式推导如下.

设随机向量 (X,Y) 的联合分布函数 $F(x,y)$ 在点 (x,y) 的邻域内有连续的二阶混合偏导数, 引入记号

$$x_\Delta = x - \Delta x, \quad y_\Delta = y - \Delta y, \quad \lim_{\Delta \to 0} = \lim_{\Delta x \to 0+} \lim_{\Delta y \to 0+}.$$

利用 $\{x_\Delta < X \leqslant x, B\} = \{X \leqslant x, B\} - \{X \leqslant x_\Delta, B\}$ 得到

$$P(X = x, Y = y)$$
$$= \lim_{\Delta \to 0} P(x_\Delta < X \leqslant x, \, y_\Delta < Y \leqslant y)$$
$$= \lim_{\Delta \to 0} \left[P(X \leqslant x, \, y_\Delta < Y \leqslant y) - P(X \leqslant x_\Delta, \, y_\Delta < Y \leqslant y) \right]$$
$$= \lim_{\Delta \to 0} \Big\{ \left[P(X \leqslant x, \, Y \leqslant y) - P(X \leqslant x, \, Y \leqslant y_\Delta) \right]$$
$$\qquad - \left[P(X \leqslant x_\Delta, \, Y \leqslant y) - P(X \leqslant x_\Delta, \, Y \leqslant y_\Delta) \right] \Big\}$$

$$= \lim_{\Delta \to 0} \left\{ \left[F(x,y) - F(x,y_\Delta) \right] - \left[F(x_\Delta, y) - F(x_\Delta, y_\Delta) \right] \right\}$$

$$= \lim_{\Delta x \to 0+} \left\{ \frac{\partial F(x,y)}{\partial y} - \frac{\partial F(x_\Delta, y)}{\partial y} \right\} dy$$

$$= \frac{\partial^2 F(x,y)}{\partial x \partial y} dxdy.$$

所以下面用

$$P(X = x, Y = y) = g(x,y)\, dxdy$$

表示 (X,Y) 在点 (x,y) 有联合密度 $g(x,y)$.

设 D 是 $\mathbf{R}^2$ 的子集, 如果对 D 中每个点, 都能在 D 中画出一个以该点为心的小圆, 则称 D 为**开集**. 容易验证, 有限个开集的交集仍然是开集.

定理 3.4.3 如果平面的开集 D 使得 $P((X,Y) \in D) = 1$, 且 D 中的连续函数 $g(x,y)$ 使得

$$P(X = x, Y = y) = g(x,y)\, dxdy, \quad (x,y) \in D,$$

则 $f(x,y) = g(x,y)$, $(x,y) \in D$ 是 (X,Y) 的联合密度.

让我们再回忆微积分的知识: 如果 $x = x(u,v)$, $y = y(u,v)$ 在平面的开集 D 内有连续的偏导数, 并且雅可比行列式

$$J = \frac{\partial(x,y)}{\partial(u,v)} = \begin{vmatrix} \partial x/\partial u & \partial x/\partial v \\ \partial y/\partial u & \partial y/\partial v \end{vmatrix} \neq 0,$$

则有

$$dxdy = \left| \frac{\partial(x,y)}{\partial(u,v)} \right| dudv = |J|\, dudv, \quad (u,v) \in D, \tag{3.4.7}$$

其中 $|J|$ 是 J 的绝对值. 利用 (3.4.7) 式可以把定理 3.4.3 具体化, 得到下面的推论 3.4.4.

推论 3.4.4 设 (X,Y) 有联合密度 $f(x,y)$, $U = u(X,Y)$ 和 $V = v(X,Y)$ 是 (X,Y) 的函数, 平面的开集 D 使得 $P((U,V) \in D) = 1$.

(1) 如果对 $(u,v) \in D$, 有

$$P(U = u, V = v) = P(X = x, Y = y)$$
$$= f(x,y)\,\mathrm{d}x\mathrm{d}y = f(x,y)|J|\,\mathrm{d}u\,\mathrm{d}v,$$

其中 $x = x(u,v)$, $y = y(u,v)$ 是 D 上的可逆映射, 有连续的偏导数, 且雅可比行列式 $J \neq 0$, 则 (U, V) 有联合密度

$$g(u,v) = f(x(u,v), y(u,v))|J|, \quad (u,v) \in D.$$

(2) 如果对 $(u,v) \in D$, 有

$$P(U = u, V = v) = \sum_{i=1}^{n} P(X = x_i, Y = y_i)$$
$$= \sum_{i=1}^{n} f(x_i, y_i)\,\mathrm{d}x_i\,\mathrm{d}y_i = \sum_{i=1}^{n} f(x_i, y_i)|J_i|\,\mathrm{d}u\,\mathrm{d}v,$$

其中 $x_i = x_i(u,v)$, $y_i = y_i(u,v)$ 是 D 上的可逆映射, 有连续的偏导数, 且雅可比行列式

$$J_i = \frac{\partial(x_i, y_i)}{\partial(u,v)} \neq 0, \quad (u,v) \in D,$$

则 (U, V) 有联合密度

$$g(u,v) = \sum_{i=1}^{n} f\big(x_i(u,v), y_i(u,v)\big)|J_i|, \quad (u,v) \in D. \tag{3.4.8}$$

注 3.4.2　推论 3.4.4 中的 n 也可以是 ∞. 用定理 3.4.3 及其推论计算随机向量函数之联合密度的方法称为**微分法**. 在使用微分法时, 必须遵守以下两条约定:

(1) 当且仅当事件 $A = B$ 时, 可以使用公式 $P(A) = P(B)$;

(2) 当且仅当 $A = \bigcup_{i=1}^{n} A_i$, 且 $A_1, A_2, \cdots, A_n$ 作为集合互不相交时, 可以使用公式

$$P(A) = \sum_{i=1}^{n} P(A_i).$$

例 3.4.2 设 (X, Y) 有联合密度 $f(x, y)$, 证明:

(1) $(U, V) = (X + Y, X - Y)$ 有联合密度

$$g(u, v) = \frac{1}{2} f\left(\frac{u+v}{2}, \frac{u-v}{2}\right); \qquad (3.4.9)$$

(2) $U = X + Y$ 有概率密度 $f_U(u) = \int_{-\infty}^{\infty} f(t, u - t)\, dt$;

(3) $V = X - Y$ 有概率密度 $f_V(v) = \int_{-\infty}^{\infty} f(t, t - v)\, dt$.

证明 (1) 设 $u = x + y$, $v = x - y$, 则

$$\frac{\partial(u, v)}{\partial(x, y)} = \begin{vmatrix} 1 & 1 \\ 1 & -1 \end{vmatrix} = -2, \quad J = \frac{\partial(x, y)}{\partial(u, v)} = -1/2.$$

于是得到

$$
\begin{aligned}
P(U = u, V = v) &= P(X + Y = u, X - Y = v) \\
&= P\left(X = \frac{u+v}{2}, Y = \frac{u-v}{2}\right) \\
&= f\left(\frac{u+v}{2}, \frac{u-v}{2}\right) |J|\, du dv.
\end{aligned}
$$

所以 (3.4.9) 式成立.

(2) 在下面的积分中取变换 $v = 2t - u$, 则用 (3.4.9) 和 (3.3.9) 式得到 U 的概率密度

$$f_U(u) = \int_{-\infty}^{\infty} \frac{1}{2} f\left(\frac{u+v}{2}, \frac{u-v}{2}\right) dv = \int_{-\infty}^{\infty} f(t, u - t)\, dt.$$

(3) 在下面的积分中取变换 $u = 2t - v$, 则用 (3.4.9) 和 (3.3.9) 式得到 V 的概率密度

$$f_V(v) = \int_{-\infty}^{\infty} \frac{1}{2} f\left(\frac{u+v}{2}, \frac{u-v}{2}\right) du = \int_{-\infty}^{\infty} f(t, t - v)\, dt.$$

在例 3.4.2 中, 如果 X, Y 独立, 则 $f(x, y) = f_X(x) f_Y(y)$. 于是分

别得到 $U = X + Y, V = X - Y$ 的概率密度

$$f_U(u) = \int_{-\infty}^{\infty} f_X(t) f_Y(u - t)\, \mathrm{d}t,$$

$$f_V(v) = \int_{-\infty}^{\infty} f_X(t) f_Y(t - v)\, \mathrm{d}t. \tag{3.4.10}$$

例 3.4.3 设 X, Y 独立, 且都在 $(0,1)$ 上均匀分布, 计算随机变量 $U = X + Y, V = X - Y$ 的概率密度.

解 U 在 $(0,2)$ 中取值, X, Y 有概率密度 $f_X(x) = f_Y(x) = \mathrm{I}[0 < x < 1]$. 利用 (3.4.10) 式得到

$$
\begin{aligned}
f_U(u) &= \int_{-\infty}^{\infty} f_X(t) f_Y(u - t)\, \mathrm{d}t \\
&= \int_0^1 \mathrm{I}[0 < u - t < 1]\, \mathrm{d}t \qquad [\text{取 } t = u - x] \\
&= \int_{u-1}^{u} \mathrm{I}[0 < x < 1]\, \mathrm{d}x,
\end{aligned}
$$

于是得到 U 的概率密度

$$
f_U(u) = \begin{cases} u, & u \in [0,1), \\ 2 - u, & u \in [1,2], \\ 0, & \text{其他}. \end{cases}
$$

V 在 $[-1,1]$ 中取值, 对于 $v \in [-1,1]$, 有

$$
\begin{aligned}
f_V(v) &= \int_{-\infty}^{\infty} f_X(t) f_Y(t - v)\, \mathrm{d}t \\
&= \int_0^1 \mathrm{I}[0 < t - v < 1]\, \mathrm{d}t \qquad [\text{取 } t = x + v] \\
&= \int_{-v}^{1-v} \mathrm{I}[0 < x < 1]\, \mathrm{d}x,
\end{aligned}
$$

于是得到 V 的概率密度

$$f_V(v) = \begin{cases} 1+v, & v \in [-1,0), \\ 1-v, & v \in [0,1], \\ 0, & \text{其他}. \end{cases}$$

易见 $f_U(u)$ 是联结点 $(0,0),(1,1),(2,0)$ 的折线, $f_V(v)$ 是联结点 $(-1,0),(0,1),(1,0)$ 的折线.

例 3.4.4 设 (X,Y) 有联合密度 $f(x,y)$, $U = aX + bY, V = cX + dY$, 其中的常数 a,b,c,d 使得矩阵

$$\boldsymbol{A} = \begin{pmatrix} a & b \\ c & d \end{pmatrix}$$

满秩, 证明: (U,V) 有联合密度

$$g(u,v) = \frac{1}{|\det(\boldsymbol{A})|} f(x,y), \quad \text{其中} \begin{pmatrix} x \\ y \end{pmatrix} = \boldsymbol{A}^{-1} \begin{pmatrix} u \\ v \end{pmatrix}.$$

证明留作练习 3.4.3.

例 3.4.5 设随机变量 X, Y 独立, 都服从标准正态分布 $N(0,1)$, (R,Θ) 由极坐标变换

$$\Delta : \begin{cases} X = R\cos\Theta, \\ Y = R\sin\Theta \end{cases}$$

决定. 计算 (R,Θ) 的联合密度和边缘密度.

解 易见 $P(R>0, 0<\Theta<2\pi) = 1$. (X,Y) 有联合密度

$$f(x,y) = \frac{1}{2\pi} \exp\left(-\frac{x^2+y^2}{2}\right).$$

对于 $x = r\cos\theta, y = r\sin\theta$, 有

$$J = \frac{\partial(x,y)}{\partial(r,\theta)} = r.$$

于是对 $r > 0$, $\theta \in (0, 2\pi)$, 有

$$P(R = r, \Theta = \theta) = P(X = x, Y = y)$$
$$= f(x,y)\,\mathrm{d}x\mathrm{d}y$$

$$= f(r\cos\theta, r\sin\theta)r\,\mathrm{d}r\mathrm{d}\theta$$
$$= \frac{1}{2\pi}re^{-r^2/2}\,\mathrm{d}r\mathrm{d}\theta.$$

所以 (R,Θ) 的联合密度是

$$g(r,\theta) = \frac{1}{2\pi}re^{-r^2/2}, \quad r>0, \theta\in(0,2\pi).$$

R 和 Θ 的边缘密度分别是

$$g_R(r) = \int_0^{2\pi} g(r,\theta)\mathrm{d}\theta = r\exp\left(-\frac{r^2}{2}\right), \quad r>0,$$
$$g_\Theta(\theta) = \int_0^\infty g(r,\theta)\mathrm{d}r = \frac{1}{2\pi}, \quad \theta\in(0,2\pi). \tag{3.4.11}$$

从 $g(r,\theta)=g_R(r)g_\Theta(\theta)$ 知道, R 和 Θ 独立. R 服从瑞利分布, Θ 服从 $(0,2\pi)$ 上的均匀分布.

例 3.4.6 设随机向量 (X,Y) 有联合密度 $f(x,y)$, 计算最大和最小值

$$U = \max\{X,Y\}, \quad V = \min\{X,Y\}$$

的联合密度.

解 对于开集 $D=\{(u,v)\mid u>v\}$, 有

$$P((U,V)\in D) = P(X\neq Y) = \iint_{\mathbf{R}^2} \mathrm{I}[x\neq y]f(x,y)\,\mathrm{d}x\mathrm{d}y = 1.$$

对于 $(u,v)\in D$, 从

$$P(U=u, V=v) = P(X=u, Y=v) + P(X=v, Y=u)$$
$$= f(u,v)\,\mathrm{d}u\,\mathrm{d}v + f(v,u)\,\mathrm{d}v\,\mathrm{d}u$$
$$= [f(u,v) + f(v,u)]\,\mathrm{d}u\,\mathrm{d}v$$

知道, (U,V) 的联合密度是

$$g(u,v) = f(u,v) + f(v,u), \quad u>v.$$

例 3.4.7 设随机变量 X, Y 独立, 都服从标准正态分布, 计算

$$U = X/Y, \quad V = X^2 + Y^2$$

的联合密度和边缘密度.

解 设 $D = \{(u,v)\,|\, v > 0, -\infty < u < \infty\}$, 则 $P((U,V) \in D) = 1$. 对 $(u,v) \in D$, 引入

$$x = u\sqrt{\frac{v}{1+u^2}}, \quad y = \sqrt{\frac{v}{1+u^2}},$$

则有 $u = x/y$, $v = x^2 + y^2$, 并且

$$J = \frac{\partial(x,y)}{\partial(u,v)} = \left(\frac{\partial(u,v)}{\partial(x,y)}\right)^{-1} = \begin{vmatrix} 1/y & -x/y^2 \\ 2x & 2y \end{vmatrix}^{-1}$$

$$= \left(2 + 2x^2/y^2\right)^{-1} = \frac{1}{2(1+u^2)}.$$

最后从

$$\begin{aligned}
P(U = u, V = v) &= P(X/Y = u, u^2Y^2 + Y^2 = v) \\
&= P\left(X = uY, |Y| = \sqrt{v/(1+u^2)}\right) \\
&= P(X = xy, |Y| = y) \\
&= P(X = x, Y = y) + P(X = -x, Y = -y) \\
&= 2P(X = x, Y = y) \\
&= 2f(x,y)|J|\,\mathrm{d}u\mathrm{d}v
\end{aligned}$$

得到 (U, V) 的联合密度

$$\begin{aligned}
g(u,v) &= 2\frac{1}{2\pi}\exp\left(-\frac{x^2+y^2}{2}\right)|J| \\
&= \frac{1}{2}\exp(-v/2)\frac{1}{\pi(1+u^2)}, \quad v > 0, u \in (-\infty, \infty).
\end{aligned}$$

U 的边缘密度是

$$g_U(u) = \int_0^\infty g(u,v)\,\mathrm{d}v = \frac{1}{\pi(1+u^2)}, \quad u \in (-\infty, \infty).$$

这时称 U 服从柯西 (Cauchy) 分布. V 的边缘密度是

$$g_v(v) = \int_{-\infty}^{\infty} g(u,v)\,\mathrm{d}u = \frac{1}{2}\mathrm{e}^{-v/2}, \quad v > 0,$$

即 V 服从指数分布 $Exp(1/2)$. 又从 $g(u,v) = g_U(u)g_v(v)$ 知道 U, V 独立.

定理 3.4.5　设随机向量 (X_1, Y_1) 和 (X_2, Y_2) 同分布, $g(x,y), h(x,y)$ 是二元函数, 则

(1) $\big(g(X_1,Y_1), h(X_1,Y_1)\big)$ 和 $\big(g(X_2,Y_2), h(X_2,Y_2)\big)$ 同分布;

(2) $g(X_1,Y_1)$ 和 $g(X_2,Y_2)$ 同分布.

证明　只对 (X_1, Y_1) 有联合密度 $f(x,y)$ 的情况证明. 这时 $f(x,y)$ 也是 (X_2, Y_2) 的联合密度. 对于任何 u, v, 引入

$$D = \{(x,y) \mid g(x,y) \leqslant u, h(x,y) \leqslant v\},$$

则有

$$P(g(X_1,Y_1) \leqslant u, h(X_1,Y_1) \leqslant v) = \iint_D f(x,y)\,\mathrm{d}x\mathrm{d}y,$$

$$P(g(X_2,Y_2) \leqslant u, h(X_2,Y_2) \leqslant v) = \iint_D f(x,y)\,\mathrm{d}x\mathrm{d}y.$$

上面两式的右边相等, 所以左边也相等, 说明结论 (1) 成立. 由于边缘分布由联合分布决定, 所以结论 (2) 成立.

如果随机变量 $X_1, X_2, \cdots, X_n$ 相互独立并且有相同的概率分布, 则称它们**独立同分布**. 如果对任何 n, 随机变量 $X_1, X_2, \cdots, X_n$ 独立同分布, 则称随机变量的序列 $X_1, X_2, \cdots$ 独立同分布. 完全类似地, 如果随机向量 $\boldsymbol{X}, \boldsymbol{Y}$ 独立且有相同的联合分布, 则称 $\boldsymbol{X}, \boldsymbol{Y}$ 独立同分布.

例 3.4.8　设 X_1, X_2 独立同分布, $h(x_1, x_2)$ 是二元函数, 证明:

(1) $h(X_1, X_2)$ 和 $h(X_2, X_1)$ 同分布;

(2) 当 $P\big(h(X_1, X_2) = 0\big) = 0$ 时,

$$\frac{X_1}{h(X_1, X_2)} \quad 和 \quad \frac{X_2}{h(X_2, X_1)}$$

同分布.

证明 因为 (X_1, X_2) 和 (X_2, X_1) 同分布, 所以从定理 3.4.5 的结论 (2) 得到 (1). 定义 $g(x, y) = x/h(x, y)$, 从定理 3.4.5 的结论 (2) 知道

$$g(X_1, X_2) = \frac{X_1}{h(X_1, X_2)} \quad \text{和} \quad g(X_2, X_1) = \frac{X_2}{h(X_2, X_1)}$$

同分布.

例 3.4.9 设随机变量 $X_1, X_2, \cdots, X_n$ 独立同分布, 如果 $P(X_1 + X_2 + \cdots + X_n = 0) = 0$, 证明:

$$\frac{X_1}{X_1 + X_2 + \cdots + X_n} \quad \text{和} \quad \frac{X_2}{X_1 + X_2 + \cdots + X_n}$$

同分布.

证明 取 $Y_1 = X_2 + X_3 + \cdots + X_n$, $Y_2 = X_1 + X_3 + \cdots + X_n$, 则 X_1 和 Y_1 独立, X_2 和 Y_2 独立, 且 (X_1, Y_1) 和 (X_2, Y_2) 同分布. 对 $g(x, y) = x/(x + y)$, 从定理 3.4.5 的结论 (2) 知道

$$g(X_1, Y_1) = \frac{X_1}{X_1 + Y_1} = \frac{X_1}{X_1 + X_2 + \cdots + X_n}$$

和

$$g(X_2, Y_2) = \frac{X_2}{X_2 + Y_2} = \frac{X_2}{X_1 + X_2 + \cdots + X_n}$$

同分布.

例 3.4.10 设 U_1 和 U_2 独立, 分别在 $(0, 1)$ 中均匀分布, 定义

$$X_1 = \sqrt{-2 \ln U_1} \cos(2\pi U_2), \quad X_2 = \sqrt{-2 \ln U_1} \sin(2\pi U_2),$$

证明: X_1, X_2 独立, 且都服从标准正态分布 $N(0, 1)$.

证明 先计算 $R_1 = \sqrt{-2 \ln U_1}$ 的概率分布. 因为 $P(R_1 > 0) = 1$, 且对 $r > 0$, 有

$$
\begin{aligned}
P(R_1 = r) &= P(-2 \ln U_1 = r^2) \\
&= P(U_1 = \exp(-r^2/2)) \\
&= \exp(-r^2/2) r \, \mathrm{d}r,
\end{aligned}
$$

所以 R_1 服从瑞利分布, 有概率密度 (3.4.3). 同样可证明 $\Theta_1 = 2\pi U_2$ 服从 $[0, 2\pi)$ 上的均匀分布, 且与 R_1 独立. 于是 (R_1, Θ_1) 和例 3.4.5 中的 (R, Θ) 同分布. 从定理 3.4.5 知道 $(X_1, X_2) = (R_1 \cos \Theta_1, R_1 \sin \Theta_1)$ 和例 3.4.5 中的 (X, Y) 同分布. 于是 X_1 和 X_2 独立, 且都服从标准正态分布 $N(0, 1)$.

利用例 3.4.10 的结论和在 $(0, 1)$ 中均匀分布的随机数可以产生服从标准正态分布的随机数.

设 D 是 $\mathbf{R}^n$ 的子集, 如果对 D 中每个点, 都能在 D 中画出一个以该点为心的小圆, 则称 D 为**开集**. 下面把推理 3.4.4 推广到 n 维随机向量. 略去证明.

定理 3.4.6 设 $\boldsymbol{X} = (X_1, X_2, \cdots, X_n)$, 开集 $D \subseteq \mathbf{R}^n$.

(1) 如果 $P(\boldsymbol{X} \in D) = 1$, 且 D 中的连续函数 $g(\boldsymbol{x})$ 使得

$$P(\boldsymbol{X} = \boldsymbol{x}) = g(\boldsymbol{x}) \, \mathrm{d}\boldsymbol{x}, \quad \boldsymbol{x} \in D,$$

则 $g(\boldsymbol{x})$, $\boldsymbol{x} \in D$ 是 $\boldsymbol{X}$ 的联合密度.

(2) 设 $\boldsymbol{X}$ 有联合密度 $f(\boldsymbol{x})$, $\boldsymbol{Y} = \big(u_1(\boldsymbol{X}), u_2(\boldsymbol{X}), \cdots, u_n(\boldsymbol{X})\big)$ 是 $\boldsymbol{X}$ 的函数, $P(\boldsymbol{Y} \in D) = 1$. 如果对 $\boldsymbol{y} = (y_1, y_2, \cdots, y_n) \in D$, 有

$$P(\boldsymbol{Y} = \boldsymbol{y}) = P(\boldsymbol{X} = \boldsymbol{x}) = f(\boldsymbol{x}) \mathrm{d}\boldsymbol{x} = f(\boldsymbol{x}) |J| \mathrm{d}\boldsymbol{y},$$

其中 $\boldsymbol{x} = (x_1(\boldsymbol{y}), x_2(\boldsymbol{y}), \cdots, x_n(\boldsymbol{y}))$ 是 D 上的可逆映射, 有连续的偏导数, 且雅可比行列式

$$J = \frac{\partial(x_1, x_2, \cdots, x_n)}{\partial(y_1, y_2, \cdots, y_n)} \neq 0,$$

则 $\boldsymbol{Y}$ 有联合密度

$$\boldsymbol{g}(\boldsymbol{y}) = f(x_1(\boldsymbol{y}), x_2(\boldsymbol{y}), \cdots, x_n(\boldsymbol{y})) |J|, \quad \boldsymbol{y} \in D.$$

(3) 设 $\boldsymbol{X}$ 有联合密度 $f(\boldsymbol{x})$, $\boldsymbol{Y}$ 在 (2) 中定义. 如果对 $\boldsymbol{y} \in D$, 有

$$P(\boldsymbol{Y} = \boldsymbol{y}) = \sum_{i=1}^{n} P(\boldsymbol{X} = \boldsymbol{x}_i) = \sum_{i=1}^{n} f(\boldsymbol{x}_i) \, \mathrm{d}\boldsymbol{x}_i = \sum_{i=1}^{n} f(\boldsymbol{x}_i) |J_i| \mathrm{d}\boldsymbol{y},$$

其中 $\boldsymbol{x}_i = \big(x_{i1}(\boldsymbol{y}), x_{i2}(\boldsymbol{y}), \cdots, x_{in}(\boldsymbol{y})\big)$ 是 D 上的可逆映射, 有连续的偏导数, 且雅可比行列式

$$J_i = \frac{\partial\big(x_{i1}(\boldsymbol{y}), x_{i2}(\boldsymbol{y}), \cdots, x_{in}(\boldsymbol{y})\big)}{\partial(y_1, y_2, \cdots, y_n)} \neq 0, \quad \boldsymbol{y} \in D,$$

则 $\boldsymbol{Y}$ 有联合密度

$$g(\boldsymbol{y}) = \sum_{i=1}^{n} f\big(x_{i1}(\boldsymbol{y}), x_{i2}(\boldsymbol{y}), \cdots, x_{in}(\boldsymbol{y})\big)|J_i|, \quad \boldsymbol{y} \in D. \qquad (3.4.12)$$

用定理 3.4.6 解决问题的方法也称为**微分法**. 使用微分法时要遵守注 3.4.2 中的约定.

练 习 3.4

3.4.1 设 $X \sim Bino(n,p)$, $Y \sim Bino(m,p)$. 当 X, Y 独立时, 利用定理 3.4.5 证明: $X + Y$ 服从二项分布 $Bino(n+m,p)$, 并由此证明组合公式

$$C_{n+m}^k = \sum_{i=0}^{k} C_n^i C_m^{k-i}.$$

3.4.2 试将定理 3.4.5 推广到 X_i 和 Y_i 都是随机向量的场合.

3.4.3 证明例 3.4.4 的结论.

3.4.4 设 X, Y 独立, 且都在 $(0,1)$ 上均匀分布. 证明: $V = X - Y$ 和 $U = X + Y - 1$ 有相同的概率密度.

3.4.5 引理 3.4.2 的证明: 设 $g(u,v)$ 由 (3.4.6) 式定义. 对 (u,v) 平面的矩形

$$A = \{(u,v)|a_1 < u \leqslant b_1, a_2 < v \leqslant b_2\},$$

当 $AD = \varnothing$ 时, 有

$$P((U,V) \in A) = 0 = \int_A g(u,v)\,\mathrm{d}u\,\mathrm{d}v.$$

下面设 $AD \neq \varnothing$. 设 Δ_i 把 AD 映射到 $A_i \subseteq D_i$, 则该映射是可逆的, 且 $A_1, A_2, \cdots, A_n$ 互不相交. 根据已知条件得到

$$\{(U, V) \in AD\} = \bigcup_{i=1}^{n} \{(X, Y) \in A_i\}. \tag{3.4.13}$$

(3.4.13) 式右边的事件互不相容. 利用 (3.3.3) 式和积分变换公式得到

$$\begin{aligned}
P((U, V) \in A) &= P((U, V) \in AD) \\
&= \sum_{i=1}^{n} P((X, Y) \in A_i) = \sum_{i=1}^{n} \int_{A_i} f(x, y) \, dx \, dy \\
&= \sum_{i=1}^{n} \int_{AD} f(x_i(u, v), y_i(u, v)) \left| \frac{\partial(x_i, y_i)}{\partial(u, v)} \right| du \, dv \\
&= \int_{AD} g(u, v) \, du \, dv = \int_{A} g(u, v) \, du \, dv.
\end{aligned}$$

再由联合密度的定义知道 $g(u, v)$ 是 (U, V) 的联合密度.

§3.5 条件分布和条件密度

设 $\boldsymbol{X} = (X_1, X_2, \cdots, X_n)$, $\boldsymbol{Y} = (Y_1, Y_2, \cdots, Y_m)$ 是随机向量, 本节讨论已知 $\boldsymbol{Y} = (y_1, y_2, \cdots, y_m)$ 的条件下, 计算 $\boldsymbol{X}$ 的概率分布的问题. 为了叙述简单, 我们只对 $n = m = 1$ 的情况详细讨论. 相应方法可以自然推广到一般情况.

3.5.1 离散型的情况

设 (X, Y) 是离散型随机向量, 有概率分布

$$p_{ij} = P(X = x_i, Y = y_j) > 0, \quad i, j = 1, 2, \cdots, \tag{3.5.1}$$

则 X, Y 分别有边缘分布

$$p_i = P(X = x_i) = \sum_{j=1}^{\infty} p_{ij}, \quad q_j = P(Y = y_j) = \sum_{i=1}^{\infty} p_{ij}. \tag{3.5.2}$$

对每个固定的 j, 由条件概率公式得到条件概率

$$P(X = x_i | Y = y_j) = \frac{p_{ij}}{q_j}, \quad i = 1, 2, \cdots.$$ (3.5.3)

定义 3.5.1 称 (3.5.3) 式为条件 $Y = y_j$ 下, X 的**条件概率分布**, 简称为**条件分布**.

从定义 3.5.1 和 X, Y 独立的充要条件 (3.2.8), 得到以下的结果.

定理 3.5.1 X, Y 独立的充要条件是对任何 $i, j \geqslant 1$,

$$P(X = x_i | Y = y_j) = p_i.$$

例 3.5.1 甲向一个目标射击, 用 S_n 表示第 n 次击中目标时的射击次数. 如果甲每次击中目标的概率是 $p = 1 - q$, 证明:

(1) (S_1, S_2) 有联合分布

$$p_{ij} = P(S_1 = i, S_2 = j) = p^2 q^{j-2}, \quad j > i \geqslant 1;$$ (3.5.4)

(2) S_1, S_2 分别有概率分布

$$p_i = P(S_1 = i) = pq^{i-1}, \quad q_j = P(S_2 = j) = (j-1)p^2 q^{j-2};$$

(3) $S_1 | \{S_2 = j\}$ 在 $\{1, 2, \cdots, j-1\}$ 中的取值是等可能的.

证明 (1) $\{S_1 = i, S_2 = j\}$ 表示前 j 次射击中, 第 i, j 次击中, 其余未击中, 所以结论 (1) 成立.

(2) 对 $i \geqslant 1, j \geqslant 2$, 用公式 (3.5.2) 得到

$$P(S_1 = i) = \sum_{j=i+1}^{\infty} p_{ij} = \sum_{j=i+1}^{\infty} p^2 q^{j-2} = pq^{i-1},$$

$$P(S_2 = j) = \sum_{i=1}^{j-1} p_{ij} = \sum_{i=1}^{j-1} p^2 q^{j-2} = (j-1)p^2 q^{j-2}.$$

(3) 于是对 $j \geqslant 2$, 用公式 (3.5.3) 得到 $S_1 | \{S_2 = j\}$ 的概率分布

$$P(S_1 = i | S_2 = j) = \frac{p^2 q^{j-2}}{(j-1)p^2 q^{j-2}} = \frac{1}{j-1}, \quad 1 \leqslant i \leqslant j-1.$$ (3.5.5)

说明结论 (3) 成立.

例 3.5.2 在例 3.5.1 中设 $X_1 = S_1$, $X_2 = S_2 - S_1$, $\cdots$, 证明: $X_1, X_2, \cdots, X_n$ 独立同分布.

证明 对 $i, j \geqslant 1$, 从

$$P(X_1 = i, X_2 = j) = P(S_1 = i, S_2 = i + j) = q^{i-1}p \cdot q^{j-1}p$$

得到 $P(X_2 = j) = \sum\limits_{i=1}^{\infty} q^{i-1}p \cdot q^{j-1}p = pq^{j-1}$. 于是得到

$$P(X_1 = i, X_2 = j) = P(X_1 = i)P(X_2 = j). \tag{3.5.6}$$

说明 X_1 和 X_2 独立同分布. 同理可证 $X_1, X_2, \cdots, X_n$ 独立同分布 (见习题 3.31).

3.5.2 连续型的情况

北京夏季的高温闷热天气会造成北京电网的负荷过高, 用 Y 表示夏季未来某天的最高气温, 用 X 表示同一天北京电网的最大负荷, 则 (X, Y) 是连续型随机向量, 有联合密度 $f(x, y)$. 如果已有对 Y 的预测值 y, 在已知 $Y = y$ 的条件下研究 X 的概率分布是有实际意义的工作. 我们用

$$P(X \leqslant x | Y = y)$$

表示已知 $Y = y$ 的条件下, X 的分布函数, 称为条件分布函数. 注意, 条件分布函数 $P(X \leqslant x | Y = y)$ 就是最高气温为 y 的那天北京电网最大负荷的分布函数.

下面讨论如何计算条件分布 $P(X \leqslant x | Y = y)$. 首先 X, Y 分别有边缘密度

$$f_X(x) = \int_{-\infty}^{\infty} f(x, y)\mathrm{d}y, \quad f_Y(y) = \int_{-\infty}^{\infty} f(x, y)\mathrm{d}x.$$

形式推导给出

$$P(X = x | Y = y) = \frac{P(X = x, Y = y)}{P(Y = y)}$$

$$= \frac{f(x, y)\,\mathrm{d}x\mathrm{d}y}{f_Y(y)\,\mathrm{d}y} = \frac{f(x, y)}{f_Y(y)}\,\mathrm{d}x.$$

根据微分法知道, 已知 $Y = y$ 的条件下, X 有条件密度

$$f_{X|Y}(x|y) = \frac{f(x,y)}{f_Y(y)}.$$

定义 3.5.2 设随机向量 (X, Y) 有联合密度 $f(x, y)$, Y 有边缘密度 $f_Y(y)$. 若在 y(确定的 y) 处 $f_Y(y) > 0$, 则称

$$f_{X|Y}(x|y) = \frac{f(x,y)}{f_Y(y)}, \quad x \in \mathbf{R} \tag{3.5.7}$$

为条件 $Y = y$ 下, X 的**条件概率密度**, 简称为**条件密度**. 称

$$P(X \leqslant x|Y = y) = \frac{1}{f_Y(y)} \int_{-\infty}^{x} f(s, y)\, \mathrm{d}s, \quad x \in \mathbf{R} \tag{3.5.8}$$

为条件 $Y = y$ 下, X 的**条件分布函数**, 记作 $F_{X|Y}(x|y)$, 简称为**条件分布**.

根据定义 3.5.2 可以得到条件密度和条件分布的关系如下: 对使得 $f_Y(y) > 0$ 的 y,

(1) $F_{X|Y}(x|y) = P(X \leqslant x|Y = y) = \displaystyle\int_{-\infty}^{x} f_{X|Y}(s|y)\, \mathrm{d}s, \quad x \in \mathbf{R};$

(2) 如果 $F_{X|Y}(x|y)$ 关于 x 连续, 且除去至多可列个点外有连续的导数, 则

$$f_{X|Y}(x|y) = \begin{cases} \dfrac{\partial F_{X|Y}(x|y)}{\partial x}, & \text{当偏导数存在,} \\ 0, & \text{其他} \end{cases}$$

是条件 $Y = y$ 下, X 的条件密度.

例 3.5.3 (接例 3.3.3) 设 (X, Y) 在单位圆 $D = \{(x,y)|x^2 + y^2 \leqslant 1\}$ 内均匀分布, 证明: 对 $y \in (-1, 1)$, X 有条件密度

$$f_{X|Y}(x|y) = \frac{1}{2\sqrt{1-y^2}}, \quad |x| \leqslant \sqrt{1-y^2}.$$

证明 从例 3.3.3 知道 Y 有边缘密度

$$f_Y(y) = \frac{2}{\pi}\sqrt{1-y^2}, \quad |y| \leqslant 1.$$

(X,Y) 有联合密度 $f(x,y) = \dfrac{1}{\pi}\mathrm{I}[D]$. 于是有

$$f_{X|Y}(x|y) = \frac{\mathrm{I}[D]}{\pi}\frac{1}{f_Y(y)} = \frac{1}{2\sqrt{1-y^2}}, \quad |x| \leqslant \sqrt{1-y^2}.$$

说明已知 $Y = y$ 后, X 在 $(-\sqrt{1-y^2}, \sqrt{1-y^2})$ 上均匀分布.

因为已知 $Y = y$ 后, $f_{X|Y}(x|y)$ 是 x 的函数, 所以从公式 (3.5.7) 得到以下结论.

定理 3.5.2 对于固定的 y, 条件密度 $f_{X|Y}(x|y)$ 是 x 的函数且和联合密度 $f(x,y)$ 只相差常数因子 $1/f_Y(y)$.

定理 3.5.2 可以加深我们对条件密度的几何理解, 并帮助我们方便地计算条件密度.

在例 3.5.3 中, 对 $y \in (-1,1)$, 设 $c_y = \sqrt{1-y^2}$, 则 (X,Y) 的联合密度是

$$f(x,y) = \frac{1}{\pi}\mathrm{I}[x^2 + y^2 \leqslant 1] = \frac{1}{\pi}\mathrm{I}[|x| \leqslant c_y].$$

已知 $Y = y$ 时, $f(x,y)$ 关于 $x \in [-c_y, c_y]$ 是常数, 所以 $f_{X|Y}(x|y)$ 在 $[-c_y, c_y]$ 中也是常数. 说明 $X|\{Y = y\}$ 在 $[-c_y, c_y]$ 中均匀分布.

例 3.5.4 设手机使用的环境指标 Y 服从 $\Gamma(\alpha, \beta)$ 分布, 概率密度是

$$f_Y(y) = \frac{\beta^\alpha}{\Gamma(\alpha)}y^{\alpha-1}\mathrm{e}^{-\beta y}, \quad y > 0.$$

已知 $Y = y$ 时, 某款 App (小程序) 的使用寿命 X 服从指数分布 $Exp(y)$. 求 X 的概率分布.

解 由题意知道 X 的条件密度 $f_{X|Y}(x|y) = y\mathrm{e}^{-xy}$, $x > 0$. 于是利用 (3.5.7) 式得到 (X,Y) 的联合密度

$$f(x,y) = f_{X|Y}(x|y)f_Y(y) = y\mathrm{e}^{-xy} \cdot \frac{\beta^\alpha}{\Gamma(\alpha)}y^{\alpha-1}\mathrm{e}^{-\beta y}, \quad x,y > 0.$$

最后对 $x > 0$, 有

$$
\begin{aligned}
f_X(x) &= \int_0^\infty f(x,y)\,\mathrm{d}y = \int_0^\infty \frac{\beta^\alpha}{\Gamma(\alpha)} y^\alpha \mathrm{e}^{-y(x+\beta)}\,\mathrm{d}y \\
&= \frac{\beta^\alpha}{\Gamma(\alpha)} \cdot \frac{1}{(x+\beta)^{\alpha+1}} \int_0^\infty t^\alpha \mathrm{e}^{-t}\,\mathrm{d}t \qquad [\text{取 } y = t/(x+\beta)] \\
&= \frac{\beta^\alpha}{\Gamma(\alpha)} \cdot \frac{\Gamma(\alpha+1)}{(x+\beta)^{\alpha+1}} \\
&= \frac{\alpha\beta^\alpha}{(x+\beta)^{\alpha+1}} \cdot \qquad [\text{用 } \Gamma(\alpha+1) = \alpha\Gamma(\alpha)]
\end{aligned}
$$

于是 X 有概率密度

$$
f_X(x) = \frac{\alpha\beta^\alpha}{(x+\beta)^{\alpha+1}}, \quad x > 0.
$$

利用 X, Y 独立的充要条件 $f(x,y) = f_X(x)f_Y(y)$, 可以得到以下结果.

定理 3.5.3 设 (X,Y) 有联合密度 $f(x,y)$, 则 X, Y 独立的充要条件是对任何 y, 只要 $f_Y(y) > 0$, 则 $X|\{Y = y\}$ 的概率分布与 y 无关.

证明 当 X, Y 独立, 有 $f(x,y) = f_X(x)f_Y(y)$. 于是从 (3.5.7) 式得到 $f_{X|Y}(x|y) = f_X(x)$. 说明 $X|\{Y = y\}$ 的概率分布与 y 无关.

反之, 如果 $X|\{Y = y\}$ 的概率分布与 y 无关, 则有 $f_{X|Y}(x|y) = g(x)$. 从 (3.5.7) 式得到 $f(x,y) = f_{X|Y}(x|y)f_Y(y) = g(x)f_Y(y)$. 对 y 积分后得到 $g(x) = f_X(x)$. 于是由 $f(x,y) = f_X(x)f_Y(y)$ 知道 X, Y 独立.

推论 3.5.4 设 (X,Y) 有联合密度 $f(x,y)$, 则 X, Y 独立的充要条件是函数

$$
F_{X|Y}(x|y) = F_X(x) \quad \text{或} \quad f_{X|Y}(x|y) = f_X(x)
$$

之一成立.

例 3.5.5 设 (X,Y) 在矩形 $D = \{(x,y)\,|\,a < x \leqslant b, c < y \leqslant d\}$ 上均匀分布. 证明 X, Y 独立, 并计算 X, Y 的边缘分布.

解 用 $\mathrm{I}[D]$ 表示 D 的示性函数, 则

$$
\mathrm{I}[D] = \mathrm{I}[a < x \leqslant b] \cdot \mathrm{I}[c < y \leqslant d].
$$

(X, Y) 的联合密度

$$f(x, y) = \frac{1}{m(D)} \mathrm{I}[D]$$

$$= \frac{1}{b-a} \mathrm{I}[\, a < x \leqslant b\,] \cdot \frac{1}{d-c} \mathrm{I}[\, c < y \leqslant d\,]. \qquad (3.5.9)$$

容易计算 X 和 Y 的边缘密度分别如下:

$$f_X(x) = \frac{1}{b-a} \mathrm{I}[\, a < x \leqslant b\,], \quad f_Y(y) = \frac{1}{d-c} \mathrm{I}[\, c < y \leqslant d\,].$$

于是 X, Y 独立, 分别在 $(a, b], (c, d]$ 中均匀分布.

现在将例 3.5.5 中的矩形 D 做一转动, 使得矩形的边不与坐标轴平行. 这时 X 的取值会影响 Y 的取值范围, 因而 X, Y 不再独立. 同理, 根据定理 3.5.3, 如果 (X, Y) 的联合密度仅在圆、椭圆或三角形内大于 0, 则 X, Y 不独立.

对于 n 维向量 $\boldsymbol{x} = (x_1, x_2, \cdots, x_n)$ 和 $\boldsymbol{s} = (s_1, s_2, \cdots, s_n)$, 下面用 $\mathrm{d}\boldsymbol{x}$ 表示 $\mathrm{d}x_1 \, \mathrm{d}x_2 \cdots \mathrm{d}x_n$, 用 $\boldsymbol{x} \leqslant \boldsymbol{s}$ 表示

$$x_1 \leqslant s_1, \ x_2 \leqslant s_2, \ \cdots, \ x_n \leqslant s_n.$$

定义 3.5.3 设 $\boldsymbol{X} = (X_1, X_2, \cdots, X_n)$ 和 $\boldsymbol{Y} = (Y_1, Y_2, \cdots, Y_m)$ 是随机向量, $f(\boldsymbol{x}, \boldsymbol{y})$ 是 $(\boldsymbol{X}, \boldsymbol{Y})$ 的联合密度, 则称

$$f_{\boldsymbol{Y}}(\boldsymbol{y}) = \int_{\mathbf{R}^n} f(\boldsymbol{x}, \boldsymbol{y}) \, \mathrm{d}\boldsymbol{x}$$

为 $\boldsymbol{Y}$ 的**边缘密度**. 如果 $f_{\boldsymbol{Y}}(\boldsymbol{y}) > 0$, 则称

$$f_{\boldsymbol{X}|\boldsymbol{Y}}(\boldsymbol{x}|\boldsymbol{y}) = \frac{f(\boldsymbol{x}, \boldsymbol{y})}{f_{\boldsymbol{Y}}(\boldsymbol{y})}, \quad \boldsymbol{x} \in \mathbf{R}^n$$

为条件 $\boldsymbol{Y} = \boldsymbol{y}$ 下, $\boldsymbol{X}$ 的**条件概率密度**, 简称为**条件密度**. 称

$$P(\boldsymbol{X} \leqslant \boldsymbol{x}|\boldsymbol{Y} = \boldsymbol{y}) = \int_{\boldsymbol{s} \leqslant \boldsymbol{x}} f_{\boldsymbol{X}|\boldsymbol{Y}}(\boldsymbol{s}|\boldsymbol{y}) \, \mathrm{d}\boldsymbol{s}, \quad \boldsymbol{x} \in \mathbf{R}^n$$

为条件 $\boldsymbol{Y} = \boldsymbol{y}$ 下, $\boldsymbol{X}$ 的**条件分布函数**, 记作 $F_{\boldsymbol{X}|\boldsymbol{Y}}(\boldsymbol{x}|\boldsymbol{y})$, 并简称为**条件分布**.

练 习 3.5

3.5.1 设 X 在 $(0,1)$ 上均匀分布. 已知 $X = x$ 时, Y 在 $(x,1)$ 中均匀分布, 求条件密度 $f_{Y|X}(y|x)$.

3.5.2 设 (X,Y) 有联合密度 $f(x,y)$. a,b 是非零常数, 已知 $aX + bY = c$ 的条件下, (X,Y) 有联合密度吗?

§3.6 二维正态分布

如果 Z_1, Z_2 独立, 都服从标准正态分布 $N(0,1)$, 则 $\boldsymbol{Z} = (Z_1, Z_2)$ 有联合密度

$$\varphi(z_1, z_2) = \frac{1}{2\pi} \exp\left(-\frac{z_1^2 + z_2^2}{2}\right). \tag{3.6.1}$$

这时称 $\boldsymbol{Z} = (Z_1, Z_2)$ 服从**二维标准正态分布**, 记作 $\boldsymbol{Z} \sim N(\boldsymbol{0}, \boldsymbol{I})$, 其中 $\boldsymbol{I}$ 表示单位矩阵. $\varphi(z_1, z_2)$ 的图形见图 3.6.1.

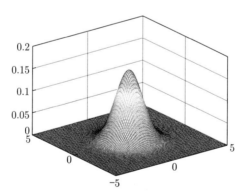

图 3.6.1　二维标准正态密度 $\varphi(z_1, z_2)$

下面从二维标准正态分布引入二维正态分布. 设 $\boldsymbol{Z} = (Z_1, Z_2)$ 服从二维标准正态分布 $N(\boldsymbol{0}, \boldsymbol{I})$, $ad - bc \neq 0$, 定义

$$\begin{cases} X_1 = aZ_1 + bZ_2 + \mu_1, \\ X_2 = cZ_1 + dZ_2 + \mu_2, \end{cases} \tag{3.6.2}$$

则称 (X_1, X_2) 的概率分布为二维正态分布. 引入

$$\sigma_1 = \sqrt{a^2 + b^2},$$
$$\sigma_2 = \sqrt{c^2 + d^2},$$
$$\rho = (ac + bd)/(\sigma_1 \sigma_2). \tag{3.6.3}$$

定理 3.6.1 在上面的定义下, $\boldsymbol{X} = (X_1, X_2)$ 有联合密度

$$f(x_1, x_2) = \frac{1}{2\pi\sigma_1\sigma_2\sqrt{1-\rho^2}} \exp\left\{ -\frac{1}{2(1-\rho^2)} \left[\frac{(x_1 - \mu_1)^2}{\sigma_1^2} \right.\right.$$
$$\left.\left. -\frac{2\rho(x_1 - \mu_1)(x_2 - \mu_2)}{\sigma_1\sigma_2} + \frac{(x_2 - \mu_2)^2}{\sigma_2^2} \right] \right\}. \tag{3.6.4}$$

在 (3.6.4) 式中, 因为 $ad - bc \neq 0$, 所以 $|\rho| < 1$. 因为 (3.6.4) 式中只有 5 个参数 $\mu_1, \mu_2, \sigma_1^2, \sigma_2^2, \rho$, 所以又称 (X_1, X_2) 服从参数为 $(\mu_1, \mu_2;$ $\sigma_1^2, \sigma_2^2; \rho)$ 的正态分布, 记作

$$(X_1, X_2) \sim N(\mu_1, \mu_2; \sigma_1^2, \sigma_2^2; \rho).$$

证明 引入 $\boldsymbol{A} = \begin{pmatrix} a & b \\ c & d \end{pmatrix}$, 则 $\boldsymbol{A}\boldsymbol{A}^{\mathrm{T}} = \begin{pmatrix} \sigma_1^2 & \rho\sigma_1\sigma_2 \\ \rho\sigma_1\sigma_2 & \sigma_2^2 \end{pmatrix}$, 其中 "T" 表示转置. 于是 $[\det(\boldsymbol{A})]^2 = \sigma_1^2\sigma_2^2(1 - \rho^2)$,

$$(\boldsymbol{A}\boldsymbol{A}^{\mathrm{T}})^{-1} = \frac{1}{\det(\boldsymbol{A})} \begin{pmatrix} \sigma_2^2 & -\rho\sigma_1\sigma_2 \\ -\rho\sigma_1\sigma_2 & \sigma_1^2 \end{pmatrix}$$
$$= \frac{1}{1-\rho^2} \begin{pmatrix} 1/\sigma_1^2 & -\rho/(\sigma_1\sigma_2) \\ -\rho/(\sigma_1\sigma_2) & 1/\sigma_2^2 \end{pmatrix}.$$

引入 $\boldsymbol{\mu} = (\mu_1, \mu_2)$, 则从 (3.6.2) 式得到

$$\boldsymbol{X} = \boldsymbol{Z}\boldsymbol{A}^{\mathrm{T}} + \boldsymbol{\mu}.$$

对于 $\boldsymbol{z} = (z_1, z_2)$, $\boldsymbol{Z}$ 的概率密度为 $\varphi(\boldsymbol{z}) = \dfrac{1}{2\pi} \exp\left(-\dfrac{1}{2}\boldsymbol{z}\boldsymbol{z}^{\mathrm{T}} \right)$. 对

$x = (x_1, x_2)$, 有

$$
\begin{aligned}
P(\boldsymbol{X} = \boldsymbol{x}) &= P\big(\boldsymbol{Z} = (\boldsymbol{x} - \boldsymbol{\mu})\boldsymbol{A}^{-\mathrm{T}}\big) \\
&= \varphi\big((\boldsymbol{x} - \boldsymbol{\mu})\boldsymbol{A}^{-\mathrm{T}}\big)\big|\mathrm{d}(\boldsymbol{x} - \boldsymbol{\mu})\boldsymbol{A}^{-\mathrm{T}}\big| \\
&= \frac{1}{2\pi} \exp\Big[-\frac{1}{2}(\boldsymbol{x} - \boldsymbol{\mu})\boldsymbol{A}^{-\mathrm{T}}\boldsymbol{A}^{-1}(\boldsymbol{x} - \boldsymbol{\mu})^{\mathrm{T}}\Big]\big|\boldsymbol{A}^{-1}\big|\,\mathrm{d}\boldsymbol{x},
\end{aligned}
$$

其中 $\mathrm{d}\boldsymbol{x} = \mathrm{d}x_1\mathrm{d}x_2$. 由定理 3.4.3 得到 $\boldsymbol{X}$ 的联合密度

$$
f(\boldsymbol{x}) = \frac{1}{2\pi|\det(\boldsymbol{A})|} \exp\Big[-\frac{1}{2}(\boldsymbol{x} - \boldsymbol{\mu})(\boldsymbol{A}\boldsymbol{A}^{\mathrm{T}})^{-1}(\boldsymbol{x} - \boldsymbol{\mu})^{\mathrm{T}}\Big].
$$

这正是 (3.6.4) 式.

定理 3.6.2　如果 (X_1, X_2) 有联合密度 (3.6.4), 则

(1) $X_1 \sim N(\mu_1, \sigma_1^2)$, $X_2 \sim N(\mu_2, \sigma_2^2)$;

(2) X_1, X_2 独立的充要条件是 $\rho = 0$;

(3) 当 $a_1 a_4 - a_3 a_2 \neq 0$, 随机向量 (Y_1, Y_2) 服从二维正态分布, 其中

$$
\begin{cases}
Y_1 = a_1 X_1 + a_2 X_2 + c_1, \\
Y_2 = a_3 X_1 + a_4 X_2 + c_2;
\end{cases}
$$

(4) 线性组合 $Y_1 = a_1 X_1 + a_2 X_2 + c_1$ 服从正态分布;

(5) 若 Y_1, Y_2 相互独立, 都服从正态分布, 则 (Y_1, Y_2) 服从二维正态分布;

(6) 当 $Y_1, Y_2, \cdots, Y_n$ 相互独立, 都服从正态分布, a_i 不全为 0, 则线性组合

$$
Y = a_1 Y_1 + a_2 Y_2 + \cdots + a_n Y_n + c
$$

服从正态分布.

证明　用 $f_1(x_1)$ 和 $f_2(x_2)$ 分别表示 $N(\mu_1, \sigma_1^2)$ 和 $N(\mu_2, \sigma_2^2)$ 的概率密度, 则

$$
\begin{aligned}
f_1(x_1) &= \frac{1}{\sqrt{2\pi}\sigma_1} \exp\Big[-\frac{(x_1 - \mu_1)^2}{2\sigma_1^2}\Big], \\
f_2(x_2) &= \frac{1}{\sqrt{2\pi}\sigma_2} \exp\Big[-\frac{(x_2 - \mu_2)^2}{2\sigma_2^2}\Big].
\end{aligned}
$$

(1) 在 (3.6.2) 式中取 $(c,d) = (b,-a)$, 得 $\rho = 0$, 这时 (3.6.4) 中的 $f(x_1,x_2) = f_1(x_1)f_2(x_2)$, 说明 X_1, X_2 独立, 且 $X_1 \sim N(\mu_1,\sigma_1^2)$. 对称地得到 $X_2 \sim N(\mu_2,\sigma_2^2)$.

(2) 从 (3.6.4) 看出, $\rho = 0$ 的充要条件是 $f(x_1,x_2) = f_1(x_1)f_2(x_2)$. 这恰是 X_1, X_2 独立的充要条件.

(3) 因为 (Y_1,Y_2) 仍然是 (Z_1,Z_2) 的可逆线性变换, 所以结论 (3) 成立.

(4) 从结论 (3) 和 (1) 知道结论 (4) 成立.

(5) 这时 (Y_1,Y_2) 的联合密度也是 (3.6.4) 中 $\rho = 0$ 的形式, 所以结论成立.

(6) 从结论 (5) 和 (4) 知道结论 (6) 对于 $n = 2$ 成立. 这时 $a_1Y_1 + a_2Y_2$ 服从正态分布, 且和 $Y_3,\cdots,Y_n$ 独立, 再用 (5) 和 (4) 知道 (6) 对于 $n = 3$ 成立. 以此类推, 可得结论.

设想一粒花粉在水面由于受到水分子的碰撞而做布朗运动. 设想在水面建立一个直角坐标系, 使得花粉运动的起点是 (μ_1,μ_2). 用 (X,Y) 表示花粉在 t 时刻的坐标. 由于花粉的运动是各向同性的, 所以 (X,Y) 在 (μ_1,μ_2) 周围取值的概率较大, 在离开 (μ_1,μ_2) 较远的地方取值的概率较小. 二维正态联合密度正好描述这一现象.

再设想运动员的打靶, 用 (μ_1,μ_2) 表示靶心的坐标, 用 (X,Y) 表示弹落点. 则 (X,Y) 落在 (μ_1,μ_2) 附近的概率较大, 落在较远的地方的概率较小. 二维正态联合密度也正好描述这一现象.

例 3.6.1 设炮击的目标是 (μ_1,μ_2), 弹落点的坐标 (X,Y) 服从正态分布 $N(\mu_1,\mu_2;\sigma_1^2,\sigma_2^2;\rho)$. 已知 $X = x$ 时, 求 Y 的条件密度.

解 将 (3.6.4) 中的 (x_1,x_2) 换成 (x,y), 得到 (X,Y) 的联合密度 $f(x,y)$. 已知 $X = x$ 时, 设 $\mu_x = \mu_2 + (\rho\sigma_2/\sigma_1)(x-\mu_1)$, 则作为 y 的函数, $f(x,y)$ 和

$$\exp\left\{-\frac{1}{2(1-\rho^2)}\left[-\frac{2\rho(x-\mu_1)(y-\mu_2)}{\sigma_1\sigma_2} + \frac{(y-\mu_2)^2}{\sigma_2^2}\right]\right\}$$
$$= c_0\exp\left[-\frac{(y-\mu_x)^2}{2(1-\rho^2)\sigma_2^2}\right]$$

仅差一个常数因子, 其中 c_0 和 y 无关. 再设 $\sigma_0^2 = (1 - \rho^2)\sigma_2^2$, 由正态分布密度的表达式和定理 3.5.2 知道

$$f_{Y|X}(y|x) = \frac{1}{\sqrt{2\pi}\sigma_0} \exp\left[- \frac{(y - \mu_x)^2}{2\sigma_0^2} \right]. \tag{3.6.5}$$

说明已知 $X = x$ 时, $Y \sim N(\mu_x, (1 - \rho^2)\sigma_2^2)$.

§3.7　次序统计量

在研究产品的使用寿命时, 经常需要进行寿命试验. 用

$$X_1, X_2, \cdots, X_n \tag{3.7.1}$$

分别表示第 $1, 2, \cdots, n$ 件产品的使用寿命. 在时间 $t = 0$ 时对这 n 件产品开始进行寿命试验:

用 $X_{(1)}$ 表示第一个寿终的产品的使用寿命;

用 $X_{(2)}$ 表示第二个寿终的产品的使用寿命;

$\cdots\cdots\cdots\cdots\cdots$;

用 $X_{(n)}$ 表示第 n 个 (最后一个) 寿终的产品的使用寿命.

则每个 $X_{(i)}$ 都是随机变量, 并且

$$X_{(1)} \leqslant X_{(2)} \leqslant \cdots \leqslant X_{(n)}. \tag{3.7.2}$$

这时, 称 (3.7.2) 式中的随机变量为 $X_1, X_2, \cdots, X_n$ 的 (从小到大) 次序统计量. 用数学的语言来讲, 就是下面的定义.

定义 3.7.1 设 $X_1, X_2, \cdots, X_n$ 是概率空间 $(\Omega, \mathcal{F}, P)$ 上的随机变量, 对 $\omega \in \Omega$, 将 $X_1(\omega), X_2(\omega), \cdots, X_n(\omega)$ 从小到大排列得到

$$X_{(1)}(\omega), \ X_{(2)}(\omega), \ \cdots, \ X_{(n)}(\omega). \tag{3.7.3}$$

称 (3.7.3) 式中的随机变量为 $X_1, X_2, \cdots, X_n$ 的**次序统计量**.

例 3.7.1 设全班有 n 个同学, 用 X_i 表示第 i 个同学的成绩, 样本空间 $\Omega = \{\omega_1, \omega_2, \omega_3, \omega_4\}$, 其中 $\omega_1=$ 平时成绩, $\omega_2=$ 期中考试成绩,

$\omega_3 =$ 期末考试成绩, $\omega_4 =$ 身高, 则

$$X_{(1)}(\omega_1),\ X_{(2)}(\omega_1),\ \cdots,\ X_{(n)}(\omega_1)$$

是按平时成绩从低到高的排列,

$$X_{(1)}(\omega_2),\ X_{(2)}(\omega_2),\ \cdots,\ X_{(n)}(\omega_2)$$

是按期中考试成绩从低到高的排列,

$$X_{(1)}(\omega_3),\ X_{(2)}(\omega_3),\ \cdots,\ X_{(n)}(\omega_3)$$

是按期末考试成绩从低到高的排列,

$$X_{(1)}(\omega_4),\ X_{(2)}(\omega_4),\ \cdots,\ X_{(n)}(\omega_4)$$

是按身高从低到高的排名.

例 3.7.2 设华北地区第 j 年的降水量是 X_j, 则

$$X_{(50)} = \max\{X_1, X_2, \cdots, X_{50}\}$$

是 50 年一遇的最大降水量,

$$X_{(1)} = \min\{X_1, X_2, \cdots, X_{50}\}$$

是 50 年一遇的最小降水量. 明显, $X_{(1)} \leqslant X_1 \leqslant X_{(50)}$. 研究随机变量 $X_{(50)}$, $X_{(1)}$ 的概率分布是十分有意义的. 同样研究 $X_{(k)}$ 的概率分布也是有意义的.

下面设随机变量 $X_1, X_2, \cdots, X_n$ 独立同分布, 有公共的分布函数 $F(x)$ 和概率密度 $f(x)$.

因为 $\boldsymbol{X} = (X_1, X_2, \cdots, X_n)$ 是连续型随机向量, 所以对于开集

$$D = \{\boldsymbol{x} \mid x_1 < x_2 < \cdots < x_n\}, \tag{3.7.4}$$

其中 $\boldsymbol{x} = (x_1, x_2, \cdots, x_n)$, 有

$$P\big((X_{(1)}, X_{(2)}, \cdots, X_{(n)}) \in D\big)$$
$$= P(X_1, X_2, \cdots, X_n \text{互不相同}) = 1. \tag{3.7.5}$$

定理 3.7.1 设 $X_1, X_2, \cdots, X_n$ 独立同分布, 有共同的分布函数 $F(x)$ 和分段连续的概率密度 $f(x)$. 设 $\overline{F}(x) = 1 - F(x)$, 对 $x < y$ 定义 $F(x, y] = F(y) - F(x)$, 则

(1) $\boldsymbol{Z} = (X_{(1)}, X_{(2)}, \cdots, X_{(n)})$ 有联合密度

$$g(\boldsymbol{x}) = \begin{cases} n! f(x_1) f(x_2) \cdots f(x_n), & \boldsymbol{x} \in D, \\ 0, & \text{其他}; \end{cases}$$

(2) $X_{(k)}$ 有概率密度 $g_k(x) = n\mathrm{C}_{n-1}^{k-1} F^{k-1}(x) \overline{F}^{n-k}(x) f(x)$;

(3) 对于 $i < j$, $(X_{(i)}, X_{(j)})$ 有联合密度

$$g_{i,j}(x, y) = \begin{cases} \dfrac{n! F^{i-1}(x) \, F^{j-i-1}(x, y] \, \overline{F}^{n-j}(y)}{(i-1)!(j-i-1)!(n-j)!} f(x) f(y), & x < y, \\ 0, & \text{其他}. \end{cases}$$

证明　引入 $C = \{x \,|\, x \text{ 是 } f(x) \text{ 连续点, 且 } f(x) > 0\}$, 则 C 是开集, 且

$$P(X_i \in C) = \int_C f(x)\,\mathrm{d}x = \int_{-\infty}^{\infty} f(x)\,\mathrm{d}x = 1.$$

(1) 对于 $\boldsymbol{x} \in D$, 且诸 $x_i \in C$, 由

$$P(X_{(1)} = x_1, X_{(2)} = x_2, \cdots, X_{(n)} = x_n)$$
$$= n! P(X_1 = x_1, X_2 = x_2, \cdots, X_n = x_n)$$
$$= n! P(X_1 = x_1) P(X_2 = x_2) \cdots P(X_n = x_n)$$
$$= n! f(x_1) f(x_2) \cdots f(x_n)\,\mathrm{d}x_1\,\mathrm{d}x_2 \cdots \mathrm{d}x_n$$

和定理 3.4.6 得到结论 (1).

(2) 对于任何 $x \in C$, 由 $P(X_{(k)} \in C) \geqslant P(X_1 \in C, X_2 \in C, \cdots, X_n \in C) = 1$ 知道

$$P(X_{(k)} = x)$$
$$= P(\{X_j\} \text{ 中恰有 } k - 1 \text{ 个} < x \,, 1 \text{ 个} = x, \, n - k \text{ 个} > x)$$

$$= \frac{n!}{(k-1)!1!(n-k)!}[P(X_1 < x)]^{k-1}\overline{F}^{n-k}(x)P(X_1 = x)$$

$$= nC_{n-1}^{k-1}F^{k-1}(x)\overline{F}^{n-k}(x)f(x)\,dx,$$

从而得到结论 (2).

(3) 由 $P(X_{(i)} \in C) = P(X_{(j)} \in C) = 1$ 和 (3.7.2) 得到

$$P(X_{(i)} \in C, X_{(j)} \in C, X_{(i)} < X_{(j)}) = 1.$$

于是对于任何 $x \in C, y \in C, x < y$, 有

$$P(X_{(i)} = x, X_{(j)} = y)$$

$$= P(\{X_j\} \text{ 中恰有 } i-1 \text{ 个} < x, 1 \text{ 个} = x, j-i-1 \text{ 个} \in (x,y),$$

$$1 \text{ 个} = y, n-j \text{ 个} > y)$$

$$= \frac{n!}{(i-1)!1!(j-i-1)!1!(n-j)!}F^{i-1}(x)F^{j-i-1}(x,y]\,\overline{F}^{n-j}(y)$$

$$\cdot P(X_1 = x)P(X_1 = y)$$

$$= \frac{n!F^{i-1}(x)\,F^{j-i-1}(x,y]\,\overline{F}^{n-j}(y)}{(i-1)!(j-i-1)!(n-j)!}f(x)f(y)\,dxdy.$$

由定理 3.4.6 得到结论 (3).

例 3.7.3 设 $X_1, X_2, \cdots, X_n$ 独立同分布, 都在 $(0,a)$ 上均匀分布, 则有相同的概率密度

$$f(x) = \begin{cases} 1/a, & x \in (0,a), \\ 0, & x \notin (0,a). \end{cases}$$

于是次序统计量 $(X_{(1)}, X_{(2)}, \cdots, X_{(n)})$ 有联合密度:

$$g(x_1, x_2, \cdots, x_n) = \begin{cases} \dfrac{n!}{a^n}, & \text{当 } 0 < x_1 < x_2 < \cdots < x_n < a, \\ 0, & \text{其他.} \end{cases} \tag{3.7.6}$$

例 3.7.4 设随机变量 $X_1, X_2, \cdots, X_n$ 相互独立, 都在 $(0,t)$ 中均匀分布. 对于次序统计量 $X_{(1)}, X_{(2)}, \cdots, X_{(n)}$, 引入

$$T_1 = X_{(1)}, T_2 = X_{(2)} - X_{(1)}, \cdots, T_n = X_{(n)} - X_{(n-1)}, \tag{3.7.7}$$

则 $\{T_i\}$ 是 $\{X_{(i)}\}$ 的依次间隔. 对于正整数 $k < n$, 定义

$$\boldsymbol{t} = (t_1, t_2, \cdots, t_k),$$
$$x_i = t_1 + t_2 + \cdots + t_i, \quad i = 1, 2, \cdots, k,$$
$$D = \{\boldsymbol{t} \mid t_i > 0, t_1 + t_2 + \cdots + t_k < t\},$$

证明:

(1) $\boldsymbol{T} = (T_1, T_2, \cdots, T_k)$ 有联合密度

$$g_n(t_1, t_2, \cdots, t_k) = \begin{cases} \dfrac{n!}{(n-k)!}\left(\dfrac{t-x_k}{t}\right)^{n-k}\dfrac{1}{t^k}, & \boldsymbol{t} \in D, \\ 0, & \text{其他;} \end{cases} \tag{3.7.8}$$

(2) 当 $t \to \infty$, 如果 $\lambda_n = n/t \to \lambda$, 则对 $t_1, t_2, \cdots, t_k > 0$, 有

$$g_n(t_1, t_2, \cdots, t_k) \to \lambda^k \exp[-\lambda(t_1 + t_2 + \cdots + t_k)].$$

证明　定义 $\boldsymbol{x} = (x_1, x_2, \cdots, x_k)$, 则有

$$J = \frac{\partial(x_1, x_2, \cdots, x_k)}{\partial(t_1, t_2, \cdots, t_k)} = 1.$$

对于开集 D, 从 (3.7.5) 知道 $P(\boldsymbol{T} \in D) = 1$.

(1) 对 $\boldsymbol{t} \in D$, 由 $x_i \in (0, t)$ 和 $P(X_i = x_i) = (1/t)\mathrm{d}x_i$ 得到

$$P(T_1 = t_1, T_2 = t_2, \cdots, T_k = t_k)$$
$$= P(X_{(1)} = x_1, X_{(2)} = x_2, \cdots, X_{(k)} = x_k)$$
$$= P(\{X_j\} \text{ 中有 } n-k \text{ 个 } > x_k, \text{ 其余的分别} = x_1, x_2, \cdots, x_k)$$
$$= \frac{n!}{(1!)^k(n-k)!}P^{n-k}(X_1 > x_k)\prod_{i=1}^{k}P(X_i = x_i)$$
$$= \frac{n!}{(n-k)!}\left(\frac{t-x_k}{t}\right)^{n-k}\frac{1}{t^k}|J|\,\mathrm{d}t_1\mathrm{d}t_2\cdots\mathrm{d}t_k.$$

由定理 3.4.6 得到 $\boldsymbol{T}$ 的联合密度 (3.7.8).

(2) 因为 $t \to \infty$ 时 $n/t \to \lambda > 0$, 所以 $t \to \infty$ 时, 有

$$g_n(t_1, t_2, \cdots, t_k)$$
$$= \frac{n(n-1)\cdots(n-k+1)}{t^k}\left(1 - \frac{n}{t}\frac{x_k}{n}\right)^n \left(1 - \frac{x_k}{t}\right)^{-k}$$
$$\to \lambda^k \exp(-\lambda x_k)$$
$$= \lambda^k \exp[-\lambda(t_1 + t_2 + \cdots + t_k)].$$

因为 $g(t_1, t_2, \cdots, t_k) = \lambda^k \exp[-\lambda(t_1 + t_2 + \cdots + t_k)]$ 是 k 个相互独立且都服从指数分布 $Exp(\lambda)$ 的随机变量的联合密度, 所以例 3.7.4 的结论 (2) 表明: 对于较大的 t 和 n, 由 (3.7.7) 式定义的时间间隔近似独立, 且都近似服从指数分布 $Exp(n/t)$. 举例来讲, 如果有 n 个人在 $(0, t)$ 中随机到达某服务台, 只要 t 较大, 则依次到达的时间间隔近似独立, 且都近似服从指数分布 $Exp(n/t)$.

例 3.7.5 某家庭原来有 4 只节能灯用于室内照明, 新装修后有 24 只节能灯用于室内照明. 装修入住后主人总认为节能灯更容易坏了, 试解释其中的原因.

解 设所有节能灯的使用寿命相互独立, 且服从指数分布 $Exp(\lambda)$. 用 X_i 表示第 i 只节能灯的使用寿命, 则装修前等待第一只节能灯烧坏的时间长度 X 为

$$X = \min\{X_1, X_2, X_3, X_4\};$$

装修后等待第一只节能灯烧坏的时间长度 Y 为

$$Y = \min\{X_1, X_2, \cdots, X_{24}\}.$$

利用 $P(X > t) = \mathrm{e}^{-4\lambda t}$, $P(Y > t) = \mathrm{e}^{-24\lambda t}$ 可以分别得到 X 和 Y 的概率密度

$$f_X(t) = 4\lambda \mathrm{e}^{-4\lambda t} \quad \text{和} \quad f_Y(t) = 24\lambda \mathrm{e}^{-24\lambda t}.$$

所以 $X \sim Exp(4\lambda)$, $Y \sim Exp(24\lambda)$. 容易计算当 $\lambda = 1/1500$ (小时) 时,

$$P(X > 400) = 0.3442, \quad P(X > 200) = 0.5866, \quad P(X > 100) = 0.7651,$$
$$P(Y > 400) = 0.0017, \quad P(Y > 200) = 0.0408, \quad P(Y > 100) = 0.2019.$$

从中不难看出, Y 要比 X 随机地小很多. 装修前节能灯使用 200 小时不坏的概率是 58.7%. 装修后节能灯使用 200 个小时不坏的概率是 4.08%.

练 习 3.7

3.7.1 设 $X_1, X_2, \cdots, X_n$ 独立同分布, 有共同的分布函数 $F(x)$ 和概率密度 $f(x)$. 对 $1 \leqslant k_1 < k_2 < k_3 \leqslant n$, 写出

$$(X_{(k_1)}, X_{(k_2)}, X_{(k_3)})$$

的联合密度.

3.7.2 设 $X_1, X_2, \cdots, X_n$ 独立同分布, 有共同的分布函数 $F(x)$, 在概率为 1 的意义下给出以下的极限:

$$\lim_{n \to \infty} X_{(n)} \quad \text{和} \quad \lim_{n \to \infty} X_{(1)},$$

并用概率的频率定义说明你的结果是正确的.

概 率 简 史

布朗运动描述浸没 (或悬浮) 在液体或气体中微小颗粒的运动, 这种现象由英国植物学家布朗发现, 由爱因斯坦 (Einstein) 于 1905 年作出解释: 微粒运动是由大量分子的连续碰撞造成的. 自 1918 年开始, 维纳 (Wiener) 发表了一系列的论文对布朗运动进行数学的描述, 所以布朗运动又称为维纳过程. 至今布朗运动已经是量子力学、概率统计、金融证券等研究中最重要的随机过程.

现在设花粉的微粒在液体表面由于受到水分子的连续碰撞而进行布朗运动, 运动起点的坐标是 (μ_1, μ_2). 用 (X, Y) 表示花粉在 t 时刻的坐标, 则 (X, Y) 服从二元正态分布.

习 题 三

3.1 设 (X,Y) 在矩形 $D = \{(x,y)\,|\, a < x < b, c < y < d\}$ 上均匀分布, 求 X,Y 的边缘密度, 并证明 X,Y 独立.

3.2 设 a 是常数, (X,Y) 有联合密度

$$f(x,y) = \begin{cases} ax^2 y, & x^2 < y < 1, \\ 0, & \text{其他}, \end{cases}$$

求 X,Y 的边缘密度, 并证明 X,Y 不独立.

3.3 设随机变量 X,Y 都只取值 $-1, 1$, 满足

$$P(X = 1) = \frac{1}{2}, \quad P(Y = 1|X = 1) = P(Y = -1|X = -1) = \frac{1}{3}.$$

(1) 求 (X,Y) 的联合分布;

(2) 求 t 的方程 $t^2 + Xt + Y = 0$ 有实根的概率.

3.4 设随机向量 (X,Y) 的联合密度为

$$f(x,y) = \begin{cases} C(R - \sqrt{x^2 + y^2}\,), & x^2 + y^2 \leqslant R^2, \\ 0, & \text{其他}. \end{cases}$$

(1) 求常数 C;

(2) 当 $R = 2$ 时, 随机向量 (X,Y) 落在以原点为圆心, 以 $r = 1$ 为半径的区域内的概率是多少?

3.5 设随机变量 X 和 Y 独立, X 有概率密度 $f(x)$, Y 有离散分布

$$P(Y = a_i) = p_i > 0, \quad i = 1, 2, \cdots,$$

证明: 若 $a_1, a_2, \cdots$ 都不为 0, 则 $Z = XY$ 有概率密度

$$h(z) = \sum_{i=1}^{\infty} \frac{p_i}{|a_i|} f\left(\frac{z}{a_i}\right);$$

若有某个 $a_i = 0$, 则 XY 没有概率密度.

3.6 设随机向量 (X, Y) 有联合密度 $f(x, y)$, 对于 $\mathbf{R}^2$ 中的博雷尔集 A 定义

$$F(A) = \int_A f(x, y) \, \mathrm{d}x \, \mathrm{d}y,$$

证明: F 是 $(\mathbf{R}^2, \mathcal{B})$ 上的概率, $(\mathbf{R}^2, \mathcal{B}, F)$ 是概率空间.

3.7 设 X, Y 都是连续型随机变量, $P(X = Y) = 0$ 成立吗?

3.8 设 X, Y 都是连续型随机变量, (X, Y) 是连续型随机向量吗? $X + Y$ 是连续型随机变量吗?

3.9 设随机向量 (X, Y) 有如下的概率分布:

$$P(X = i, Y = 1/j) = c, \quad i = 1, 2, \cdots, 8; j = 1, 2, \cdots, 6.$$

确定常数 c, 并求 X, Y 的概率分布.

3.10 设随机向量 (X, Y) 有如下的概率分布:

$$P(X = i, Y = 1/i) = c, \quad i = 1, 2, \cdots, 8,$$

试确定常数 c, 并求 X, Y 的概率分布.

3.11 设 X, Y 独立同分布, 证明:

$$P(a < \min\{X, Y\} \leqslant b) = P^2(X > a) - P^2(X > b).$$

3.12 设 (X, Y) 在椭圆

$$D = \left\{ (x, y) \,\middle|\, \frac{(x+y)^2}{8} + \frac{(x-y)^2}{2} \leqslant 1 \right\}$$

内均匀分布, 求 (X, Y) 的联合密度.

3.13 设 U 在 $(0, 1)$ 中均匀分布, 求函数 $\varphi_i(x)$, 使得 $\varphi_1(U) \sim Unif(a, b), \varphi_2(U) \sim Poiss(\lambda), \varphi_3(U) \sim Bino(n, p)$.

3.14 设随机向量 (X, Y) 有联合密度

$$f(x, y) = \begin{cases} a(6 - x - y), & 0 < x < 2, \ 2 < y < 4, \\ 0, & \text{其他}, \end{cases}$$

求 a, $P(X \leqslant 1, Y \leqslant 3)$, $P(X \leqslant 1.5)$, $P(X + Y \leqslant 4)$.

3.15 设随机变量 X, Y 相互独立, X 有分布函数 $F(x)$ 和概率密度 $f(x) = F'(x)$. 如果 $P(Y > y) = [P(X > y)]^{\beta}$, β 是正常数, 计算 $P(X \geqslant Y)$.

3.16 设 (X, Y) 有联合密度 $f(x, y)$, a, b, c 是常数. 已知 $aX + bY = c$ 的条件下, 求 X 有概率密度的条件.

3.17 设 X, Y 独立, $X \sim Exp(\lambda)$, $Y \sim Exp(\mu)$, 计算 $P(X > Y)$.

3.18 设 X, Y 独立, $X \sim Exp(\lambda)$, $Y \sim Exp(\mu)$, 求 $\min\{X, Y\}$, $\max\{X, Y\}$ 和 $X + Y$ 的概率密度.

3.19 设 (X, Y) 有联合密度

$$f(x, y) = \begin{cases} \mathrm{e}^{-x}, & 0 < y < x, \\ 0, & \text{其他}. \end{cases}$$

求 X, Y 的边缘密度.

3.20 设 $X_1, X_2, \cdots, X_k$ 独立同分布, 都服从二项分布 $Bino(n, p)$. 用定理 3.4.5 证明 $S_k = X_1 + X_2 + \cdots + X_k$ 服从二项分布 $Bino(kn, p)$.

3.21 设 $X_1, X_2, \cdots, X_k$ 独立同分布, 都服从泊松分布 $Poiss(\mu)$, 则 $S_k = X_1 + X_2 + \cdots + X_k$ 服从泊松分布 $Poiss(k\mu)$.

3.22 设 (X, Y) 有联合密度

$$f(x, y) = \begin{cases} \dfrac{1 + xy}{4}, & x, y \in (-1, 1), \\ 0, & \text{其他}, \end{cases}$$

证明: X^2 与 Y^2 独立, 但 X, Y 不独立.

3.23 设 $X_1, X_2, \cdots$ 独立同分布, 都服从指数分布 $Exp(\mu)$. 又设随机变量 N 服从几何分布: $P(N = k) = (1 - p)^{k-1} p$, $k = 1, 2, \cdots$. 如果对任何 n, $X_1, X_2, \cdots, X_n, N$ 相互独立, 证明: $S_N = \displaystyle\sum_{i=1}^{N} X_i$ 服从指数分布 $Exp(\mu p)$.

3.24 设 (X, Y) 有联合密度

$$f(x, y) = \begin{cases} 1, & |y| < x, \ x \in (0, 1), \\ 0, & \text{其他}, \end{cases}$$

求条件密度 $f_{Y|X}(y|x)$, $f_{X|Y}(x|y)$.

3.25 (X,Y) 有联合密度 $f(x)g(y)$, (U,V) 有联合密度

$$p(u,v) = \begin{cases} \dfrac{1}{\alpha} f(u)g(v), & u \geqslant v, \\ 0, & u < v. \end{cases}$$

(1) 求 U, V 的边缘密度; (2) 证明: $\alpha = P(X \geqslant Y)$.

3.26 设 D 是非负连续函数 $g(x)$ 和 x 轴所夹的区域, D 的面积 $m(D) \in (0, \infty)$. 设 (X,Y) 在 D 上均匀分布, 求 X 的概率密度.

3.27 设 X, Y 独立, $X \sim N(\mu_1, \sigma_1^2)$, $Y \sim N(\mu_2, \sigma_2^2)$. 对常数 $a(\neq 0)$, b, c, 证明:

(1) $aX + c \sim N(a\mu_1 + c, a^2\sigma_1^2)$;

(2) $X + Y \sim N(\mu_1 + \mu_2, \sigma_1^2 + \sigma_2^2)$;

(3) $aX + bY + c \sim N(a\mu_1 + b\mu_2 + c, a^2\sigma_1^2 + b^2\sigma_2^2)$.

3.28 设 $X_1, X_2, \cdots, X_n$ 独立同分布, 都服从正态分布 $N(\mu, \sigma^2)$, 证明:

$$X_1 + X_2 + \cdots + X_n \sim N(n\mu, n\sigma^2).$$

3.29 设 $X_1, X_2, \cdots, X_n$ 独立同分布, 都在 $(0,1)$ 上均匀分布, 求极差 $R = X_{(n)} - X_{(1)}$ 的概率密度.

3.30 设 $f(x_1, x_2)$ 由 (3.6.4) 定义, 证明:

$$\int_{\mathbf{R}^2} f(x_1, x_2) \, \mathrm{d}x_1 \, \mathrm{d}x_2 = 1.$$

3.31 证明例 3.5.2 中的随机变量 $\{X_k\}$ 独立同分布, 且每个随机变量都服从参数为 p 的几何分布.

3.32 设 (X,Y) 有联合密度

$$f(x,y) = \begin{cases} \dfrac{1}{2}(x+y)\mathrm{e}^{-(x+y)}, & x, y > 0, \\ 0, & \text{其他}, \end{cases}$$

求 $Z = X + Y$ 的概率密度.

3.33　设 $p \in (0,1)$, $0 < \alpha < (1-p)/p$. 已知一个家庭有 n 个小孩的概率是

$$p_n = \begin{cases} \alpha p^n, & n \geqslant 1, \\ 1 - \alpha p/(1-p), & n = 0. \end{cases}$$

设男婴和女婴的出生是等可能的, 求一个家庭有 k 个男孩的概率.

3.34　一个售票处有两个窗口, 顾客到达后在哪个窗口购票是等可能的. 设 1 小时内前来购票人数 X 服从泊松分布 $Poiss(\lambda)$.

(1) 求 1 小时内, 窗口甲有人购票但是窗口乙无人购票的概率;

(2) 在 1 小时内, 已知有人购票和窗口乙无人购票的条件下, 求窗口甲有 2 人购票的概率.

3.35　设 $X_1, X_2, \cdots, X_n$ 独立同分布, 都服从指数分布 $Exp(\lambda)$, 证明: 随机变量

$$Y_1 = X_{(1)}, \quad Y_k = X_{(k)} - X_{(k-1)}, \quad k = 2, 3, \cdots, n$$

相互独立.

3.36　设 X 在 $(0,1)$ 上均匀分布. 已知 $X = x$ 时, Y 在 $(x,1)$ 中均匀分布, 求 (X,Y) 的联合密度 $f(x,y)$ 和 Y 的边缘密度 $f_Y(y)$.

3.37　设一昆虫有 $n(> 0)$ 个后代, 假设每只后代昆虫的寿命是相互独立的且都服从参数为 β 的指数分布.

(1) 求这 n 只昆虫中寿命最长的那只昆虫的寿命的概率分布;

(2) 求这 n 只昆虫中寿命最短的那只昆虫的寿命的概率分布.

3.38　设一昆虫有 N 只后代, 每只后代昆虫的寿命是相互独立的, 假设都服从参数为 β 的指数分布, 又假设 N 服从几何分布 $P(N = n) = q^{n-1}p$ $(n \geqslant 1)$, 并且和后代昆虫的寿命独立.

(1) 求这 N 只昆虫中寿命最长的那只昆虫的寿命的概率分布;

(2) 求这 N 只昆虫中寿命最短的那只昆虫的寿命的概率分布.

3.39　设 (X,Y) 服从二元正态分布 $N(\mu_1, \mu_2; \sigma_1^2, \sigma_2^2; \rho)$, 求条件分布 $P(Y \leqslant y | X = x)$.

3.40　设 X 服从二项分布 $Bino(n,p)$, Y 服从指数分布 $Exp(\lambda)$. 当 X, Y 独立时, 求 $Y - X$ 的分布函数和概率密度.

3.41 X 有离散分布 $p_i = P(X = x_i)$, $i = 1, 2, \cdots$, Y 有概率密度 $f(y)$, X 和 Y 独立. $Z = X + Y$ 是连续型随机变量吗? 如果是, 求它的概率密度.

3.42 设 U 在 $(0, 1)$ 中均匀分布, 求 $g(x)$ 使得 $Y = g(U)$ 服从韦布尔分布:

$$F_Y(y) = 1 - \exp[-(y/\eta)^\beta], \quad y > 0,$$

其中 η, β 是正常数.

3.43 设离散随机向量 (X, Y) 有如下表的概率分布:

Y	X				
	1	2	3	4	5
1	0.06	0.05	0.04	0.01	0.02
2	0.05	0.10	0.10	0.05	0.03
3	0.07	0.05	0.01	0.02	0.02
4	0.05	0.02	0.01	0.01	0.03
5	0.05	0.06	0.05	0.02	0.02

(1) 求 X, Y 的边缘分布;

(2) 求 $U = \max\{X, Y\}$ 的概率分布;

(3) 求 $V = \min\{X, Y\}$ 的概率分布;

(4) 计算 $P(X = 2 | Y = 3)$.

3.44 设 $X_1, X_2, \cdots, X_{n-1}$ 独立同分布, 都在 $(0, y)$ 上均匀分布.

(1) 求 $\min\{X_1, X_2, \cdots, X_{n-1}\}$ 的概率密度;

(2) 求 $X_1, X_2, \cdots, X_{n-1}$ 的次序统计量的概率密度.

3.45 设 $X_1, X_2, \cdots, X_n$ 独立同分布, 都在 $(0, 1)$ 上均匀分布, $y \in (0, 1)$.

(1) 在条件 $X_{(n)} = y$ 下, 求 $X_{(1)}$ 的条件密度;

(2) 在条件 $X_{(n)} = y$ 下, 求 $(X_{(1)}, X_{(2)}, \cdots, X_{(n-1)})$ 的条件密度.

3.46 设证券交易所一天共进行了 N 笔股票交易, 每笔交易的手数 (100 股称为一手) 是独立同分布的, 都服从二项分布 $Bino(n, p)$, 且

与 N 独立. 设 X 是全天的交易手数, 求条件概率 $P(X = j|N = k)$.

3.47 设证券交易所一天共进行了 N 笔股票交易，假设每笔交易的交易量是独立同分布的, 都服从正态分布 $N(\mu, \sigma^2)$. 设 X 是全天的交易手数, 求条件分布 $P(X \leqslant x|N = k)$.

3.48 设 $X \sim Exp(1)$, $Y \sim Exp(1)$, X, Y 独立, $U = X^2 + Y^2$, $V = X^2/Y^2$, 求 (U, V) 的联合密度.

3.49 设随机变量 X, Y 独立, 都服从标准正态分布 $N(0, 1)$, 求 $(U, V) = (X^2 + Y^2, X^2 - Y^2)$ 的联合密度.

3.50 设数集 $A = \{y_j\}$ 中任何两点之间的距离大于正数 δ, $F(x, y)$ 是 (X, Y) 的分布函数. 如果以下条件成立:

(1) $F(x, y)$ 连续;

(2) 对确定的 x, 作为 y 的函数, 除去有限个点外, $F(x, y)$ 有连续的偏导数 $\dfrac{\partial F(x, y)}{\partial y}$;

(3) 对每个 $y \notin A$, $\dfrac{\partial F(x, y)}{\partial y}$ 是 x 的连续函数, 除去有限个点外, 有连续的偏导数 $\dfrac{\partial^2 F(x, y)}{\partial x \partial y}$.

则 (X, Y) 有联合密度

$$f(x, y) = \begin{cases} \dfrac{\partial^2 F(x, y)}{\partial x \partial y}, & \text{当混合偏导数存在,} \\ 0, & \text{其他.} \end{cases}$$

3.51* 设 $G(x)$ 是单调不减函数, 定义

$$g(x) = \begin{cases} G'(x), & \text{当导数存在,} \\ 0, & \text{其他.} \end{cases}$$

利用单调不减函数的性质:

$$\int_a^b g(x)\,\mathrm{d}x \leqslant G(b) - G(a), \quad \text{当 } a < b \text{ 时,}$$

证明定理 3.3.2. 定理中 $F(x, y)$ 连续的条件可以省略吗?

3.52* 设随机变量 X 有连续可微的分布函数 $F(x)$. 将 X 的 $n(n > 2)$ 次独立观察所得的样本按从小到大顺序排列得到: $X_1 < X_2 < \cdots < X_n$, 求

$$Y = \frac{F(X_n) - F(X_2)}{F(X_n) - F(X_1)}$$

的概率密度.

第四章　数学期望和方差

惠更斯 (Huygens) 是一位名声和牛顿相当的科学家. 人们熟知他的贡献之一是物理学中的单摆公式. 他在概率论的早期发展历史上也占有重要的地位. 他的主要著作《机遇的规律》在 1657 年出版. 在这部著作中, 他首先引进了 "期望" 这个术语, 基于这个术语解决了一些当时感兴趣的博弈问题. 他在这部著作中提出了 14 条命题, 第一条命题是: 如果某人在赌博中以概率 1/2 赢 a 元, 以概率 1/2 输 b 元, 则他的期望是 $\mu = (a - b)/2$ 元.

§4.1　数 学 期 望

随机变量的分布函数或概率密度描述了随机变量的统计性质, 从中可以了解随机变量落入某个区间的概率, 但是还不能给人留下更直接的总体印象. 例如用 X 表示某计算机软件的使用寿命, 当知道 X 服从指数分布 $Exp(\lambda)$ 后, 我们还不知道该软件的平均使用寿命是多少. 这里的平均使用寿命应当是一个实数. 我们需要为随机变量 X 定义一个实数, 这个数就是数学期望, 它反映随机变量的平均取值.

例 4.1.1　一个班有 n 个学生, 期中考试后有 n_j 个同学的成绩是 j 分 $(0 \leqslant j \leqslant 100)$. 用 x_i 表示第 i 个同学的成绩, 则全班同学的平均分是

$$\mu = \frac{1}{n}\sum_{i=1}^{n} x_i = \frac{1}{n}\sum_{j=0}^{100} j \cdot n_j = \sum_{j=0}^{100} j\frac{n_j}{n}. \tag{4.1.1}$$

现在从班中任选一个同学, 用 X 表示这个同学的期中成绩, 则 X 有概率分布

$$p_j = P(X = j) = \frac{n_j}{n}, \quad 0 \leqslant j \leqslant 100. \tag{4.1.2}$$

因为 p_j 是成绩为 j 分的同学所占的比例, 所以又称 $\{p_j\}$ 为期中考试成绩的分布. 随机变量 X 的概率分布就是该班期中考试成绩的分布, 所以 X 的数学期望应当定义成平均分 μ. 用 $\mathrm{E}(X)$ 表示 X 的数学期望时, 则有

$$\mathrm{E}(X) = \sum_{j=0}^{100} j\frac{n_j}{n} = \sum_{j=0}^{100} jp_j.$$

设 X 是试验 S 的随机变量, 有概率分布

X	1	100
p	0.01	0.99

作为 X 的可能值的平均数, $(1 + 100)/2 = 50.5$ 并不能代表 X 的平均取值. 对 S 进行 N 次独立重复试验, 由于频率是概率的估计, 所以当 N 充分大, 观测到 1 的比例大约是 0.01, 观测到 100 的比例大约是 0.99. 于是对 X 的平均观测值大约是

$$1 \times 0.01 + 100 \times 0.99 = 99.01.$$

说明用

$$\mathrm{E}(X) = 1 \times 0.01 + 100 \times 0.99 = 99.01$$

表示 X 的平均值才是合理的.

下面引入离散型随机变量的数学期望的定义.

定义 4.1.1　设 X 有概率分布

$$p_j = P(X = x_j), \quad j = 0, 1, \cdots,$$

如果级数 $\displaystyle\sum_{j=0}^{\infty} |x_j|p_j$ 收敛, 则称

$$\mathrm{E}(X) = \sum_{j=0}^{\infty} x_j p_j \tag{4.1.3}$$

为 X 的**数学期望**或**均值**.

在定义 4.1.1 中要求 $\sum\limits_{j=0}^{\infty}|x_j|p_j$ 收敛的原因是要使 (4.1.3) 中的级数有确切的意义. 这是因为当 $\sum\limits_{j=0}^{\infty}|x_j|p_j=\infty$, 但是 $\sum\limits_{j=0}^{\infty}x_jp_j$ 条件收敛时, 通过改变被求和项 x_jp_j 的求和次序, 可以得到不同的求和结果, 因而也就无法唯一定义出 $\mathrm{E}(X)$. 当所有的 x_j 非负时, 如果 (4.1.3) 中的级数是无穷, 由 (4.1.3) 定义的 $\mathrm{E}(X)$ 也有明确的意义, 它表明 X 的平均取值是无穷. 这时也称 X 的数学期望是无穷.

不难看出, 只取有限个值的随机变量的数学期望总是存在的.

在定义 4.1.1 中, 将 p_j 视为横坐标 x_j 处的质量, 由

$$\sum_{j=1}^{\infty}(x_j-\mu)p_j=\sum_{j=1}^{\infty}x_jp_j-\mu=0,$$

知道 $\{p_j\}$ 的质心是 μ. 所以数学期望 $\mathrm{E}(X)$ 是 X 的分布的质心.

对于有概率密度 $f(x)$ 的连续型随机变量 X, 我们也用 $f(x)$ 和横轴所夹面积的质心定义 X 的数学期望. 设 μ 是所述的质心, 如果

$$\int_{-\infty}^{\infty}|x|f(x)\mathrm{d}x<\infty, \tag{4.1.4}$$

则有

$$\int_{-\infty}^{\infty}(x-\mu)f(x)\mathrm{d}x=\int_{-\infty}^{\infty}xf(x)\mathrm{d}x-\mu=0.$$

于是 $\mu=\int_{-\infty}^{\infty}xf(x)\mathrm{d}x$ 是所述的质心.

定义 4.1.2 设随机变量 X 有概率密度 $f(x)$, 如果 (4.1.4) 式成立, 则称

$$\mathrm{E}(X)=\int_{-\infty}^{\infty}xf(x)\mathrm{d}x \tag{4.1.5}$$

为 X 的**数学期望**或**均值**.

和离散时的情况一样, 在定义 4.1.2 中要求 (4.1.4) 式成立的原因是

要使 (4.1.5) 式中的积分有确切的意义. 这是因为当 $\displaystyle\int_{-\infty}^{\infty}|x|f(x)\,\mathrm{d}x = \infty$, 但 $\displaystyle\int_{-\infty}^{\infty}xf(x)\,\mathrm{d}x$ 条件存在时, 通过改变 $a, b \to \infty$ 的不同速度, 可以得到不同的积分值 $\displaystyle\lim_{a,b\to\infty}\int_{-a}^{b}xf(x)\,\mathrm{d}x$, 因而也就无法唯一定义出数学期望 E($X$). 但是当 X 非负时, 如果 (4.1.4) 中的积分是无穷, 由 (4.1.5) 定义的 E(X) 也有明确的意义, 它表明 X 的平均取值是无穷. 这时也称 X 的数学期望是无穷.

由于随机变量的数学期望由随机变量的概率分布唯一决定, 所以也可以对概率分布定义数学期望. 概率分布的数学期望就是以它为概率分布的随机变量的数学期望. 有相同分布的随机变量必有相同的数学期望.

例 4.1.2 某地发行的体育彩票中, 有顺序的 7 个数字组成一个号码, 称为一注. 7 个数字中的每个数字都是有放回地随机选自 $0, 1, 2, \cdots,$ 9. 如果彩票一元一张, 且全体不同的彩票中只有一个大奖, 中大奖可获得奖金 300 万元, 上税 20%, 甲购买一注时期望盈利多少?

解 用 X 表示甲购买一注时的收益, 则

$$P(X = 240万 - 1) = 10^{-7}, \quad P(X = -1) = 1 - 10^{-7}.$$

X 的数学期望是

$$\mathrm{E}(X) = -1 \times (1 - 10^{-7}) + (24 \times 10^5 - 1) \times 10^{-7} = -0.76.$$

于是每购买一注, 甲期望获得 -0.76 元. 也就是说, 每买一注, 平均损失 0.76 元.

例 4.1.3 在某境外赌场, 有很多人在赌 21 点时顺便押对子. 其规则如下: 庄家从 6 副 (每副 52 张 (已去掉两张王牌)) 扑克中随机发给玩家两张, 如果玩家下注 a 元, 当得到的两张牌是一对时, 庄家赔玩家十倍, 否则输掉玩家的赌注. 如果玩家下注 100 元, 玩家和庄家在每局中各期望赢多少元?

解 用 X, Y 分别表示玩家和庄家在一局中的获利, $a = 100$, 则

$$P(X = 10a) = \frac{13\mathrm{C}_{4\times 6}^2}{\mathrm{C}_{52\times 6}^2} = 0.074, \quad P(X = -a) = 1 - 0.074.$$

于是

$$\mathrm{E}(X) = 10a \times 0.074 - a \times (1 - 0.074) = -0.186a = -18.6,$$

即玩家期望赢 -18.6 元. 庄家期望赢 18.6 元, 这是因为

$$\mathrm{E}(Y) = -10a \times 0.074 + a \times (1 - 0.074) = -\mathrm{E}(X).$$

当只使用一副扑克, 可以计算出玩家每局期望赢 -35.29 元.

下面计算几个常见概率分布的数学期望.

(1) 伯努利分布 设 $X \sim Bino(1, p)$, 则 $\mathrm{E}X = p$.

由 $P(X = 1) = p, P(X = 0) = 1 - p$ 得到

$$\mathrm{E}(X) = 1 \times p + 0 \times (1 - p) = p.$$

(2) 二项分布 设 $X \sim Bino(n, p)$, 则 $\mathrm{E}X = np$.

设 $q = 1 - p$, 由 $p_j = P(X = j) = \mathrm{C}_n^j p^j q^{n-j}$ 得到

$$
\begin{aligned}
\mathrm{E}(X) &= \sum_{j=0}^n j\mathrm{C}_n^j p^j q^{n-j} \\
&= np \sum_{j=1}^n \mathrm{C}_{n-1}^{j-1} p^{j-1} q^{n-j} \quad [\text{用 } j\mathrm{C}_n^j = n\mathrm{C}_{n-1}^{j-1}] \\
&= np \sum_{k=0}^{n-1} \mathrm{C}_{n-1}^k p^k q^{n-1-k} \quad [\text{用 } k = j - 1] \\
&= np(p + q)^{n-1} \\
&= np.
\end{aligned}
$$

结论说明在 n 次独立重复试验中, p 越大, 平均成功的次数越多.

(3) 泊松分布 设 $X \sim Poiss(\lambda)$, 则 $\mathrm{E}X = \lambda$.

由 X 的概率分布

$$P(X = k) = \frac{\lambda^k}{k!} e^{-\lambda}, \quad k = 0, 1, \cdots,$$

得到

$$E(X) = \sum_{k=0}^{\infty} k \frac{\lambda^k}{k!} e^{-\lambda} = \lambda \sum_{k=1}^{\infty} \frac{\lambda^{k-1}}{(k-1)!} e^{-\lambda} = \lambda.$$

说明参数 λ 是泊松分布 $Poiss(\lambda)$ 的数学期望. 回忆在例 2.2.3 中, 7.5 秒内放射性物质钋平均放射出 3.87 个 α 粒子, 7.5 秒内放射出的粒子数 $X \sim Poiss(3.87)$.

(4) 几何分布 设 X 服从参数为 p 的几何分布, 则 $EX = 1/p$.

由 $P(X = j) = pq^{j-1}$, $j = 1, 2, \cdots$, 得到

$$E(X) = \sum_{j=1}^{\infty} jpq^{j-1} = p \frac{\mathrm{d}}{\mathrm{d}q} \Big(\sum_{j=0}^{\infty} q^j \Big)$$
$$= p \frac{\mathrm{d}}{\mathrm{d}q} \Big(\frac{1}{1-q} \Big) = \frac{1}{p}.$$

结论说明单次试验中的成功概率 p 越小, 首次成功所需要的平均试验次数就越多.

(5) 均匀分布 设 $X \sim Unif(a, b)$, 则 $EX = (a+b)/2$.

由 X 的概率密度

$$f(x) = \frac{1}{b-a}, \quad x \in (a, b)$$

得到

$$E(X) = \int_{-\infty}^{\infty} xf(x)\,\mathrm{d}x = \int_a^b \frac{x}{b-a}\,\mathrm{d}x = \frac{a+b}{2}.$$

(6) 指数分布 设 $X \sim Exp(\lambda)$, 则 $EX = 1/\lambda$.

由 X 的概率密度

$$f(x) = \lambda e^{-\lambda x}, \quad x > 0$$

得到

$$\mathrm{E}(X) = \int_{-\infty}^{\infty} x f(x) \, \mathrm{d}x = \int_{0}^{\infty} x \lambda \mathrm{e}^{-\lambda x} \, \mathrm{d}x = \frac{1}{\lambda}.$$

在例 3.7.5 中, $X_1 \sim Exp(\lambda)$, $1/\lambda = 1500$(小时), 所以单只节能灯的平均使用寿命是 1500 小时. 家里用 4 只节能灯时, $X = \min\{X_1, X_2, X_3, X_4\} \sim Exp(4\lambda)$, 于是平均使用 $1500/4 = 375$ 小时要换一只节能灯; 家里用 24 只节能灯时, $Y = \min\{X_1, X_2, \cdots, X_{24}\} \sim Exp(24\lambda)$, 平均使用 $1500/24 = 62.5$ 小时要换一只节能灯.

(7) 正态分布 设 $X \sim N(\mu, \sigma^2)$, 则 $\mathrm{E}X = \mu$.

由 X 的概率密度

$$f(x) = \frac{1}{\sqrt{2\pi}\sigma} \exp\left[-\frac{(x-\mu)^2}{2\sigma^2} \right]$$

得到

$$
\begin{aligned}
\mathrm{E}(X) &= \int_{-\infty}^{\infty} x f(x) \, \mathrm{d}x \\
&= \int_{-\infty}^{\infty} \mu f(x) \, \mathrm{d}x + \int_{-\infty}^{\infty} (x-\mu) f(x) \, \mathrm{d}x \\
&= \mu + \frac{1}{\sqrt{2\pi}\sigma} \int_{-\infty}^{\infty} (x-\mu) \exp\left[-\frac{(x-\mu)^2}{2\sigma^2} \right] \mathrm{d}x \\
&= \mu + \frac{1}{\sqrt{2\pi}\sigma} \int_{-\infty}^{\infty} t \exp\left(-\frac{t^2}{2\sigma^2} \right) \mathrm{d}t \quad [\text{用 } x-\mu = t] \\
&= \mu.
\end{aligned}
$$

(8) Γ 分布 设 $X \sim \Gamma(\alpha, \beta)$, 则 $\mathrm{E}X = \alpha/\beta$.

由 X 的概率密度

$$f(x) = \frac{\beta^\alpha x^{\alpha-1}}{\Gamma(\alpha)} \mathrm{e}^{-\beta x}, \quad x > 0$$

得到

$$
\begin{aligned}
\mathrm{E}(X) &= \int_{-\infty}^{\infty} x f(x) \, \mathrm{d}x \\
&= \int_{0}^{\infty} \frac{\beta^\alpha}{\Gamma(\alpha)} x^\alpha \mathrm{e}^{-\beta x} \, \mathrm{d}x \quad [\text{用 } x = t/\beta]
\end{aligned}
$$

$$= \frac{1}{\Gamma(\alpha)\beta} \int_0^\infty t^\alpha \, \mathrm{e}^{-t} \, \mathrm{d}t$$

$$= \frac{\Gamma(\alpha+1)}{\Gamma(\alpha)\beta} = \frac{\alpha}{\beta}. \qquad [用 \Gamma(\alpha+1) = \alpha\Gamma(\alpha)]$$

若 X 表示寿命, 则平均寿命和 α 成正比, 和 β 成反比. 这和 $f(x)$ 的形状是一致的 (参考图 2.3.3). 当 $\alpha = 1$, 又得到指数分布 $Exp(\beta)$ 的数学期望 $1/\beta$.

定理 4.1.1 设 A 是事件, X 是随机变量, 则

(1) 如果 $\mathrm{I}[A]$ 是 A 的示性函数, 则 $\mathrm{E}(\mathrm{I}[A]) = P(A)$;

(2) 如果 $P(X \geqslant 0) = 1$, 则 $\mathrm{E}(X) = \displaystyle\int_0^\infty P(X > x) \, \mathrm{d}x$;

(3) 如果 X 只取非负整数值, 则

$$\mathrm{E}(X) = \sum_{k=1}^\infty P(X \geqslant k) = \sum_{k=0}^\infty P(X > k); \tag{4.1.6}$$

(4) 如果 $\mathrm{E}(X)$ 存在, 概率密度 $f(x)$ 关于 $x = \mu$ 对称: $f(\mu + x) = f(\mu - x)$, 则 $\mathrm{E}(X) = \mu$.

证明 (1) 因为 $\mathrm{I}[A]$ 服从伯努利分布, 所以

$$\mathrm{E}(\mathrm{I}[A]) = P(\mathrm{I}[A] = 1) = P(A).$$

(2) 只对 X 有概率密度 $f(x)$ 的情况证明. 因为 $X \geqslant 0$ 以概率 1 成立, 所以

$$\mathrm{E}(X) = \int_0^\infty \left(\int_0^x 1 \, \mathrm{d}y \right) f(x) \, \mathrm{d}x$$

$$= \int_0^\infty \left(\int_y^\infty f(x) \, \mathrm{d}x \right) \mathrm{d}y$$

$$= \int_0^\infty P(X > y) \, \mathrm{d}y.$$

(3) 留作练习 4.1.1.

(4) 这时 $g(t) = tf(t + \mu)$ 是奇函数: $g(-t) = -g(t)$. 于是

$$
\begin{aligned}
\mathrm{E}(X) &= \int_{-\infty}^{\infty} xf(x)\,\mathrm{d}x \\
&= \int_{-\infty}^{\infty} \mu f(x)\,\mathrm{d}x + \int_{-\infty}^{\infty} (x-\mu)f(x-\mu+\mu)\,\mathrm{d}x \\
&= \mu + \int_{-\infty}^{\infty} tf(t+\mu)\,\mathrm{d}t \\
&= \mu.
\end{aligned}
$$

由定理 4.1.1 的结论 (4) 知道, 正态分布 $N(\mu, \sigma^2)$ 的数学期望是 μ, 均匀分布 $Unif(a, b)$ 的数学期望是 $(a+b)/2$.

例 4.1.4 设一款手机 App 平均运行 400 小时暴露一个使用缺陷 (bug). 如果对第一个缺陷暴露的等待时间服从指数分布, 计算 1 万个正在使用该款 App 的手机中, 首个缺陷暴露时间的数学期望.

解 用 X_i 表示第 i 个手机的缺陷暴露时间, 则 $X_1, X_2, \cdots, X_n$ 相互独立, 都服从数学期望为 400 小时的指数分布 $Exp(\lambda)$, 其中 $\lambda = 1/400$, $n = 10^4$. $X_{(1)} = \min\{X_1, X_2, \cdots, X_n\}$ 是首个缺陷的暴露时间. 用定理 4.1.1 的结论 (2) 得到

$$
\begin{aligned}
\mathrm{E}(X_{(1)}) &= \int_0^{\infty} P(X_{(1)} > x)\,\mathrm{d}x \\
&= \int_0^{\infty} P^n(X_1 > x)\,\mathrm{d}x \\
&= \int_0^{\infty} \mathrm{e}^{-n\lambda x}\,\mathrm{d}x \\
&= 1/(n\lambda) = 0.04.
\end{aligned}
$$

于是, 首个缺陷暴露时间的数学期望是 0.04 小时.

定义 4.1.3 (混合分布) 设 $f_0(s)$ 是非负函数, 如果随机变量 X 的分布函数 $F(x)$ 可以分解成

$$
F(x) = F_1(x) + F_2(x), \quad x \in (-\infty, \infty), \tag{4.1.7}
$$

其中 $F_1(x) = \int_{-\infty}^{x} f_0(s)\,\mathrm{d}s$, $F_2(x)$ 是仅在每个 $x_j (j \geqslant 1)$ 处有跳跃

$P(X = x_j) = F(x_j) - F(x_j-)$ 的阶梯函数, 则称 X 服从**混合分布**.

定义 4.1.4 如果 X 有混合分布 (4.1.7), 且

$$\int_{-\infty}^{\infty} |x| f_0(x) \, \mathrm{d}x + \sum_{j \geqslant 1} |x_j| P(X = x_j) < \infty,$$

则称 X 的数学期望存在, 并且定义 X 的**数学期望**为

$$\mathrm{E}(X) = \int_{-\infty}^{\infty} x f_0(x) \, \mathrm{d}x + \sum_{j \geqslant 1} x_j P(X = x_j). \tag{4.1.8}$$

对于任何右连续的单调不减阶梯函数 $G(x)$, 用 $G(x-)$ 表示 G 在 x 的左极限, 则 $G(x) - G(x-)$ 是 G 在 x 的跳跃高度. 设 G 仅在每个 x_j $(j \geqslant 1)$ 处有跳跃. 对任何函数 $g(x)$, 当 $a < b$,

$$\sum_{j : x_j \in (a, b]} |g(x_j)| [G(x_j) - G(x_j-)] < \infty,$$

定义积分

$$\int_a^b g(x) \, \mathrm{d}G(x) = \sum_{j : x_j \in (a, b]} g(x_j) [G(x_j) - G(x_j-)].$$

按照上述的积分定义, 如果 X 的数学期望存在, 就可以把 X 的数学期望表示成

$$\mathrm{E}(X) = \int_{-\infty}^{\infty} x \, \mathrm{d}F_1(x) + \int_{-\infty}^{\infty} x \, \mathrm{d}F_2(x) \xlongequal{\text{记}} \int_{-\infty}^{\infty} x \, \mathrm{d}F(x). \tag{4.1.9}$$

例 4.1.5 随机变量 X 有分布函数 $F(x) = aF_1(x) + bF_2(x)$, 其中 a, b 是非负常数, $a + b = 1$, $F_1(x)$ 和 $F_2(x)$ 分别是指数分布 $Exp(\lambda)$ 和泊松分布 $Poiss(\beta)$ 的分布函数, 计算 X 的数学期望.

解 因为 $\mathrm{d}F_1(x) = \lambda \mathrm{e}^{-\lambda x} \mathrm{I}[x > 0] \, \mathrm{d}x$, $F_2(x)$ 在非负正数 j 处有跳跃 $F_2(j) - F_2(j-) = \dfrac{\beta^j}{j!} \mathrm{e}^{-\beta}$, 所以由 (4.1.8) 得到

$$\mathrm{E}(X) = a\int_{-\infty}^{\infty} x\,\mathrm{d}F_1(x) + b\int_{-\infty}^{\infty} x\,\mathrm{d}F_2(x)$$
$$= a\int_0^{\infty} x\lambda\mathrm{e}^{-\lambda x}\,\mathrm{d}x + b\sum_{j=0}^{\infty} j\frac{\beta^j}{j!}\mathrm{e}^{-\beta}$$
$$= a/\lambda + b\beta.$$

练 习 4.1

4.1.1 证明定理 4.1.1 的结论 (3).

4.1.2 设 $\mathrm{E}(X)$ 存在, $p_j = P(X = a_j)$, $j \geqslant 0$. 如果 a_j 单调增加趋于 ∞, 证明: $\lim_{j\to\infty} a_j P(X \geqslant a_j) = 0$.

§4.2 数学期望的性质

4.2.1 随机向量函数的数学期望

为了方便计算随机向量函数的数学期望, 我们介绍下面的定理.

定理 4.2.1 对随机向量 $\boldsymbol{X} = (X_1, X_2, \cdots, X_n)$ 有以下结论.

(1) 记 $\boldsymbol{x} = (x_1, x_2, \cdots, x_n) \in \mathbf{R}^n$, $\mathrm{d}\boldsymbol{x} = \mathrm{d}x_1\,\mathrm{d}x_2\cdots\mathrm{d}x_n$. 如果 $\boldsymbol{X}$ 有联合密度 $f(\boldsymbol{x})$, 则对实函数 $g(\boldsymbol{x})$ 有

$$\mathrm{E}|g(\boldsymbol{X})| = \int_{\mathbf{R}^n} |g(\boldsymbol{x})|f(\boldsymbol{x})\,\mathrm{d}\boldsymbol{x}.$$

当 $\mathrm{E}|g(\boldsymbol{X})| < \infty$, $g(\boldsymbol{X})$ 有数学期望

$$\mathrm{E}[g(\boldsymbol{X})] = \int_{\mathbf{R}^n} g(\boldsymbol{x})f(\boldsymbol{x})\,\mathrm{d}\boldsymbol{x}. \tag{4.2.1}$$

(2) 记 $\boldsymbol{x}(j_1, j_2, \cdots, j_n) = \big(x_1(j_1), x_2(j_2), \cdots, x_n(j_n)\big)$. 如果离散型随机向量 $\boldsymbol{X}$ 有概率分布

$$p_{j_1, j_2, \cdots, j_n} = P\big(\boldsymbol{X} = \boldsymbol{x}(j_1, j_2, \cdots, j_n)\big), \quad j_1, j_2, \cdots, j_n \geqslant 1,$$

则对实函数 $g(\boldsymbol{x})$ 有

$$\mathrm{E}|g(\boldsymbol{X})| = \sum_{j_1, j_2, \cdots, j_n} \left| g\big(\boldsymbol{x}(j_1, j_2, \cdots, j_n)\big) \right| p_{j_1, j_2, \cdots, j_n}.$$

当 $\mathrm{E}|g(\boldsymbol{X})| < \infty$, $g(\boldsymbol{X})$ 有数学期望

$$\mathrm{E}[g(\boldsymbol{X})] = \sum_{j_1, j_2, \cdots, j_n} g\big(\boldsymbol{x}(j_1, j_2, \cdots, j_n)\big) p_{j_1, j_2, \cdots, j_n}. \qquad (4.2.2)$$

使用上述定理计算随机向量函数的数学期望时能带来很大的方便, 最主要的是不再需要推导随机变量 Y 的概率分布. 看几个应用的例子.

例 4.2.1 设 $X \sim N(0, 1)$, 常数 $\alpha > -1$, 证明:

$$\mathrm{E}(|X|^\alpha) = \frac{2^{\alpha/2}}{\sqrt{\pi}} \Gamma\Big(\frac{1+\alpha}{2}\Big), \quad \mathrm{E}(X^2) = 1, \quad \mathrm{E}(|X|) = \sqrt{2/\pi}.$$

证明 X 有概率密度

$$\varphi(x) = \frac{1}{\sqrt{2\pi}} \exp(-x^2/2),$$

对 $\alpha > -1$, 由公式 (4.2.1) 得到

$$\begin{aligned}
\mathrm{E}(|X|^\alpha) &= \frac{1}{\sqrt{2\pi}} \int_{-\infty}^{\infty} |x|^\alpha \exp(-x^2/2)\, \mathrm{d}x \\
&= \frac{2}{\sqrt{2\pi}} (\sqrt{2})^\alpha \int_0^\infty t^{\alpha/2} \mathrm{e}^{-t} \frac{1}{\sqrt{2t}}\, \mathrm{d}t \qquad [\text{取 } x = \sqrt{2t}] \\
&= \frac{1}{\sqrt{\pi}} (\sqrt{2})^\alpha \int_0^\infty t^{\alpha/2 - 1/2} \mathrm{e}^{-t}\, \mathrm{d}t \\
&= \frac{2^{\alpha/2}}{\sqrt{\pi}} \Gamma\Big(\frac{1+\alpha}{2}\Big).
\end{aligned}$$

当 $\alpha = 2$, 用 $\Gamma(1/2) = \sqrt{\pi}$ 得到

$$\mathrm{E}(X^2) = \frac{2}{\sqrt{\pi}} \Gamma\Big(1 + \frac{1}{2}\Big) = \frac{2}{\sqrt{\pi}} \cdot \frac{1}{2} \Gamma\Big(\frac{1}{2}\Big) = 1.$$

当 $\alpha = 1$, 用 $\Gamma(1) = 1$ 得到 $\mathrm{E}(|X|) = \sqrt{2/\pi}$.

例 4.2.2 设 X 在 $(0, \pi/2)$ 上均匀分布, 计算 $\mathrm{E}(\cos X)$.

解 X 有概率密度 $f(x) = 2/\pi$, $x \in (0, \pi/2)$. 用 (4.2.1) 得到

$$\mathrm{E}(\cos X) = \int_{-\infty}^{\infty} f(x) \cos x \, \mathrm{d}x = \frac{2}{\pi} \int_{0}^{\pi/2} \cos x \, \mathrm{d}x = \frac{2}{\pi}.$$

例 4.2.3 设 X, Y 独立都服从正态分布 $N(0,1)$, 常数 $\alpha > -1$, 证明:

$$\mathrm{E}(X^2 + Y^2)^{\alpha} = 2^{\alpha} \Gamma(\alpha + 1).$$

证明 (X, Y) 有联合密度

$$f(x, y) = \frac{1}{2\pi} \exp\left(-\frac{x^2 + y^2}{2}\right).$$

对 $\alpha > -1$, 用公式 (4.2.1) 得到

$$
\begin{aligned}
\mathrm{E}(Z) &= \int_{\mathbf{R}^2} (x^2 + y^2)^{\alpha} f(x, y) \, \mathrm{d}x \, \mathrm{d}y \\
&= \frac{1}{2\pi} \int_{\mathbf{R}^2} (x^2 + y^2)^{\alpha} \exp\left(-\frac{x^2 + y^2}{2}\right) \mathrm{d}x \, \mathrm{d}y \\
&= \frac{1}{2\pi} \int_{0}^{2\pi} \mathrm{d}\theta \int_{0}^{\infty} r^{2\alpha+1} \exp\left(-\frac{r^2}{2}\right) \mathrm{d}r \quad \left[\text{取} \begin{cases} x = r\cos\theta \\ y = r\sin\theta \end{cases}\right] \\
&= 2^{(2\alpha+1)/2} \int_{0}^{\infty} t^{(2\alpha+1)/2} \, \mathrm{e}^{-t} \frac{1}{\sqrt{2t}} \, \mathrm{d}t \quad \left[\text{取 } r = \sqrt{2t}\right] \\
&= 2^{\alpha} \int_{0}^{\infty} t^{\alpha} \, \mathrm{e}^{-t} \, \mathrm{d}t \\
&= 2^{\alpha} \Gamma(\alpha + 1).
\end{aligned}
$$

例 4.2.4 设 (X, Y) 在单位圆 $D = \{(x, y) | x^2 + y^2 \leqslant 1\}$ 内均匀分布, 计算 $\mathrm{E}(X)$, $\mathrm{E}(Y)$.

解 用 $\mathrm{I}[D]$ 表示 D 的示性函数. 因为 (X, Y) 有联合密度

$$f(x, y) = \frac{1}{\pi} \mathrm{I}[D],$$

所以用公式 (4.2.1) 得到

$$\mathrm{E}(X) = \int_{\mathbf{R}^2} x f(x, y) \, \mathrm{d}x \, \mathrm{d}y = \frac{1}{\pi} \int_{-1}^{1} \mathrm{d}y \int_{-\sqrt{1-y^2}}^{\sqrt{1-y^2}} x \, \mathrm{d}x = 0.$$

对称地得到 $E(Y) = 0$.

4.2.2 数学期望的性质

求数学期望的符号 E 在概率论和统计学中是最常用的符号. 为了简化, 在不引起混淆的情况下, 以后将 E 后面的括号 ( ) 省略. 例如将 $E(X)$ 写成 EX, 将 $E(X^2)$ 写成 EX^2 等.

从定理 4.2.1 知道 X 的数学期望存在的充要条件是 $E|X| < \infty$.

定理 4.2.2 设 $E|X_j| < \infty$ ($1 \leqslant j \leqslant n$), $c_0, c_1, \cdots, c_n$ 是常数, 则有以下结果:

(1) 线性组合 $Y = c_0 + c_1 X_1 + c_2 X_2 + \cdots + c_n X_n$ 的数学期望存在, 并且

$$EY = c_0 + c_1 EX_1 + c_2 EX_2 + \cdots + c_n EX_n;$$

(2) 如果 $\{X_j\}$ 相互独立, 则 $Z = X_1 X_2 \cdots X_n$ 的数学期望存在, 并且

$$E(X_1 X_2 \cdots X_n) = (EX_1)(EX_2) \cdots (EX_n);$$

(3) 如果 $X_1 \leqslant X_2$ 以概率 1 成立, 则 $EX_1 \leqslant EX_2$;

(4) $|EX_j| \leqslant E|X_j|$.

证明 设 $\boldsymbol{x} = (x_1, x_2, \cdots, x_n)$, $\mathrm{d}\boldsymbol{x} = \mathrm{d}x_1 \mathrm{d}x_2 \cdots \mathrm{d}x_n$. 只对 $\boldsymbol{X} = (X_1, X_2, \cdots, X_n)$ 有联合密度 $f(\boldsymbol{x})$ 的情况给出证明.

(1) 利用公式 (4.2.1) 得到

$$
\begin{aligned}
E|Y| &= \int_{\mathbf{R}^n} \left| c_0 + \sum_{j=1}^{n} c_j x_j \right| f(\boldsymbol{x}) \, \mathrm{d}\boldsymbol{x} \\
&\leqslant |c_0| + \sum_{j=1}^{n} |c_j| \int_{\mathbf{R}^n} |x_j| f(\boldsymbol{x}) \, \mathrm{d}\boldsymbol{x} \\
&= c_0 + \sum_{j=1}^{n} |c_j| E|X_j| < \infty.
\end{aligned}
$$

再利用公式 (4.2.1) 得到

$$
\begin{aligned}
EY &= \int_{\mathbf{R}^n} \Big(c_0 + \sum_{j=1}^{n} c_j x_j\Big) f(\boldsymbol{x})\,\mathrm{d}\boldsymbol{x} \\
&= c_0 + \sum_{j=1}^{n} c_j \int_{\mathbf{R}^n} x_j f(\boldsymbol{x})\,\mathrm{d}\boldsymbol{x} \\
&= c_0 + \sum_{j=1}^{n} c_j \mathrm{E} X_j.
\end{aligned}
$$

(2) 这时 $f(\boldsymbol{x}) = f_1(x_1)f_2(x_2)\cdots f_n(x_n)$, 其中 $f_j(x_j)$ 是 X_j 的概率密度. 利用公式 (4.2.1) 和富比尼定理得到

$$
\begin{aligned}
\mathrm{E}|Y| &= \int_{\mathbf{R}^n} |x_1 x_2 \cdots x_n| f(\boldsymbol{x})\,\mathrm{d}x_1\,\mathrm{d}x_2 \cdots \mathrm{d}x_n \\
&= \int_{-\infty}^{\infty} |x_1| f_1(x_1)\,\mathrm{d}x_1 \int_{-\infty}^{\infty} |x_2| f_2(x_2)\,\mathrm{d}x_2 \cdots \int_{-\infty}^{\infty} |x_n| f_n(x_n)\,\mathrm{d}x_n \\
&= (\mathrm{E}|X_1|)(\mathrm{E}|X_2|)\cdots(\mathrm{E}|X_n|) < \infty.
\end{aligned}
$$

再利用公式 (4.2.1) 和富比尼定理得到

$$
\begin{aligned}
EY &= \int_{\mathbf{R}^n} x_1 x_2 \cdots x_n f(\boldsymbol{x})\,\mathrm{d}x_1\,\mathrm{d}x_2 \cdots \mathrm{d}x_n \\
&= \int_{-\infty}^{\infty} x_1 f_1(x_1)\,\mathrm{d}x_1 \int_{-\infty}^{\infty} x_2 f_2(x_2)\,\mathrm{d}x_2 \cdots \int_{-\infty}^{\infty} x_n f_n(x_n)\,\mathrm{d}x_n \\
&= (\mathrm{E}X_1)(\mathrm{E}X_2)\cdots(\mathrm{E}X_n).
\end{aligned}
$$

(3) 因为 $Y = X_2 - X_1$ 是非负随机变量, 所以由定理 4.1.1 的结论 (2) 知道 $\mathrm{E}Y = \mathrm{E}X_2 - \mathrm{E}X_1 \geqslant 0$.

(4) 引入 X_j 的正部 $X_j^+ = (|X_j| + X_j)/2$ 和负部 $X_j^- = (|X_j| - X_j)/2$, 则 $X_j = X_j^+ - X_j^-$, $|X_j| = X_j^+ + X_j^-$. 因为 X_j^+ 和 X_j^- 都是非负随机变量, 所以得到

$$
|\mathrm{E}X_j| = |\mathrm{E}X_j^+ - \mathrm{E}X_j^-| \leqslant \mathrm{E}X_j^+ + \mathrm{E}X_j^- = \mathrm{E}|X_j|.
$$

结论 (1) 说明对随机变量求数学期望的运算是线性运算. 结论 (2) 说明独立随机变量积的数学期望等于数学期望的积. 结论 (3) 说明如

果 $X \leqslant Y$ 以概率 1 成立, 则对 X 的期望值应小于等于对 Y 的期望值.

X 的数学期望是 X 的 "平均" 取值, 也称为对 X 的**期望值**.

例 4.2.5 (二项分布 $Bino(n,p)$) 设单次试验成功的概率是 p, 问 n 次独立重复试验中, 期望有几次成功?

解 定义随机变量

$$X_i = \begin{cases} 1, & \text{第 } i \text{ 次试验成功}, \\ 0, & \text{第 } i \text{ 次试验不成功}, \end{cases}$$

则 $\mathrm{E}X_i = p$, $X = X_1 + X_2 + \cdots + X_n$ 是 n 次试验中的成功次数, 期望的成功数是

$$\mathrm{E}X = \mathrm{E}X_1 + \mathrm{E}X_2 + \cdots + \mathrm{E}X_n = np.$$

这里 $X \sim Bino(n,p)$.

例 4.2.6 (超几何分布 $H(n,M,N)$) N 件产品中有 M 件正品, 从中任取 n 件, 期望得到几件正品?

解 定义随机变量

$$X_i = \begin{cases} 1, & \text{第 } i \text{ 次取得正品}, \\ 0, & \text{第 } i \text{ 次取得次品}, \end{cases}$$

则无论是否有放回的抽取, 总有 $\mathrm{E}X_i = M/N$(参考例 1.9.1), $Y = X_1 + X_2 + \cdots + X_n$ 是抽到的正品数. 期望得到的正品数是

$$\mathrm{E}Y = \mathrm{E}X_1 + \mathrm{E}X_2 + \cdots + \mathrm{E}X_n = nM/N.$$

本例中, 有放回的抽取时, $Y \sim Bino(n, M/N)$; 无放回的抽取时, Y 服从超几何分布 $H(n,M,N)$.

例 4.2.7 将 n 个不同的信笺随机放入 n 个写好地址的信封, 平均有几封能正确搭配?

解 定义随机变量

$$X_i = \begin{cases} 1, & \text{第 } i \text{ 封信正确搭配}, \\ 0, & \text{第 } i \text{ 封信没有正确搭配}, \end{cases}$$

则 $\mathrm{E}X_i = P(X_i = 1) = 1/n$, $Y = X_1 + X_2 + \cdots + X_n$ 是正确搭配的个数. 于是平均正确搭配的个数是

$$\mathrm{E}Y = \mathrm{E}X_1 + \mathrm{E}X_2 + \cdots + \mathrm{E}X_n = n/n = 1.$$

本例说明无论有多少个信封, 平均只有一封信能正确搭配.

例 4.2.8 (收藏问题) 盒中有一套邮票, 共 N 张. 从中有放回地每次抽取一张, 要收集到 k 张不同的邮票, 期望抽取多少次?

解 用 S_k 表示收集到第 k 张新 (前面未抽到的) 邮票时的抽取次数, $S_0 = 0$, 则 $X_k = S_k - S_{k-1}$ 是等待第 k 张 (下一张) 新邮票的抽取次数. 收集到第 $k-1$ 张新邮票后, 对于收藏者来说, 盒中有 $N - k + 1$ 张新邮票, 所以 X_k 服从参数为 $p_k = (N - k + 1)/N$ 的几何分布:

$$P(X_k = j) = p_k(1 - p_k)^{j-1}, \quad j = 1, 2, \cdots.$$

从几何分布的数学期望公式得到 $\mathrm{E}X_k = 1/p_k = N/(N - k + 1)$. 于是由 $S_n = X_1 + X_2 + \cdots + X_n$ 得到

$$\mathrm{E}S_k = \sum_{j=1}^{k} \mathrm{E}X_j = \sum_{j=1}^{k} \frac{N}{N - j + 1}$$
$$= N \sum_{j=N-k+1}^{N} \frac{1}{j} = N\Big(\sum_{j=1}^{N} \frac{1}{j} - \sum_{j=1}^{N-k} \frac{1}{j} \Big). \tag{4.2.3}$$

利用

$$\sum_{j=1}^{N} \frac{1}{j} = \sum_{j=1}^{N} \int_{j}^{j+1} \frac{\mathrm{d}x}{j} \geqslant \int_{1}^{N+1} \frac{\mathrm{d}x}{x} = \ln(N + 1),$$
$$\sum_{j=1}^{N} \frac{1}{j} = 1 + \sum_{j=2}^{N} \int_{j}^{j+1} \frac{\mathrm{d}x}{j} \leqslant 1 + \int_{2}^{N+1} \frac{\mathrm{d}x}{x - 1} = 1 + \ln N$$

得到

$$\frac{1}{\ln(N + 1)} \sum_{j=1}^{N} \frac{1}{j} \to 1, \quad N \to \infty.$$

于是当 $k = N$ 较大时, 由 (4.2.3) 式得到 $\mathrm{E}S_N \approx N\ln(N+1)$. 对 $k = [N/2]$($N/2$ 的整数部分), 由 (4.2.3) 式得到

$$\mathrm{E}S_{[N/2]} \approx N\big[\ln(N+1) - \ln(N - [N/2] + 1)\big] \approx N\ln 2 = 0.693N.$$

结论说明, 当 N 较大时收集全套邮票的一半比较容易, 收全就比较困难了. 特别收齐 50 张一套的邮票需要平均抽取 $N\ln(N+1) = 50 \times 3.93 \approx 196.6$ 次, 而收齐一半只需要平均抽取 $50\ln 2 \approx 34.7$ 次.

例 4.2.9 (若尔当公式的证明) 设 $A_1, A_2, \cdots, A_n$ 是事件, 记

$$p_k = \sum_{1 \leqslant j_1 < j_2 < \cdots < j_k \leqslant n} P(A_{j_1} A_{j_2} \cdots A_{j_k}).$$

证明若尔当公式:

$$P\Big(\bigcup_{i=1}^{n} A_i\Big) = \sum_{k=1}^{n} (-1)^{k-1} p_k.$$

证明 用 $\mathrm{I}[A]$ 表示事件 A 的示性函数, 则对事件 A, B 有

$$\mathrm{I}[A] = 1 - \mathrm{I}[\overline{A}], \quad \mathrm{I}[A]\mathrm{I}[B] = \mathrm{I}[AB]. \tag{4.2.4}$$

用 (4.2.4) 式得到

$$\begin{aligned}
\mathrm{I}\Big[\bigcup_{j=1}^{n} A_j\Big] &= 1 - \mathrm{I}\Big[\overline{\bigcup_{j=1}^{n} A_j}\Big] = 1 - \mathrm{I}\Big[\bigcap_{j=1}^{n} \overline{A}_j\Big] \\
&= 1 - \mathrm{I}[\overline{A_1}]\mathrm{I}[\overline{A_2}] \cdots \mathrm{I}[\overline{A_n}] \\
&= 1 - (1 - \mathrm{I}[A_1])(1 - \mathrm{I}[A_2]) \cdots (1 - \mathrm{I}[A_n]) \\
&= (-1)^0 (\mathrm{I}[A_1] + \mathrm{I}[A_2] + \cdots + \mathrm{I}[A_n]) \\
&\quad + (-1)^1 (\mathrm{I}[A_1 A_2] + \mathrm{I}[A_1 A_3] + \cdots + \mathrm{I}[A_1 A_n] \\
&\qquad + \mathrm{I}[A_2 A_3] + \cdots + \mathrm{I}[A_{n-1} A_n]) \\
&\quad + (-1)^2 (\mathrm{I}[A_1 A_2 A_3] + \cdots + \mathrm{I}[A_{n-2} A_{n-1} A_n]) \\
&\quad + \cdots \\
&\quad + (-1)^{n-1} \mathrm{I}[A_1 A_2 \cdots A_n].
\end{aligned}$$

利用公式 $\mathrm{E}\,\mathrm{I}[A] = P(A)$, 对上式求数学期望就得到若尔当公式.

例 4.2.10 如果 $\mathrm{E}|X| = 0$, 证明: $P(X = 0) = 1$.

证明 用 $\mathrm{I}[n|X| > 1]$ 表示事件 $\{n|X| > 1\}$ 的示性函数, 则无论 $n|X|$ 取何值, 总有 $\mathrm{I}[n|X| > 1] \leqslant n|X|$. 用公式 $\mathrm{E}\,\mathrm{I}[A] = P(A)$ 得到

$$P(|X| > 1/n) = P(n|X| > 1)$$
$$= \mathrm{E}(\mathrm{I}[n|X| > 1])$$
$$\leqslant n\mathrm{E}|X| = 0.$$

由概率的连续性得到

$$P(|X| > 0) = P\Big(\bigcup_{n=1}^{\infty} \{|X| > 1/n\} \Big) = \lim_{n \to \infty} P(|X| > 1/n) = 0.$$

最后得到 $P(|X| = 0) = 1 - P(|X| > 0) = 1$.

本例说明 $\mathrm{E}|X| = 0$ 的充要条件是 $X = 0$ 以概率 1 成立.

定义 4.2.1 设 X 是随机变量, m 是正整数. 如果 $\mathrm{E}|X|^m < \infty$, 则称 $\mathrm{E}X^m$ 为 X 的 m 阶**原点矩**, 称 $\mathrm{E}(X - \mathrm{E}X)^m$ 为 X 的 m 阶**中心矩**. 当 $m > 2$ 时, 将原点矩和中心矩统称为**高阶矩**.

设 $\mu = \mathrm{E}X$ 存在, 容易证明 $\mathrm{E}|X|^m < \infty$ 的充要条件是 $\mathrm{E}|X - \mu|^m < \infty$(见练习 4.2.2).

对正整数 m, 利用定理 4.1.1 可以证明

$$\mathrm{E}|X|^m = m \int_0^{\infty} t^{m-1} P(|X| > t)\,\mathrm{d}t. \tag{4.2.5}$$

练 习 4.2

4.2.1 设 ξ 在 $(0, 2\pi)$ 上均匀分布, a 是常数, k, j 是整数, 计算:

(1) $\mathrm{E}\sin(ak + \xi)$;

(2) $\mathrm{E}\sin^2(ak + \xi)$;

(3) $\mathrm{E}[\sin(ak + \xi)\sin(aj + \xi)]$.

4.2.2 设 $m > 0$, $\mu = \mathrm{E}X$ 存在, 证明: $\mathrm{E}|X|^m < \infty$ 的充要条件是 $\mathrm{E}|X - \mu|^m < \infty$.

4.2.3 证明公式 (4.2.5).

§4.3 随机变量的方差

在许多实际问题中, 只知道随机变量的数学期望是不够的. 在例 4.1.1 中, 如果只知道全班 n 个学生的期中考试平均分为 76 分, 我们还不能判断试题出得是否合适. 可以设想, 当全班的成绩都集中在 71 至 80 分之间, 可能有 70 分的题目过于简单, 有 20 分的题目难度过大. 这时, 过于整齐的考试成绩预示出题不很合适. 方差就是用来描述考试成绩整齐程度的量.

4.3.1 方差的定义

例 4.3.1 在例 4.1.1 中, 全班同学的期中考试的平均分是

$$\mu = \frac{1}{n} \sum_{i=1}^{n} x_i.$$

可以用

$$\sigma^2 = \frac{1}{n} \sum_{i=1}^{n} (x_i - \mu)^2$$

描述全班期中考试成绩的整齐程度. 设 X 是从全班任选一个同学的期中成绩. 因为 X 的概率分布正是全班期中考试成绩的分布, 所以 X 的整齐程度应当和 σ^2 一致. 由于已经定义 $\mu = \mathrm{E}X$, 而且有

$$\sigma^2 = \frac{1}{n} \sum_{i=1}^{n} (x_i - \mu)^2 = \sum_{j=0}^{100} (j - \mu)^2 \frac{n_j}{n}$$

$$= \sum_{j=0}^{100} (j - \mu)^2 \cdot p_j = \mathrm{E}(X - \mathrm{E}X)^2,$$

所以应当用 $\mathrm{E}(X - \mathrm{E}X)^2$ 描述随机变量 X 的整齐程度. 注意数学期望 $\mu = \mathrm{E}X$ 是常数.

定义 4.3.1 如果随机变量 X 有数学期望 $\mu = \mathrm{E}X$, 则称

$$\mathrm{E}(X - \mu)^2 \tag{4.3.1}$$

为 X 的**方差**(variance), 记作 $\mathrm{Var}(X)$ 或 σ_x^2. 当 $\mathrm{Var}(X) < \infty$ 时, 称 X 的方差有限. 称 $\sigma_x = \sqrt{\mathrm{Var}(X)}$ 为 X 的**标准差**.

设 X 是对长度为 μ 的物体的测量值, 则 $X - \mu$ 是测量误差, $(X - \mu)^2$ 是测量误差的平方. 如果测量仪器无系统偏差 (即 $\mathrm{E}X = \mu$), 则 $\mathrm{E}(X - \mu)^2$ 是测量误差平方的平均, 正是方差.

当 X 有离散分布 $p_j = P(X = x_j), j = 1, 2, \cdots$, 利用公式 (4.2.2) 得到

$$\mathrm{Var}(X) = \sum_{j=1}^{\infty} (x_j - \mu)^2 p_j.$$

当 X 有概率密度 $f(x)$ 时, 利用公式 (4.2.1) 得到

$$\mathrm{Var}(X) = \int_{-\infty}^{\infty} (x - \mu)^2 f(x) \, \mathrm{d}x.$$

随机变量 X 的方差 $\mathrm{Var}(X)$ 由 X 的概率分布唯一决定. X 的方差描述了 X 的整齐程度, $\mathrm{Var}(X)$ 越小, 说明 X 在数学期望 μ 附近越集中. 特别当 $\mathrm{Var}(X) = 0$ 时, 由例 4.2.10 知道 $X = \mu$ 以概率 1 成立.

利用定理 4.2.2 的结论 (1) 得到

$$\mathrm{Var}(X) = \mathrm{E}(X^2 - 2X\mu + \mu^2) = \mathrm{E}X^2 - (\mathrm{E}X)^2. \tag{4.3.2}$$

公式 (4.3.2) 是计算方差的常用公式.

下面计算几个常见概率分布的方差.

(1) 伯努利分布 设 $X \sim Bino(1, p)$, 则 $\mathrm{Var}(X) = p(1 - p)$.

由 $P(X = 1) = p$, $P(X = 0) = 1 - p = q$, $\mathrm{E}X = p$ 和 $X^2 = X$ 得到

$$\mathrm{Var}(X) = \mathrm{E}X^2 - (\mathrm{E}X)^2 = p - p^2 = pq.$$

(2) 二项分布 设 $X \sim Bino(n, p)$, 则 $\mathrm{Var}(X) = np(1 - p)$.

设 $q = 1 - p$, 由 $EX = np$, $P(X = j) = C_n^j p^j q^{n-j}$ 和公式 (4.2.2) 得到

$$
\begin{aligned}
E(X^2) &= E[X(X-1)] + EX \\
&= \sum_{j=0}^{n} C_n^j j(j-1) p^j q^{n-j} + np \\
&= p^2 \frac{d^2}{dx^2} \sum_{j=0}^{n} C_n^j x^j q^{n-j} \bigg|_{x=p} + np \\
&= p^2 \frac{d^2}{dx^2} (x+q)^n \bigg|_{x=p} + np \\
&= n(n-1)p^2 + np.
\end{aligned}
$$

最后用公式 (4.3.2) 得到

$$
\mathrm{Var}(X) = n(n-1)p^2 + np - (np)^2 = npq.
$$

(3) 泊松分布 设 $X \sim Poiss(\lambda)$, 则 $\mathrm{Var}(X) = \lambda$.
由 $EX = \lambda$,

$$
P(X = k) = \frac{\lambda^k}{k!} \, e^{-\lambda}, \quad k = 0, 1, \cdots
$$

和公式 (4.2.2) 得到

$$
\begin{aligned}
E(X^2) &= E[X(X-1)] + EX \\
&= \sum_{k=0}^{\infty} k(k-1) \frac{\lambda^k}{k!} \, e^{-\lambda} + \lambda \\
&= \lambda^2 \sum_{k=2}^{\infty} \frac{\lambda^{k-2}}{(k-2)!} \, e^{-\lambda} + \lambda \\
&= \lambda^2 + \lambda.
\end{aligned}
$$

用公式 (4.3.2) 得到

$$
\mathrm{Var}(X) = \lambda^2 + \lambda - \lambda^2 = \lambda.
$$

(4) 几何分布　设 X 服从参数为 p 的几何分布, 则 $\mathrm{Var}(X) = (1-p)/p^2$.

设 $q = 1-p$, 由 $P(X = j) = pq^{j-1}$ 和 $\mathrm{E}X = 1/p$ 得到

$$
\begin{aligned}
\mathrm{E}(X^2) &= \mathrm{E}[X(X-1)] + \mathrm{E}X \\
&= \sum_{j=1}^{\infty} j(j-1)pq^{j-1} + \frac{1}{p} \\
&= pq\frac{\mathrm{d}^2}{\mathrm{d}q^2}\Big(\sum_{j=0}^{\infty} q^j\Big) + \frac{1}{p} \\
&= pq\frac{\mathrm{d}^2}{\mathrm{d}q^2}\Big(\frac{1}{1-q}\Big) + \frac{1}{p} \\
&= \frac{2pq}{(1-q)^3} + \frac{1}{p} = \frac{2q}{p^2} + \frac{1}{p}.
\end{aligned}
$$

最后用 (4.3.2) 式得到

$$
\mathrm{Var}(X) = \frac{2q}{p^2} + \frac{1}{p} - \frac{1}{p^2} = \frac{q}{p^2}.
$$

(5) 均匀分布　设 $X \sim Unif(a,b)$, 则 $\mathrm{Var}(X) = (b-a)^2/12$.

由 X 的概率密度

$$
f(x) = \frac{1}{b-a}\mathrm{I}[a,b]
$$

和数学期望 $\mathrm{E}X = (a+b)/2$, 得到

$$
\mathrm{E}(X^2) = \int_a^b \frac{x^2}{b-a}\,\mathrm{d}x = \frac{b^3 - a^3}{3(b-a)}.
$$

再用 $b^3 - a^3 = (b-a)(b^2 + ab + a^2)$ 得到

$$
\mathrm{Var}(X) = \frac{b^3 - a^3}{3(b-a)} - \Big(\frac{a+b}{2}\Big)^2 = \frac{(b-a)^2}{12}.
$$

(6) 指数分布　设 $X \sim Exp(\lambda)$, 则 $\mathrm{Var}(X) = 1/\lambda^2$.

利用 $\mathrm{E}X = 1/\lambda$ 和概率密度 $f(x) = \lambda\mathrm{e}^{-\lambda x}\mathrm{I}[x>0]$ 得到

$$\begin{aligned}
E(X^2) &= \int_0^\infty x^2 \lambda e^{-\lambda x}\, dx \\
&= \frac{1}{\lambda^2} \int_0^\infty t^2 e^{-t}\, dt \quad [\text{取 } x = t/\lambda] \\
&= \frac{1}{\lambda^2}\Gamma(3) = \frac{2}{\lambda^2},
\end{aligned}$$

于是得到

$$\mathrm{Var}(X) = \frac{2}{\lambda^2} - \frac{1}{\lambda^2} = \frac{1}{\lambda^2}.$$

(7) 正态分布 设 $X \sim N(\mu, \sigma^2)$, 则 $\mathrm{Var}(X) = \sigma^2$.

X 有数学期望 $EX = \mu$ 和概率密度

$$f(x) = \frac{1}{\sqrt{2\pi}\sigma} \exp\Big[-\frac{(x-\mu)^2}{2\sigma^2} \Big],$$

于是

$$\begin{aligned}
\mathrm{Var}(X) &= \int_{-\infty}^\infty (x-\mu)^2 f(x)\, dx \\
&= \frac{1}{\sqrt{2\pi}\sigma} \int_{-\infty}^\infty (x-\mu)^2 \exp\Big[-\frac{(x-\mu)^2}{2\sigma^2} \Big]\, dx \\
&= \frac{\sigma^2}{\sqrt{2\pi}} \int_{-\infty}^\infty t^2 \exp\big(-t^2/2 \big)\, dt \quad [\text{取 } x - \mu = \sigma t] \\
&= \sigma^2. \quad [\text{用例 } 4.2.1]
\end{aligned}$$

现在我们知道了正态分布 $N(\mu, \sigma^2)$ 中的 μ 和 σ^2 分别是该正态分布的数学期望和方差. 如果 $(X, Y) \sim N(\mu_1, \mu_2; \sigma_1^2, \sigma_2^2; \rho)$, 则从 $X \sim N(\mu_1, \sigma_1^2), Y \sim N(\mu_2, \sigma_2^2)$ 知道 $\mu_1 = EX$, $\mu_2 = EY$, $\sigma_1^2 = \mathrm{Var}(X)$, $\sigma_2^2 = \mathrm{Var}(Y)$.

(8) $\Gamma(\alpha, \beta)$ 分布 设 $X \sim \Gamma(\alpha, \beta)$, 则 $\mathrm{Var}(X) = \alpha/\beta^2$.

因为 X 有数学期望 $EX = \alpha/\beta$ 和概率密度

$$f(x) = \frac{\beta^\alpha x^{\alpha-1}}{\Gamma(\alpha)}\, e^{-\beta x}, \quad x > 0,$$

所以由

$$\begin{aligned}
\mathrm{E}(X^2) &= \int_0^\infty \frac{\beta^\alpha}{\Gamma(\alpha)} x^{\alpha+1} \, \mathrm{e}^{-\beta x} \, \mathrm{d}x \\
&= \frac{1}{\Gamma(\alpha)\beta^2} \int_0^\infty t^{\alpha+1} \, \mathrm{e}^{-t} \, \mathrm{d}t \quad [\text{取 } x = t/\beta] \\
&= \frac{\Gamma(\alpha+2)}{\Gamma(\alpha)\beta^2} = \frac{\alpha(\alpha+1)}{\beta^2} \quad [\text{用 } \Gamma(\alpha+1) = \alpha\Gamma(\alpha)]
\end{aligned}$$

得到

$$\mathrm{Var}(X) = \frac{\alpha(\alpha+1)}{\beta^2} - \left(\frac{\alpha}{\beta}\right)^2 = \frac{\alpha}{\beta^2}.$$

4.3.2 方差的性质

定理 4.3.1 设 $\mathrm{E}X = \mu$, $\mathrm{Var}(X) < \infty$. 对于 $j = 1, 2, \cdots, n$, 如果 $\mu_j = \mathrm{E}X_j$, $\mathrm{Var}(X_j) < \infty$, 则

(1) $\mathrm{Var}(a + bX) = b^2 \mathrm{Var}(X)$;

(2) $\mathrm{Var}(X) = \mathrm{E}(X - \mu)^2 < \mathrm{E}(X - c)^2$, 只要 $c \neq \mu$;

(3) $\mathrm{Var}(X) = 0$ 的充要条件是 $X = \mu$ 以概率 1 成立;

(4) $\mathrm{Var}\left(\sum_{j=1}^n X_j\right) = \sum_{i=1}^n \sum_{j=1}^n [\mathrm{E}(X_i X_j) - \mu_i \mu_j]$;

(5) 当 $X_1, X_2, \cdots, X_n$ 相互独立, $\mathrm{Var}\left(\sum_{j=1}^n X_j\right) = \sum_{j=1}^n \mathrm{Var}(X_j)$.

证明 (1) 由方差的定义得到

$$\mathrm{Var}(a + bX) = \mathrm{E}[b^2(X - \mu)^2] = b^2 \mathrm{Var}(X).$$

(2) 对 $c \neq \mu$, 利用 $\mathrm{E}(X - \mu) = 0$ 得到

$$\begin{aligned}
\mathrm{E}(X - c)^2 &= \mathrm{E}[(X - \mu + \mu - c)(X - \mu + \mu - c)] \\
&= \mathrm{E}(X - \mu)^2 + \mathrm{E}(\mu - c)^2 \\
&= \mathrm{Var}(X) + (\mu - c)^2,
\end{aligned}$$

于是 (2) 成立.

(3) 由例 4.2.10 的结论得到.

(4) 和 (5) 的证明留给读者.

在性质 (1) 中取 $b = 1$ 得到 $\mathrm{Var}(a + X) = \mathrm{Var}(X)$, 说明对随机变量进行常数的平移后, 随机变量的整齐程度不变; 取 $a = 0$ 得到 $\mathrm{Var}(bX) = b^2\mathrm{Var}(X)$, 说明将 X 扩大 b 倍后, 方差扩大 b^2 倍. 性质 (2) 说明随机变量 X 在均方误差的意义下距离 μ 最近. 性质 (3) 说明在概率为 1 的意义下, 除了常数外, 任何随机变量的方差都大于零.

以后无特殊说明, 都认为所述随机变量的方差大于零.

定义 4.3.2 设 $\sigma^2 = \mathrm{Var}(X) < \infty$, 则称

$$Y = \frac{X - \mathrm{E}X}{\sigma}$$

为 X 的**标准化**.

例 4.3.2 如果 $Y = (X - \mathrm{E}X)/\sigma$ 是 X 的标准化, 证明:

$$\mathrm{E}Y = 0, \quad \mathrm{Var}(Y) = 1.$$

特别当 $X \sim N(\mu, \sigma^2)$ 时, $Y \sim N(0, 1)$.

证明 $\mathrm{E}Y = \mathrm{E}(X - \mathrm{E}X)/\sigma = (\mathrm{E}X - \mathrm{E}X)/\sigma = 0$, $\mathrm{Var}(Y) = \mathrm{E}[(X - \mathrm{E}X)/\sigma]^2 = \mathrm{E}(X - \mathrm{E}X)^2/\sigma^2 = 1$. 当 $X \sim N(\mu, \sigma^2)$, 因为其标准化 Y 服从正态分布, 所以 $Y \sim N(0, 1)$.

例 4.3.3 设 $X_1, X_2, \cdots, X_n$ 相互独立, 有共同的方差 $\sigma^2 < \infty$, 则

$$\mathrm{Var}\Big(\frac{1}{n}\sum_{j=1}^{n} X_j\Big) = \frac{1}{n}\sigma^2.$$

在对长度为 μ 的物体进行独立重复测量时, 若用 X_i 表示第 i 次的测量值, 则单次测量的方差是 $\mathrm{Var}(X_i) = \sigma^2$. 例 4.3.3 的结论说明, 用 n 次测量的平均值作为 μ 的测量值时方差降为 $\dfrac{1}{n}\sigma^2$. 于是, 只要测量仪器没有系统偏差 (指 $\mathrm{E}X_i = \mu$), 测量精度总可以通过多次测量的平均来改进.

下面是用方差的性质计算方差的例子.

例 4.3.4　设 $X_1, X_2, \cdots, X_n$ 独立同分布, 都服从伯努利分布 $Bino(1, p)$, 则 $Y = X_1 + X_2 + \cdots + X_n \sim Bino(n, p)$. 设 $q = 1 - p$, 利用 $\mathrm{Var}(X_i) = pq$ 得到

$$\mathrm{Var}(Y) = \mathrm{Var}(X_1) + \mathrm{Var}(X_2) + \cdots + \mathrm{Var}(X_n) = npq.$$

例 4.3.5　设 N 件产品中有 M 件正品, 无放回地从中依次取 n 件, 用 Y 表示取得的正品数, 则 $Y \sim H(N, M, n)$, 求 $\mathrm{Var}(Y)$.

解　设 $X_1, X_2, \cdots, X_n$ 在例 4.2.6 中定义, 则 $\mathrm{E}X_i = M/N$. 对 $i < j$, 利用抽签原理 (见例 1.9.1) 知道

$$\begin{aligned}
\mathrm{E}(X_j X_i) &= P(X_j = 1, X_i = 1) \\
&= P(X_j = 1 | X_i = 1) P(X_i = 1) \\
&= \frac{M-1}{N-1} \cdot \frac{M}{N}.
\end{aligned}$$

再利用 $Y = X_1 + X_2 + \cdots + X_n$ 和定理 4.3.1 的性质 (4) 得到

$$\begin{aligned}
\mathrm{Var}(Y) &= \sum_{j=1}^{n} \sum_{i=1}^{n} [\mathrm{E}(X_i X_j) - \mathrm{E}X_i \mathrm{E}X_j] \\
&= n\mathrm{E}X_1 + n(n-1)\mathrm{E}(X_1 X_2) - n^2(\mathrm{E}X_1)^2 \quad [\text{用 } X_1^2 = X_1] \\
&= n\frac{M}{N} + n(n-1)\frac{M-1}{N-1} \cdot \frac{M}{N} - n^2\left(\frac{M}{N}\right)^2 \\
&= n\frac{M}{N}\left(1 - \frac{M}{N}\right)\frac{N-n}{N-1}.
\end{aligned}$$

特别当 $n = N$ 时, $\mathrm{Var}(Y) = 0$. 实际上这时 $Y = \mathrm{E}Y = M$.

本例中如果采用有放回的抽样, 则 $Y \sim Bino(n, M/N)$, Y 的方差 $n\dfrac{M}{N}\left(1 - \dfrac{M}{N}\right)$ 要更大. 说明对均值的估计, 无放回的抽取要比有放回的抽取来得好.

例 4.3.6 (接例 4.2.7)　将 n 个不同的信笺随机放入 n 个写好地址的信封, 用 Y 表示正确搭配的个数, 求 $\mathrm{Var}(Y)$.

解　设 $X_1, X_2, \cdots, X_n$ 在例 4.2.7 中定义, 则 $\mathrm{E}X_i = 1/n$. 对 $i < j$, 有

$$\mathrm{E}(X_i X_j) = P(X_i = 1, X_j = 1) = \frac{(n-2)!}{n!}.$$

再利用 $Y = X_1 + X_2 + \cdots + X_n$ 和定理 4.3.1 的性质 (4) 得到

$$\begin{aligned}
\mathrm{Var}(Y) &= \sum_{j=1}^{n} \sum_{i=1}^{n} [\mathrm{E}(X_i X_j) - \mathrm{E}X_i \mathrm{E}X_j] \\
&= n\mathrm{E}X_1 + n(n-1)\mathrm{E}(X_1 X_2) - n^2(\mathrm{E}X_1)^2 \quad [\text{用 } X_1^2 = X_1] \\
&= n\frac{1}{n} + n(n-1)\frac{1}{n(n-1)} - n^2 \frac{1}{n^2} = 1.
\end{aligned}$$

由于 $\mathrm{Var}(Y) = 1$, 又已有 $\mathrm{E}Y = 1$, 所以相对于较大的 n, Y 以大概率在 1 附近取值.

4.3.3 两个不等式

定理 4.3.2 (马尔可夫不等式)   对随机变量 X 和 $\varepsilon > 0$, 有

$$P(|X| \geqslant \varepsilon) \leqslant \frac{1}{\varepsilon^\alpha} \mathrm{E}|X|^\alpha, \quad \alpha > 0. \tag{4.3.3}$$

证明   用 $\mathrm{I}[A]$ 表示事件 A 的示性函数, 对任何正数 α, 有

$$\mathrm{I}[\,|X| \geqslant \varepsilon] \leqslant |X|^\alpha / \varepsilon^\alpha.$$

于是得到

$$P(|X| \geqslant \varepsilon) = \mathrm{E}\mathrm{I}[\,|X| \geqslant \varepsilon] \leqslant \mathrm{E}\frac{|X|^\alpha}{\varepsilon^\alpha} = \frac{1}{\varepsilon^\alpha} \mathrm{E}|X|^\alpha.$$

在 (4.3.3) 式中, 取 $\alpha = 2$, 用 $X - \mathrm{E}X$ 代替 X, 便得到**切比雪夫 (Chebyshev) 不等式**: 对 $\varepsilon > 0$,

$$P(|X - \mathrm{E}X| \geqslant \varepsilon) \leqslant \frac{1}{\varepsilon^2} \mathrm{Var}(X). \tag{4.3.4}$$

例 4.3.7   设 $X \sim N(0,1)$, 查正态分布表 (附录 D) 得到

$$P(|X| \geqslant 1.96) = 2\Phi(-1.96) = 2[1 - \Phi(1.96)] = 2(1 - 0.975) = 0.05.$$

如果利用切比雪夫不等式 (4.3.4), 只能得到

$$P(|X| \geqslant 1.96) \leqslant \frac{1}{1.96^2} \approx 0.26.$$

由于 0.26 是 0.05 的 5.2 倍, 所以看出切比雪夫不等式并不是一个很 "紧" 的不等式. 尽管如此, 由于条件宽松, 使得 (4.3.4) 式仍然是概率论中最重要的不等式之一. 更 "紧" 一些的不等式见习题 4.44.

定理 4.3.3 (内积不等式) 设 $EX^2 < \infty$, $EY^2 < \infty$, 则有

$$|E(XY)| \leqslant \sqrt{EX^2 EY^2}. \tag{4.3.5}$$

(4.3.5) 式中等号成立的充要条件是有不全为零的常数 a, b, 使得 $aX + bY = 0$ 以概率 1 成立.

证明 对于不全为零的常数 a, b, 二次型

$$\begin{aligned} E(aX + bY)^2 &= a^2 EX^2 + 2ab E(XY) + b^2 EY^2 \\ &= (a, b)\, \boldsymbol{\Sigma}\, (a, b)^{\mathrm{T}} \geqslant 0, \end{aligned} \tag{4.3.6}$$

其中

$$\boldsymbol{\Sigma} = \begin{pmatrix} EX^2 & E(XY) \\ E(XY) & EY^2 \end{pmatrix}.$$

由 $\boldsymbol{\Sigma}$ 的非负定性得到 (4.3.5) 式. 从 $\det(\boldsymbol{\Sigma}) = EX^2 EY^2 - [E(XY)]^2$ 知道 (4.3.5) 式中等号成立当且仅当 $\boldsymbol{\Sigma}$ 退化, 当且仅当有不全为零的常数 a, b 使 $E(aX + bY)^2 = 0$, 当且仅当 (用例 4.2.10 的结论) 有不全为零的常数 a, b 使 $aX + bY = 0$ 以概率 1 成立.

例 4.3.8 设随机变量 $X_1, X_2, \cdots, X_n$ 相互独立, 有相同的数学期望 μ 和方差 σ^2. 在统计学中, 常用

$$\hat{\mu} = \frac{1}{n}\sum_{j=1}^{n} X_j, \quad \hat{\sigma}^2 = \frac{1}{n-1}\sum_{j=1}^{n}(X_j - \hat{\mu})^2$$

分别估计 μ, σ^2. 可以计算

$$E\hat{\mu} = \mu, \quad E\hat{\sigma}^2 = \sigma^2.$$

这时称 $\hat{\mu}$ 为 μ 的无偏估计, 称 $\hat{\sigma}^2$ 为 σ^2 的无偏估计. 用 $\hat{\sigma} = \sqrt{\hat{\sigma}^2}$ 作为 σ 的估计时, 因为 $\hat{\sigma}$ 不是常数, 所以没有不全为零的常数 a, b, 使得

$P(a\hat{\sigma} + b = 0) = 1.$ 利用内积不等式得到

$$\mathrm{E}\hat{\sigma} = \mathrm{E}(\hat{\sigma} \cdot 1) < \sqrt{\mathrm{E}\hat{\sigma}^2 \mathrm{E}1} = \sqrt{\sigma^2} = \sigma.$$

也就是说 $\hat{\sigma}$ 不是 σ 的无偏估计.

练 习 4.3

4.3.1 证明定理 4.3.1 的性质 (4) 和 (5).

4.3.2 设非负随机变量 X 有分布函数 $F(x)$, 证明: 对正数 M,

$$P(X > M) \leqslant \sqrt{[1 - F(M)]\mathrm{E}X^2}/M.$$

4.3.3 设非负随机变量 X 有概率密度 $f(x)$, 则

$$P(X \geqslant M) \leqslant \frac{1}{M} \int_M^\infty x f(x)\,\mathrm{d}x.$$

§4.4 协方差和相关系数

4.4.1 协方差和相关系数

为了研究随机变量 X, Y 的关系, 我们引入协方差和相关系数的定义. 设 $\sigma_X = \sqrt{\sigma_{XX}}$, $\sigma_Y = \sqrt{\sigma_{YY}}$ 分别是 X, Y 的标准差.

定义 4.4.1 设 $\mu_X = \mathrm{E}X$, $\mu_Y = \mathrm{E}Y$ 存在.

(1) 当 $\mathrm{E}|(X - \mu_X)(Y - \mu_Y)| < \infty$ 时, 称

$$\mathrm{E}[(X - \mu_X)(Y - \mu_Y)] \tag{4.4.1}$$

为随机变量 X, Y 的**协方差**, 记作 $\mathrm{Cov}(X, Y)$ 或 σ_{XY}. 当 $\mathrm{Cov}(X, Y) = 0$ 时, 称 X, Y **不相关**;

(2) 当 $0 < \sigma_X \sigma_Y < \infty$ 时, 称

$$\rho_{XY} = \frac{\sigma_{XY}}{\sigma_X \sigma_Y} \tag{4.4.2}$$

为 X, Y 的**相关系数**. 有时也用 $\rho(X, Y)$ 表示相关系数 ρ_{XY}.

在定义 4.4.1 中, 引入 X, Y 的标准化

$$\frac{X - \mu_X}{\sigma_X}, \quad \frac{Y - \mu_Y}{\sigma_Y},$$

则有

$$\rho_{XY} = \mathrm{E}\Big[\Big(\frac{X - \mu_X}{\sigma_X}\Big)\Big(\frac{Y - \mu_Y}{\sigma_Y}\Big)\Big].$$

说明 X, Y 的相关系数是标准化后的协方差.

下面是计算协方差的常用公式:

$$\sigma_{XY} = \mathrm{E}(XY) - (\mathrm{E}X)(\mathrm{E}Y). \tag{4.4.3}$$

从定义 4.4.1 和内积不等式 (见定理 4.3.3) 得到下面的定理.

定理 4.4.1 设 ρ_{XY} 是 X, Y 的相关系数, 则有

(1) $|\rho_{XY}| \leqslant 1$;

(2) $|\rho_{XY}| = 1$ 的充要条件是有常数 a, b 使得

$$P(Y = a + bX) = 1;$$

(3) 如果 X, Y 独立, 则 X, Y 不相关.

我们将公式 (4.4.3) 和定理 4.4.1 的证明留给读者.

从定理 4.4.1 的结论 (2) 看出, 当 $|\rho_{XY}| = 1$ 成立时, X, Y 有线性关系. 这时也称 X, Y **线性相关**.

设随机向量 (X_i, Y_i) $(i = 1, 2, \cdots, n)$ 独立同分布, 用 ρ_{XY} 表示 X_1 和 Y_1 的相关系数. 当 ρ_{XY} 接近于 1 时, X_i 增加, Y_i 也倾向于增加, 这时 $(X_1, Y_1), (X_2, Y_2), \cdots, (X_n, Y_n)$ 的观测数据分散在一条上升的直线附近; 当 ρ_{XY} 接近于 -1 时, X_i 增加, Y_i 倾向于减少, 这时 $(X_1, Y_1), (X_2, Y_2), \cdots, (X_n, Y_n)$ 的观测值分散在一条下降的直线附近.

例 4.4.1 (接例 4.2.4) 设 (X, Y) 在单位圆 $D = \{(x, y)\,|\,x^2 + y^2 \leqslant 1\}$ 内均匀分布, 证明: X, Y 不相关, 也不独立.

证明 由例 4.2.4 知道 $\mathrm{E}(X) = \mathrm{E}(Y) = 0$, 于是

$$\mathrm{Cov}(X, Y) = \int_{\mathbf{R}^2} xy f(x, y)\,\mathrm{d}x\,\mathrm{d}y = \frac{1}{\pi}\int_{-1}^{1} y\,\mathrm{d}y \int_{-\sqrt{1-y^2}}^{\sqrt{1-y^2}} x\,\mathrm{d}x = 0.$$

所以 X, Y 不相关. 又由定理 3.5.3 知道 X, Y 不独立.

因为数学期望、方差和协方差都由概率分布唯一决定, 所以有下面的定理.

定理 4.4.2 如果 X, Y 有相同的概率分布, 则它们有相同的数学期望和方差. 如果 (X, Y) 和 (X_1, Y_1) 有相同的联合分布, 则它们有相同的数学期望、协方差和相关系数.

例 4.4.2 (接例 3.6.1) 设随机向量 $(X, Y) \sim N(\mu_1, \mu_2; \sigma_1^2, \sigma_2^2; \rho)$, 证明: $\rho_{XY} = \rho$, 并且 X, Y 独立的充要条件是 X, Y 不相关.

证明 设 $\boldsymbol{Z} = (Z_1, Z_2)$ 服从二维标准正态分布 $N(\boldsymbol{0}, \boldsymbol{I})$, $ad - bc \neq 0$. 按定理 3.6.1 知道, 由

$$\begin{cases} X_1 = aZ_1 + bZ_2 + \mu_1, \\ X_2 = cZ_1 + dZ_2 + \mu_2 \end{cases}$$

定义的 (X_1, X_2) 和 (X, Y) 同分布, 于是从定理 3.6.1 知道

$$\mathrm{Var}(X) = \mathrm{Var}(X_1) = a^2 + b^2 = \sigma_1^2,$$
$$\mathrm{Var}(Y) = \mathrm{Var}(X_2) = c^2 + d^2 = \sigma_2^2,$$
$$\mathrm{Cov}(X, Y) = \mathrm{Cov}(X_1, X_2) = \mathrm{E}[(aZ_1 + bZ_2)(cZ_1 + dZ_2)] = ac + bd,$$
$$\rho(X, Y) = \rho(X_1, X_2) = (ac + bd)/(\sigma_1 \sigma_2) = \rho.$$

再由定理 3.6.2 知道 X, Y 独立的充要条件是 $\rho(X, Y) = 0$.

4.4.2 协方差矩阵

设 $\boldsymbol{X} = (X_1, X_2, \cdots, X_n)$ 是随机变量, 如果对每个 i, $\mu_i = \mathrm{E}X_i$ 存在, 则称 $\boldsymbol{X}$ 的数学期望存在, 并且定义

$$\mathrm{E}\boldsymbol{X} = (\mathrm{E}X_1, \mathrm{E}X_2, \cdots, \mathrm{E}X_n). \tag{4.4.4}$$

引入 $\boldsymbol{\mu} = \mathrm{E}\boldsymbol{X}$, 则有 $\boldsymbol{\mu} = (\mu_1, \mu_2, \cdots, \mu_n)$.

如果每个随机变量 X_{ij} 的数学期望 $\mathrm{E}X_{ij}$ 存在, 则称以 X_{ij} 为第

(i, j) 元素的矩阵

$$\boldsymbol{Y} = \begin{pmatrix} X_{11} & X_{12} & \cdots & X_{1n} \\ X_{21} & X_{22} & \cdots & X_{2n} \\ \vdots & \vdots & & \vdots \\ X_{m1} & X_{m2} & \cdots & X_{mn} \end{pmatrix}$$

的数学期望存在, 并且定义

$$\mathrm{E}\boldsymbol{Y} = \begin{pmatrix} \mathrm{E}X_{11} & \mathrm{E}X_{12} & \cdots & \mathrm{E}X_{1n} \\ \mathrm{E}X_{21} & \mathrm{E}X_{22} & \cdots & \mathrm{E}X_{2n} \\ \vdots & \vdots & & \vdots \\ \mathrm{E}X_{m1} & \mathrm{E}X_{m2} & \cdots & \mathrm{E}X_{mn} \end{pmatrix}. \tag{4.4.5}$$

设 $\boldsymbol{X}$, $\boldsymbol{Y}$ 如上定义, 且数学期望都存在. 容易证明, 对任何常数向量 $\boldsymbol{a} = (a_1, a_2, \cdots, a_n)$, $k \times m$ 常数矩阵 $\boldsymbol{A}$ 和 $n \times j$ 常数矩阵 $\boldsymbol{B}$, 有以下的结果:

$$\begin{cases} \mathrm{E}(\boldsymbol{a}\boldsymbol{X}^{\mathrm{T}}) = \boldsymbol{a}\mathrm{E}\boldsymbol{X}^{\mathrm{T}}; \\ (\mathrm{E}\boldsymbol{Y})^{\mathrm{T}} = \mathrm{E}(\boldsymbol{Y}^{\mathrm{T}}); \\ \mathrm{E}(\boldsymbol{A}\boldsymbol{Y}) = \boldsymbol{A}\mathrm{E}\boldsymbol{Y}; \\ \mathrm{E}(\boldsymbol{Y}\boldsymbol{B}) = \mathrm{E}(\boldsymbol{Y})\boldsymbol{B}; \\ \mathrm{E}(\boldsymbol{A}\boldsymbol{Y}\boldsymbol{B}) = \boldsymbol{A}\mathrm{E}(\boldsymbol{Y})\boldsymbol{B}. \end{cases} \tag{4.4.6}$$

下面是证明:

$$\mathrm{E}(\boldsymbol{a}\boldsymbol{X}^{\mathrm{T}}) = \mathrm{E}\sum_{j=1}^{n} a_j X_j = \sum_{j=1}^{n} a_j \mathrm{E}X_j = \boldsymbol{a}\mathrm{E}\boldsymbol{X}^{\mathrm{T}};$$

$$(\mathrm{E}\boldsymbol{Y})^{\mathrm{T}} = (\mathrm{E}X_{ij})^{\mathrm{T}} = (\mathrm{E}X_{ji}) = \mathrm{E}(\boldsymbol{Y}^{\mathrm{T}});$$

$$\mathrm{E}(\boldsymbol{A}\boldsymbol{Y}) = \mathrm{E}\Big(\sum_{l=1}^{m} a_{il} X_{lj}\Big) = \Big(\sum_{l=1}^{n} a_{il} \mathrm{E}X_{lj}\Big) = \boldsymbol{A}\mathrm{E}\boldsymbol{Y}.$$

同理可证 $\mathrm{E}(\boldsymbol{Y}\boldsymbol{B}) = \mathrm{E}(\boldsymbol{Y})\boldsymbol{B}$. 最后得到

$$\mathrm{E}(\boldsymbol{A}\boldsymbol{Y}\boldsymbol{B}) = \boldsymbol{A}\mathrm{E}(\boldsymbol{Y}\boldsymbol{B}) = \boldsymbol{A}\mathrm{E}(\boldsymbol{Y})\boldsymbol{B}.$$

定义 4.4.2 如果随机向量 $\boldsymbol{X} = (X_1, X_2, \cdots, X_n)$ 的数学期望 $\boldsymbol{\mu} = \mathrm{E}\boldsymbol{X}$ 存在, 每个 X_i 的方差 $\mathrm{Var}(X_i) < \infty$, 则称

$$\boldsymbol{\Sigma} = \mathrm{E}[(\boldsymbol{X} - \boldsymbol{\mu})^{\mathrm{T}}(\boldsymbol{X} - \boldsymbol{\mu})] = (\sigma_{ij})_{n \times n} \tag{4.4.7}$$

为 $\boldsymbol{X}$ 的**协方差矩阵**, 其中

$$\sigma_{ij} = \mathrm{Cov}(X_i, X_j) \tag{4.4.8}$$

是 X_i, X_j 的协方差.

协方差矩阵 $\boldsymbol{\Sigma}$ 是对称矩阵. 如果行列式 $\det(\boldsymbol{\Sigma}) = 0$, 则称 $\boldsymbol{\Sigma}$ 为退化的. 下面进一步给出 $\boldsymbol{\Sigma}$ 的性质.

定理 4.4.3 设 $\boldsymbol{\Sigma}$ 是 $\boldsymbol{X} = (X_1, X_2, \cdots, X_n)$ 的协方差矩阵, 则
(1) $\boldsymbol{\Sigma}$ 是非负定矩阵;
(2) $\boldsymbol{\Sigma}$ 退化的充要条件是有不全为零的常数 $a_1, a_2, \cdots, a_n$ 使得

$$\sum_{i=1}^{n} a_i(X_i - \mu_i) = 0 \text{ 以概率 } 1 \text{ 成立}, \tag{4.4.9}$$

其中 $\mu_i = \mathrm{E}X_i$.

证明 任取一个 n 维实向量 $\boldsymbol{a} = (a_1, a_2, \cdots, a_n)$, 有

$$
\begin{aligned}
\boldsymbol{a}\boldsymbol{\Sigma}\boldsymbol{a}^{\mathrm{T}} &= \sum_{i=1}^{n}\sum_{j=1}^{n} a_i a_j \sigma_{ij} \\
&= \sum_{i=1}^{n}\sum_{j=1}^{n} a_i a_j \mathrm{E}[(X_i - \mu_i)(X_j - \mu_j)] \\
&= \mathrm{E}\Big[\sum_{i=1}^{n}\sum_{j=1}^{n} a_i a_j (X_i - \mu_i)(X_j - \mu_j)\Big] \\
&= \mathrm{E}\Big[\sum_{i=1}^{n} a_i(X_i - \mu_i)\Big]^2 \\
&= \mathrm{Var}\Big[\sum_{i=1}^{n} a_i(X_i - \mu_i)\Big] \\
&\geqslant 0,
\end{aligned}
\tag{4.4.10}
$$

所以 Σ 非负定. 从 (4.4.10) 式看出, Σ 退化的充要条件是有非零向量 a 使得

$$\mathrm{Var}\Big[\sum_{i=1}^n a_i(X_i - \mu_i)\Big] = 0.$$

再用定理 4.3.1 的性质 (3) 得到本定理的结论 (2).

当 (4.4.9) 式成立时, 称 $X_1, X_2, \cdots, X_n$ **线性相关**.

练 习 4.4

4.4.1 设 X 的概率密度是偶函数, $\mathrm{E}X^2 < \infty$, 证明: $|X|$ 和 X 不相关, 也不独立.

4.4.2 如果 $\mathrm{Cov}(X,Y) = 0$, 证明:

$$\rho(X + Y, X - Y) = \frac{\mathrm{Var}(X) - \mathrm{Var}(Y)}{\mathrm{Var}(X) + \mathrm{Var}(Y)}.$$

§4.5* 条件数学期望和熵

条件概率和条件数学期望是解决概率问题的最有力的工具之一.

4.5.1 条件概率

北京的冬季经常有雾. 大雾导致能见度降低, 影响飞机正常起飞. 用 X 表示明天早上 7 点首都机场的能见度, 用 A 表示首都机场 7 点的航班正点起飞, 则 A 的发生和 X 有关. 用 $P(A|X = x)$ 表示能见度为 x 时, 飞机正点起飞的概率. 由于对不同的 x, 得到不同的概率, 所以 $P(A|X = x)$ 是 x 的函数. 在能见度是 X 的条件下, 用 $P(A|X)$ 表示 A 发生的概率. $P(A|X)$ 是 X 的函数.

设 D 是随机变量 X 的值域, A 是随机事件, 则

$$g(x) = P(A|X = x), \quad x \in D$$

是定义在 D 上的实函数. 于是, $g(X)$ 是随机变量. 称 $g(X)$ 为已知 X 的条件下 A 的概率, 简称为**条件概率**. 为了清楚表达条件概率 $g(X)$ 和事件 A 的关系, 我们就用 $P(A|X)$ 表示条件概率 $g(X)$.

根据上述的定义,

$$P(A|X) = g(X) \text{ 当且仅当 } P(A|X=x) = g(x), \ x \in D. \quad (4.5.1)$$

值得指出, 作为 X 的函数, 条件概率 $P(A|X)$ 是随机变量.

例 4.5.1　设某超级市场周日的顾客总数 N 是随机变量, 单个顾客的消费 (单位: 元) 与 N 独立, 且服从泊松分布 $Poiss(\mu)$. 用 S 表示该日的全天营业额, 求条件概率 $P(S=k|N)$.

解　用 X_j 表示第 j 个顾客的消费额, 则 $X_1, X_2, \cdots$ 独立同分布. 用 $S_m = X_1 + X_2 + \cdots + X_m$ 表示前 m 个顾客的消费额, 则 S_m 服从泊松分布 $Poiss(m\mu)$(见习题 3.21). 于是由

$$P(S=k|N=m) = P(S_m=k|N=m) = P(S_m=k)$$
$$= \frac{(m\mu)^k}{k!} \exp(-m\mu), \ \ m=0,1,\cdots$$

得到条件概率

$$P(S=k|N) = \frac{(N\mu)^k}{k!} \exp(-N\mu).$$

例 4.5.2　在例 3.5.1 中, 计算条件概率 $P(S_1=i|S_2)$ 和 $P(S_2 = j|S_1)$.

解　由 §3.5 中的 (3.5.5) 式知道 $P(S_1=i|S_2=j) = 1/(j-1)$, $1 \leqslant i \leqslant j-1$, 于是条件概率

$$P(S_1=i|S_2) = \begin{cases} 1/(S_2-1), & 1 \leqslant i \leqslant S_2-1, \\ 0, & \text{其他}. \end{cases}$$

因为 $P(S_2=j|S_1=i) = pq^{j-i-1}, j > i \geqslant 1$, 所以条件概率

$$P(S_2=j|S_1) = \begin{cases} pq^{j-S_1-1}, & j > S_1, \\ 0, & \text{其他}. \end{cases}$$

例 4.5.3　在例 3.5.4 中, 计算条件概率 $P(X \leqslant x|Y)$.

解 由 $f_{X|Y}(x|y) = y\mathrm{e}^{-xy}$, $x, y > 0$, 得到条件分布

$$P(X \leqslant x|Y = y) = \int_0^x y\mathrm{e}^{-sy}\,\mathrm{d}s = 1 - \mathrm{e}^{-xy}, \quad x, y > 0,$$

于是得到条件概率

$$P(X \leqslant x|Y) = 1 - \mathrm{e}^{-xY}, \quad x > 0.$$

对于随机向量 $\boldsymbol{Y}$ 和随机事件 A, 条件概率 $P(A|\boldsymbol{Y})$ 可以类似地定义. 不再赘述.

4.5.2 条件数学期望

设 $(\varOmega, \mathcal{F}, P)$ 是概率空间, $A \in \mathcal{F}$, $P(A) > 0$. 由于条件概率 $P_A(\cdot) = P(\cdot|A)$ 仍然是概率, 所以 $(\varOmega, \mathcal{F}, P_A)$ 是概率空间. 用 $\mathrm{E}_A = \mathrm{E}(\cdot|A)$ 表示在 $(\varOmega, \mathcal{F}, P_A)$ 上求数学期望, 则 $\mathrm{E}(\cdot|A)$ 和 $\mathrm{E}(\cdot)$ 有相同的数学性质.

举例来讲, 如果 $\mathrm{E}_A(X^2) < \infty$, $\mathrm{E}_A(Y^2) < \infty$, 则有内积不等式:

$$|\mathrm{E}_A(XY)| \leqslant \sqrt{\mathrm{E}_A(X^2)\,\mathrm{E}_A(Y^2)},$$

且式中等号成立的充要条件是有不全为零的常数 a, b, 使得 $P_A(aX + bY = 0) = 1$. 或者等价地说, 如果 $\mathrm{E}(X^2|A) < \infty$, $\mathrm{E}(Y^2|A) < \infty$, 则有内积不等式:

$$|\mathrm{E}(XY|A)| \leqslant \sqrt{\mathrm{E}(X^2|A)\,\mathrm{E}(Y^2|A)}, \tag{4.5.2}$$

且 (4.5.2) 式中等号成立的充要条件是有不全为零的常数 a, b, 使得 $P(aX + bY = 0|A) = 1$.

实际上, 无论 $P(A) = 0$ 成立与否, 只要条件概率 $P(\cdot|A)$ 有明确定义, (4.5.2) 式仍然成立.

设随机向量 (X, Y) 有联合密度 $f(x, y)$, 则 Y 有边缘密度

$$f_Y(y) = \int_{-\infty}^{\infty} f(x, y)\,\mathrm{d}x.$$

对满足 $f_Y(y) > 0$ 的 y, 已知 $Y = y$ 时 X 有条件密度

$$f_{X|Y}(x|y) = \frac{f(x,y)}{f_Y(y)}, \quad x \in \mathbf{R}.$$

由于条件密度是已知 $Y = y$ 的条件下, 随机变量 X 的概率密度, 所以只要

$$\mathrm{E}\big(|X|\,\big|\,Y = y\big) \stackrel{记}{=\!=\!=} \int_{-\infty}^{\infty} |x| f_{X|Y}(x|y)\,\mathrm{d}x < \infty,$$

则定义条件 $Y = y$ 下, X 的数学期望为

$$m(y) \stackrel{记}{=\!=\!=} \mathrm{E}(X|Y = y) = \int_{-\infty}^{\infty} x f_{X|Y}(x|y)\,\mathrm{d}x.$$

因为 $m(y)$ 是已知 $Y = y$ 时 X 的条件数学期望, 所以 $m(Y)$ 是已知 Y 时 X 的条件数学期望. 因为 $m(y)$ 是 y 的函数, 所以 $m(Y)$ 是随机变量.

现在设 (X, Y) 是离散型随机向量, 有概率分布

$$p_{ij} = P(X = x_i, Y = y_j) > 0, \quad i, j = 1, 2, \cdots,$$

则 Y 有边缘分布

$$q_j = P(Y = y_j) = \sum_{i=1}^{\infty} p_{ij}, \quad j = 1, 2, \cdots.$$

对固定的 j, X 有条件分布

$$P(X = x_i | Y = y_j) = \frac{P(X = x_i, Y = y_j)}{P(Y = y_j)} = \frac{p_{ij}}{q_j}, \quad i = 1, 2, \cdots.$$

于是只要

$$\mathrm{E}\big(|X|\big|Y = y_j\big) \stackrel{记}{=\!=\!=} \sum_{i=1}^{\infty} |x_i| P(X = x_i | Y = y_j) < \infty,$$

则定义条件 $Y = y_j$ 下, X 的数学期望

$$m(y_j) \stackrel{记}{=\!=\!=} \mathrm{E}(X|Y = y_j) = \sum_{i=1}^{\infty} x_i P(X = x_i | Y = y_j). \qquad (4.5.3)$$

因为 $m(y_j)$ 是已知 $Y = y_j$ 时 X 的条件数学期望, 所以 $m(Y)$ 是已知 Y 时 X 的条件数学期望. 因为 $m(y_j)$ 是 y_j 的函数, 所以 $m(Y)$ 是随机变量.

下面给出条件数学期望的定义.

定义 4.5.1 设 (X, Y) 是随机向量, $\mathrm{E}|X| < \infty$. 如果

$$m(y) = \mathrm{E}(X|Y = y) \tag{4.5.4}$$

是已知条件 $Y = y$ 下 X 的数学期望, 则称随机变量 $m(Y)$ 为已知 Y 时 X 的**条件数学期望,** 简称为**条件期望,** 记作 $\mathrm{E}(X|Y)$.

从定义看出, 要计算条件期望 $m(Y) = \mathrm{E}(X|Y)$, 只需要计算

$$m(y) = \mathrm{E}(X|Y = y), \tag{4.5.5}$$

然后将 y 换成 Y. 于是, 要证明 $m(Y) = \mathrm{E}(X|Y)$, 只需证明 (4.5.5) 式.

因为 $\mathrm{E}(\cdot\,|Y = y)$ 是在已知条件 $Y = y$ 的情况下 (即在新的条件下) 求数学期望, 所以 $\mathrm{E}(\cdot\,|Y = y)$ 有和 $\mathrm{E}(\cdot)$ 相同的数学性质. 例如, 对于 $A = \{Y = y\}$, 内积不等式 (4.5.2) 仍然成立. 下面看几个计算条件数学期望的例子.

例 4.5.4 (接例 3.5.4)   设手机使用的环境指标 Y 服从 $\Gamma(\alpha, \beta)$ 分布, 概率密度是

$$f_Y(y) = \frac{\beta^{\alpha}}{\Gamma(\alpha)} y^{\alpha-1} \mathrm{e}^{-\beta y}, \quad y > 0.$$

已知 $Y = y$ 时, 某款 App 的使用寿命 X 服从指数分布 $Exp(y)$. 计算条件数学期望 $\mathrm{E}(X|Y)$ 和 $\mathrm{E}(Y|X)$.

解 由题意知道条件 $Y = y$ 下, X 服从指数分布 $Exp(y)$, 即有条件密度 $f_{X|Y}(x|y) = y\mathrm{e}^{-xy}$, $x > 0$. 于是由

$$\mathrm{E}(X|Y = y) = \int_0^{\infty} xy\mathrm{e}^{-xy}\,\mathrm{d}x = \frac{1}{y}$$

得到 $\mathrm{E}(X|Y) = 1/Y$.

又从例 3.5.4 知道 (X,Y) 有联合密度

$$f(x,y) = ye^{-xy} \cdot \frac{\beta^\alpha}{\Gamma(a)} y^{\alpha-1} e^{-\beta y}, \quad x, y > 0.$$

X 有边缘密度

$$f_X(x) = \frac{\alpha\beta^\alpha}{(x+\beta)^{\alpha+1}}.$$

于是在条件 $X = x$ 下, Y 有条件密度

$$f_{Y|X}(y|x) = \frac{f(x,y)}{f_X(x)} = \frac{(x+\beta)^{\alpha+1}}{\Gamma(\alpha+1)} y^\alpha e^{-(x+\beta)y}.$$

这正是 $\Gamma(\alpha+1, x+\beta)$ 分布的概率密度, 其数学期望是 $(\alpha+1)/(x+\beta)$ (参考 §4.1 的常见概率分布的数学期望 (8)), 所以有

$$E(Y|X=x) = \int_0^\infty y f_{Y|X}(y|x)\,\mathrm{d}y = \frac{\alpha+1}{x+\beta}.$$

最后得到

$$E(Y|X) = \frac{\alpha+1}{X+\beta}.$$

例 4.5.5 设 $(X,Y) \sim N(\mu_1,\mu_2;\sigma_1^2,\sigma_2^2;\rho)$, 求条件数学期望 $E(X|Y)$ 和 $E(Y|X)$.

解 由例 3.6.1 的结论知道, 在条件 $X = x$ 下,

$$Y \sim N\big(\mu_2 + (\rho\sigma_2/\sigma_1)(x-\mu_1),\ (1-\rho^2)\sigma_2^2\big),$$

于是

$$E(Y|X=x) = \mu_2 + (\rho\sigma_2/\sigma_1)(x-\mu_1),$$

从而得到

$$E(Y|X) = \mu_2 + (\rho\sigma_2/\sigma_1)(X-\mu_1). \tag{4.5.6}$$

对称地得到

$$E(X|Y) = \mu_1 + (\rho\sigma_1/\sigma_2)(Y-\mu_2). \tag{4.5.7}$$

下面是条件数学期望的基本性质.

定理 4.5.1 设随机变量 $X_1, X_2, \cdots, X_n$ 的数学期望存在. 又设 X, Y 是随机变量, $g(x), h(y)$ 是实函数, $\mathrm{E}|g(X)| < \infty$, 则

(1) $\mathrm{E}\Big(c_0 + \sum\limits_{j=1}^{n} c_j X_j \Big| Y\Big) = c_0 + \sum\limits_{j=1}^{n} c_j \mathrm{E}(X_j|Y);$

(2) $\mathrm{E}[h(Y)g(X)|Y] = h(Y)\mathrm{E}[g(X)|Y];$

(3) 当 X, Y 独立时, $\mathrm{E}[g(X)|Y] = \mathrm{E}g(X);$

(4) $\mathrm{E}[\mathrm{E}(g(X)|Y)] = \mathrm{E}g(X).$

证明 (1) $\mathrm{E}(\cdot|Y=y)$ 也是对 "$\cdot$" 求数学期望, 所以由数学期望的性质得到

$$\mathrm{E}\Big(c_0 + \sum_{j=1}^{n} c_j X_j \Big| Y = y\Big) = c_0 + \sum_{j=1}^{n} c_j \mathrm{E}(X_j|Y=y).$$

于是 (1) 成立.

(2) 可由下式得到:

$$\mathrm{E}[h(Y)g(X)|Y=y] = \mathrm{E}[h(y)g(X)|Y=y] = h(y)\mathrm{E}[g(X)|Y=y].$$

(3) 由 $\mathrm{E}[g(X)|Y=y] = \mathrm{E}g(X)$ 得到.

(4) 只对 (X, Y) 有联合密度 $f(x,y)$ 的情况证明. 设 $f_Y(y)$ 是 Y 的边缘密度, 则有

$$\mathrm{E}(g(X)|Y=y) = \int_{-\infty}^{\infty} g(x) f_{X|Y}(x|y)\,\mathrm{d}x = \int_{-\infty}^{\infty} g(x) \frac{f(x,y)}{f_Y(y)}\,\mathrm{d}x.$$

注意 $\mathrm{E}(g(X)|Y)$ 是 Y 的函数, 利用随机变量函数的数学期望公式 (4.2.1) 得到

$$\begin{aligned}
\mathrm{E}[\mathrm{E}(g(X)|Y)] &= \int_{-\infty}^{\infty} \mathrm{E}(g(X)|Y=y) f_Y(y)\,\mathrm{d}y \\
&= \int_{-\infty}^{\infty} \Big[\int_{-\infty}^{\infty} g(x) \frac{f(x,y)}{f_Y(y)}\,\mathrm{d}x\Big] f_Y(y)\,\mathrm{d}y \\
&= \int_{-\infty}^{\infty} \int_{-\infty}^{\infty} g(x) f(x,y)\,\mathrm{d}x\,\mathrm{d}y \\
&= \mathrm{E}g(X).
\end{aligned}$$

下面考虑条件概率和条件数学期望的关系. 设 $I_A = I[A]$ 是事件 A 的示性函数, X 是随机变量, 条件概率 $P(A|X)$ 由 (4.5.1) 式定义. 由于 $P(\cdot\,|X = x)$ 是条件 $X = x$ 下的概率, 所以由示性函数的数学期望公式得到

$$P(A\,|\,X = x) = \mathrm{E}(I_A\,|\,X = x),$$

因而有

$$P(A\,|\,X) = \mathrm{E}(I_A\,|\,X).$$

于是, 利用定理 4.5.1 的结论 (4) 得到下面的公式:

$$\mathrm{E}[P(A\,|\,X)] = \mathrm{E}[\mathrm{E}(I_A\,|\,X)] = \mathrm{E}\,I_A = P(A). \tag{4.5.8}$$

例 4.5.6 设 X, Y 在例 4.5.4 中定义, 证明:

$$\mathrm{E}X = \begin{cases} \dfrac{\beta}{\alpha - 1}, & \text{当 } \alpha > 1, \\ \infty, & \text{当 } \alpha \in (0, 1]. \end{cases} \tag{4.5.9}$$

证明 由例 4.5.4 的结论知道 $\mathrm{E}(X|Y) = 1/Y$. 因为 Y 有概率密度 (见例 4.5.4)

$$f_Y(y) = \frac{\beta^\alpha}{\Gamma(\alpha)} y^{\alpha-1} \mathrm{e}^{-\beta y}, \quad y > 0,$$

所以用定理 4.5.1 的结论 (4) 得到

$$\begin{aligned}
\mathrm{E}(X) &= \mathrm{E}[\mathrm{E}(X|Y)] = \mathrm{E}(1/Y) \\
&= \int_0^\infty y^{-1} f_Y(y)\,\mathrm{d}y \\
&= \frac{\beta^\alpha}{\Gamma(\alpha)} \int_0^\infty y^{\alpha-2} \mathrm{e}^{-\beta y}\,\mathrm{d}y \\
&= \frac{\beta \Gamma(\alpha - 1)}{\Gamma(\alpha)}.
\end{aligned}$$

因为 $\Gamma(\alpha) = \Gamma(1 + \alpha - 1) = (\alpha - 1)\Gamma(\alpha - 1)$,

$$\Gamma(\alpha - 1) = \int_0^\infty t^{\alpha-2} \mathrm{e}^{-t}\,\mathrm{d}t = \infty, \quad \alpha \leqslant 1,$$

所以 (4.5.9) 式成立.

例 4.5.7 设某超市周日的顾客总数 N 服从泊松分布 $Poiss(\lambda)$. 又设顾客之间的消费额相互独立同分布, 并且和 N 独立. 用 S 表示该日的全天营业额. 当顾客的平均消费是 μ 时, 求 $E(S|N)$ 和 ES.

解 用 X_i 表示第 i 个顾客的消费额, 则 $X_1, X_2, \cdots$ 独立同分布, 且与 N 独立. $\mu = EX_1$ 是单个顾客的平均消费额. 由

$$E(S|N = k) = E(X_1 + X_2 + \cdots + X_k|N = k)$$
$$= E(X_1 + X_2 + \cdots + X_k) = k\mu$$

得到 $E(S|N) = N\mu$. 最后有 $ES = E[E(S|N)] = E(N\mu) = \lambda\mu$.

例 4.5.8 (接例 2.2.3) 设卢瑟福和盖革观测放射性物质钋放射 α 粒子的情况时, 观测的时间是随机变量 T, $\mu = ET$. 又设被观测的钋在 $(0, t)$ 内释放的 α 粒子数 $N(t)$ 服从泊松分布 $Poiss(t\lambda)$, 问卢瑟福和盖革期望观测到多少个 α 粒子?

解 用 N 表示一次观测中观测到的粒子数. 由题意, 在条件 $T = t$ 下, $N = N(t)$ 服从泊松分布 $Poiss(t\lambda)$, 所以

$$E(N|T = t) = t\lambda, \quad E(N|T) = T\lambda.$$

因为 $\mu = ET$ 是平均观测时间, 所以

$$EN = E[E(N|T)] = E(T\lambda) = \mu\lambda.$$

这正是平均观测时间乘以单位时间内平均观测到的 α 粒子数.

例 4.5.9 设 X, Y 是随机变量, $h(x)$ 是实函数. 若 $EX^2 < \infty$, $E[h^2(Y)] < \infty$, 证明:

$$E\{[X - E(X|Y)]h(Y)\} = 0. \tag{4.5.10}$$

证明 利用内积不等式得到

$$E|Xh(Y)| \leqslant \sqrt{EX^2 Eh^2(Y)} < \infty.$$

再利用定理 4.5.1 的结论 (2) 和 (4) 得到

$$
\begin{aligned}
E\{[X - E(X|Y)]h(Y)\} &= E\{Xh(Y) - E[Xh(Y)|Y]\} \\
&= E[Xh(Y)] - E\{E[Xh(Y)|Y]\} \\
&= E[Xh(Y)] - E[Xh(Y)] \\
&= 0.
\end{aligned}
$$

例 4.5.10 如果 $(X,Y) \sim N(\mu_1, \mu_2; \sigma_1^2, \sigma_2^2; \rho)$, 则由 (4.5.7) 知道

$$
E(X|Y) = \mu_1 + (\rho\sigma_1/\sigma_2)(Y - \mu_2)
$$

是 Y 的线性组合, 也称为对 X 的线性预测. 即已知 $Y = y$ 时, 用 y 的线性函数 $E(X|Y = y) = \mu_1 + (\rho\sigma_1/\sigma_2)(y - \mu_2)$ 预测 X 的取值.

例 4.5.11 设 (X,Y) 服从二元正态分布. 当 $E(X|Y) = \mu$(常数), 证明: X, Y 独立.

证明 由定理 4.5.1 的结论 (4) 得到 $EX = \mu$, 并且

$$
E(X - \mu|Y) = E(X|Y) - \mu = 0.
$$

用定理 4.5.1 的结论 (2) 得到

$$
E[(X - \mu)Y|Y] = YE(X - \mu|Y) = Y \times 0 = 0,
$$

两边再求数学期望得到

$$
E[(X - \mu)Y] = 0.
$$

即有

$$
Cov(X,Y) = E[(X - \mu)(Y - EY)] = [E(X - \mu)Y] = 0,
$$

说明 X, Y 不相关. 再从二元正态分布的性质知道 X, Y 独立.

下面再介绍一个计算条件数学期望 $E(X|A)$ 的常用公式.

定理 4.5.2 设 $P(A) > 0$, I_A 是 A 的示性函数, X 是非负随机变量, 则

$$\mathrm{E}(X|A) = \frac{\mathrm{E}(X\mathrm{I}_A)}{P(A)}. \tag{4.5.11}$$

证明 由于 $\mathrm{E}(X|A)$ 是在概率 $P_A(\cdot) = P(\cdot|A)$ 下对 X 求数学期望, 利用定理 4.1.1 的结论 (2) 得到

$$\begin{aligned}
\mathrm{E}(X|A) &= \int_0^\infty P(X > x|A)\,\mathrm{d}x \\
&= \frac{1}{P(A)} \int_0^\infty P(\{X > x\} \cap A)\,\mathrm{d}x \\
&= \frac{1}{P(A)} \int_0^\infty P(X\mathrm{I}_A > x)\,\mathrm{d}x \\
&= \frac{\mathrm{E}(X\mathrm{I}_A)}{P(A)}.
\end{aligned}$$

推论 4.5.3 设 $P(A) > 0$, $\mathrm{E}(X|A)$ 存在, 则有

$$\mathrm{E}(X|A) = \frac{\mathrm{E}(X\mathrm{I}_A)}{P(A)}. \tag{4.5.12}$$

证明 定义 X 的正部 X^+ 和 X 的负部 X^- 分别如下:

$$X^+ = \begin{cases} X, & X \geqslant 0, \\ 0, & X < 0, \end{cases} \qquad X^- = \begin{cases} |X|, & X < 0, \\ 0, & X \geqslant 0. \end{cases}$$

则 $X = X^+ - X^-$. 利用 (4.5.11) 式得到

$$\begin{aligned}
\mathrm{E}(X|A) &= \mathrm{E}(X^+ - X^-|A) \\
&= \mathrm{E}(X^+|A) - \mathrm{E}(X^-|A) \\
&= \frac{\mathrm{E}(X^+\mathrm{I}_A)}{P(A)} - \frac{\mathrm{E}(X^-\mathrm{I}_A)}{P(A)} \\
&= \frac{\mathrm{E}[(X^+ - X^-)\mathrm{I}_A]}{P(A)} \\
&= \frac{\mathrm{E}(X\mathrm{I}_A)}{P(A)}.
\end{aligned}$$

例 4.5.12 设 $X \sim Exp(\lambda)$. 对 $a > 0$, 证明:

$$\mathrm{E}(X - a|X > a) = \mathrm{E}X.$$

证明 X 有概率密度 $f(x) = \lambda\mathrm{e}^{-\lambda x}$, $x > 0$. 利用公式 (4.5.12) 得到

$$
\begin{aligned}
\mathrm{E}(X|X > a) &= \frac{\mathrm{E}(X\mathrm{I}[X > a])}{P(X > a)} \\
&= \frac{1}{\mathrm{e}^{-\lambda a}} \int_a^\infty x\lambda\mathrm{e}^{-\lambda x}\,\mathrm{d}x \\
&= \frac{1}{\lambda\mathrm{e}^{-\lambda a}} \left[\mathrm{e}^{-\lambda x}(-\lambda x - 1)\right]\Big|_a^\infty \\
&= \frac{1}{\lambda\mathrm{e}^{-\lambda a}} \left[-\mathrm{e}^{-\lambda a}(-\lambda a - 1)\right] \\
&= \frac{1}{\lambda} + a.
\end{aligned}
$$

由于 $\mathrm{E}X = 1/\lambda$, 所以

$$\mathrm{E}(X - a|X > a) = \mathrm{E}(X|X > a) - a = \frac{1}{\lambda} = \mathrm{E}X.$$

上述结果也是自然的, 因为由指数分布的无后效性知道, 在条件 $X > a$ 下, $X - a$ 也服从指数分布 $Exp(\lambda)$.

例 4.5.13 设 $X_1, X_2, \cdots, X_n$ 独立同分布, $S_n = X_1 + X_2 + \cdots + X_n$. 如果 $P(X_i > 0) = 1$, 证明:

$$\mathrm{E}(X_i|S_n) = \frac{1}{n} \sum_{j=1}^n X_j.$$

证明 因为 $(X_1, S_n), (X_2, S_n), \cdots, (X_n, S_n)$ 同分布, 所以对 $s > 0$, $X_1|\{S_n = s\}, X_2|\{S_n = s\}, \cdots, X_n|\{S_n = s\}$ 同分布. 于是有

$$\mathrm{E}(X_1|S_n = s) = \mathrm{E}(X_2|S_n = s) = \cdots = \mathrm{E}(X_n|S_n = s).$$

由于上面的各项之和等于 s, 所以 $\mathrm{E}(X_i|S_n = s) = s/n$. 最后得到

$$\mathrm{E}(X_i|S_n) = S_n/n.$$

例 4.5.14 (最佳预测) 设 $EX^2 < \infty$, $m(Y) = E(X|Y)$, 证明: 对任何实函数 $g(y)$, 有

$$E[X - m(Y)]^2 \leqslant E[X - g(Y)]^2, \tag{4.5.13}$$

且等号成立的充要条件是 $g(Y) = m(Y)$ 以概率 1 成立.

证明 利用内积不等式 (4.5.2) 得到

$$[E(X|Y=y)]^2 = [E(X \cdot 1|Y=y)]^2 \leqslant E(X^2|Y=y), \tag{4.5.14}$$

于是得到 $[E(X|Y)]^2 \leqslant E(X^2|Y)$, $Em^2(Y) \leqslant EX^2 < \infty$ 和

$$E[X - m(Y)]^2 \leqslant 2EX^2 + 2Em^2(Y) < \infty.$$

当 $Eg^2(Y) = \infty$, 用 $b^2 \leqslant 2(a-b)^2 + 2a^2$ 得到

$$\infty = Eg^2(Y) \leqslant 2E[X - g(Y)]^2 + 2EX^2,$$

从而 $E[X - g(Y)]^2 = \infty$, 于是 (4.5.13) 式的严格不等号成立.

当 $Eg^2(Y) < \infty$, 设 $h(Y) = m(Y) - g(Y)$, 有 $Eh^2(Y) < \infty$. 利用 (4.5.10) 式得到

$$E\{[X - m(Y)]h(Y)\} = 0,$$

于是有

$$\begin{aligned}
E[X - g(Y)]^2 &= E[X - m(Y) + h(Y)]^2 \\
&= E[X - m(Y)]^2 + Eh^2(Y) \\
&\geqslant E[X - m(Y)]^2. \tag{4.5.15}
\end{aligned}$$

(4.5.15) 式中的等号成立当且仅当 $Eh^2(Y) = E[m(Y) - g(Y)]^2 = 0$, 当且仅当 $g(Y) = m(Y)$ 以概率 1 成立 (参考例 4.2.10).

因为不等式 (4.5.13) 的成立, 所以称 $m(Y)$ 为 X 的最佳预测. 也就是说, 已知 $Y = y$ 时, 用 $m(y) = E(X|Y=y)$ 预测 X 的取值是最好的, 因为这时的方差最小.

4.5.3 信息与熵

信息的多少本是个抽象概念. 信息熵的出现解决了信息的量化问题. 信息熵还是信息源不确定性的量化, 由香农 (Shannon) 于 20 世纪 40 年代提出. 熵增原理是指任何孤立系统在自然状态下总是向低熵的状态演变, 不会向有序状态变化.

设想以下情况: 如果今天早上老师按时上课, 你不会感到奇怪, 因为这是大概率事件. 反之, 如果老师没来按时上课, 你会感到意外并引发许多联想, 因为这是小概率事件. 由此可见大概率事件的发生不会给人们带来更多的意外信息, 而小概率事件的发生则会带来意外信息.

如果接下来的课程老师又没有按时上课, 则会让你备感意外. 一般认为不同课程的老师是否按时上课是相互独立的, 所以独立事件的发生会带来加倍的意外信息.

设 A 是事件, 因为 A 发生所带来信息的大小由其发生的概率 $p = P(A)$ 刻画, 所以应当用 p 的函数 $H(p)$ 表示 A 的发生所带来的信息. 根据前面的分析, $H(p)$ 应当有以下的性质:

(1) 概率等于 1 的事件不会带来信息, 即 $H(1) = 0$;

(2) 如果事件 $p = P(A)$, $q = P(B)$, $pq = P(AB)$, 则 AB 带来的信息为

$$H(pq) = H(p) + H(q);$$

(3) 因为大概率事件带来更少的信息, 所以 $H(p)$ 是严格减函数;

(4) 因为 p 的微小变化只带来 $H(p)$ 的微小变化, 所以 $H(p)$ 是连续函数.

例 4.5.15 如果 $H(p)$ 满足上述性质, 证明: 有常数 $c > 0$, 使得

$$H(p) = -c \ln p. \tag{4.5.16}$$

证明 设 $x = -\ln p$, $y = -\ln q$, 则 $p = \mathrm{e}^{-x}$, $q = \mathrm{e}^{-y}$. 定义 $g(x) = H(\mathrm{e}^{-x})$, 则对 $x > 0$, $y > 0$, 有

$$g(x + y) = H(\mathrm{e}^{-x-y}) = H(pq) = H(p) + H(q) = g(x) + g(y).$$

因为 $g(x)$ 在 $(0, \infty]$ 中连续, 所以根据习题 2.43 的结论知道有常数 c 使得 $g(x) = cx = -c \ln p$. 于是得到

$$H(p) = g(x) = -c \ln p.$$

因为 $H(p)$ 严格单调减, 所以 $c > 0$.

引入随机变量

$$X = \begin{cases} 1, & \text{今晨老师按时上课,} \\ 0, & \text{其他.} \end{cases}$$

设 $p = P(X = 1)$. 按 (4.5.16) 式, $A = \{X = 1\}$ 带来的信息是 $H(p) = -c \ln p$, $\overline{A} = \{X = 0\}$ 带来的信息是 $H(1-p) = -c \ln(1-p)$. 取 $c = 1$, 得到 $H(p) = -\ln p$, $H(1-p) = -\ln(1-p)$.

因为 X 服从伯努利分布 $Bino(1, p)$, 所以 X 带来的平均信息可用加权平均表示, 即

$$H(X) = -p \ln p - (1-p) \ln(1-p). \tag{4.5.17}$$

$H(X)$ 的形状见图 4.5.1, 横坐标是 p, 纵坐标是 $H(X)$.

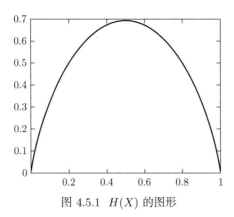

图 4.5.1 $H(X)$ 的图形

对于伯努利试验, 如果把 $X = 1$ 视为试验成功, 把 $X = 0$ 视为试验失败, 则从图 4.5.1 看出: 则当 $p = 0.5$, X 带来的平均信息最大, 试

验结果的不确定性也最大. 随着 p 接近 0 或者 1 时, X 带来的平均信息快速减少. 这是因为当 p 接近 0 时, 你很难遇到成功, 这时试验结果的不确定性很小. 当 p 接近 1 时, 你很难遇到失败, 这时试验结果的不确定性也很小.

因为试验结果的不确定性正是试验的随机性, 所以由 (4.5.17) 式定义的 $H(X)$ 也是试验 S(或 X) 的随机性的度量. $H(X)$ 由 X 的概率分布唯一决定, 在信息论中称为试验 S 或随机变量 X 的**信息熵**, 简称为**熵** (entropy).

设试验 S 有 n 个可能的结果, 第 j 个结果出现的概率是 p_j, 则 $p_1, p_2, \cdots, p_n$ 是离散概率分布. 定义试验 S 或概率分布 $\boldsymbol{\alpha} = (p_1, p_2, \cdots, p_n)$ 的熵为

$$\mathrm{H}(S) = \mathrm{H}(\boldsymbol{\alpha}) = -\sum_{j=1}^{n} p_j \ln p_j, \tag{4.5.18}$$

这里和以后规定 $0 \cdot \ln 0 = 0$.

在上述定义下, 投掷一枚均匀硬币的概率分布是 $\boldsymbol{\alpha} = (1/2, 1/2)$, 相应的熵是

$$\mathrm{H}(\boldsymbol{\alpha}) = -\frac{1}{2} \ln \frac{1}{2} - \frac{1}{2} \ln \frac{1}{2} = 0.6931.$$

在一副扑克的 54 张牌中任选一张观测是否出现梅花 A 时, 概率分布是 $\boldsymbol{\alpha}_1 = (1/54, 53/54)$, 相应的熵是

$$\mathrm{H}(\boldsymbol{\alpha}_1) = -\frac{1}{54} \ln \frac{1}{54} - \frac{53}{54} \ln \frac{53}{54} - = 0.0922.$$

结论 $\mathrm{H}(\boldsymbol{\alpha}) > \mathrm{H}(\boldsymbol{\alpha}_1)$ 是和我们对不确定性的要求一致的.

再接着看下面的试验和相应的熵.

投掷一颗均匀的骰子, 用 X 表示得到的点数, X 的概率分布是 $\boldsymbol{\beta} = (1/6, 1/6, \cdots, 1/6)$, 相应的熵是

$$\mathrm{H}(\boldsymbol{\beta}) = -\sum_{j=1}^{6} \frac{1}{6} \ln \frac{1}{6} = 1.7918.$$

在一副扑克的 54 张牌中任选一张, 用 $X = j$ 表示得到第 j 张, 则 X 的概率分布是

$$\boldsymbol{\gamma} = (1/54, 1/54, \cdots, 1/54),$$

相应的熵是

$$H(\boldsymbol{\gamma}) = -\sum_{j=1}^{54} \frac{1}{54} \ln \frac{1}{54} = 3.9890.$$

从上面的计算看出 $H(\boldsymbol{\alpha}_1) < H(\boldsymbol{\beta}) < H(\boldsymbol{\gamma})$, 这也是和我们对不确定性的要求相一致的: 在古典概型下, 试验的等可能结果越多, 不确定性就越大, 熵也越大.

实际上, 由 (4.5.18) 定义的熵有如下的性质:

(1) $H(\boldsymbol{\alpha}) = 0$ 的充要条件是有一个 $p_j = 1$, 其他情况下熵大于零;

(2) $H(\boldsymbol{\alpha})$ 是 $\boldsymbol{\alpha}$ 的连续函数;

(3) 在古典概型下, 熵是等可能试验结果数 n 的单调增加函数;

(4) 在古典概型下, 当 $p_j = 1/n$ 时, $H(\boldsymbol{\alpha})$ 达到最大值 $\ln n$, 于是等可能分布具有最大熵;

(4) 如果试验 S_1 和试验 S_2 独立, 则联合试验 $S_1 S_2$ 的熵 $H(S_1 S_2)$ 满足

$$H(S_1 S_2) = H(S_1) + H(S_2).$$

我们将以上性质的证明留给读者.

设随机变量 X 有概率密度 $f(x)$, 则称

$$H(X) = -\int_{-\infty}^{\infty} f(x) \ln f(x) \, dx \tag{4.5.19}$$

为 X 的熵.

如果 (X, Y) 有联合密度 $f(x, y)$, 则称

$$H(X, Y) = -\int_{-\infty}^{\infty} \int_{-\infty}^{\infty} f(x, y) \ln f(x, y) \, dx \, dy \tag{4.5.20}$$

为随机向量 (X, Y) 的熵.

设 $D = \{x | f(x) > 0\}$, 随机变量 X 的熵 $H(X)$ 有如下的性质 (证明可见参考书目 [2]):

(6) 当 $m(D) = \int_D \mathrm{d}x < \infty$, D 上均匀分布的熵最大, 等于 $\ln m(D)$;

(7) 当 $D = (-\infty, \infty)$, $\mathrm{Var}(X) = \sigma^2 < \infty$ 时, 正态分布的熵最大, 等于 $\ln \sqrt{2\pi \mathrm{e} \sigma^2}$.

(8) 当 $D = (0, \infty)$, $\mathrm{E}(X) = \mu$ 时, 指数分布的熵最大, 等于 $\ln(\mu \mathrm{e})$.

(9) 如果 X, Y 独立, 则有 $H(X, Y) = H(X) + H(Y)$.

练 习 4.5

4.5.1 设 $\mathrm{E}|X| < \infty$, 证明条件数学期望的性质:

(1) $|\mathrm{E}(X|Y)| \leqslant \mathrm{E}(|X| \,|Y)$;

(2) $[\mathrm{E}(X|Y)]^2 \leqslant \mathrm{E}(X^2|Y)$.

4.5.2 对离散型随机向量 (X, Y) 证明定理 4.5.1 的结论 (4).

4.5.3 设 X, Y 独立, $X \sim Exp(\lambda)$, $Y \sim Exp(\mu)$, 计算 $\mathrm{E}(X|X < Y)$.

4.5.4 证明熵的性质 (1) 至 (5).

习 题 四

4.1 设 X 在 $(0, \pi/2)$ 上均匀分布, 计算 $\mathrm{E}(\sin X)$.

4.2 在例 4.1.3 中, 如果玩家押对子 100 次, 每次押 100 元, 玩家期望获利多少?

4.3 若 $\mathrm{E}|X - Y| = 0$, 证明: X, Y 同分布.

4.4 设活塞 X 的平均直径是 $20.00\,\mathrm{cm}$, 标准差是 $0.02\,\mathrm{cm}$; 气缸 Y 的平均直径是 $20.10\,\mathrm{cm}$, 标准差是 $0.02\,\mathrm{cm}$. 如果 X, Y 独立且都服从正态分布, 计算活塞能装入气缸的概率.

4.5 如果正方形抽屉的平均边长是 $15.00\,\mathrm{cm}$, 标准差是 $0.02\,\mathrm{cm}$; 正方形抽屉框的平均边长是 $15.10\,\mathrm{cm}$, 标准差是 $0.02\,\mathrm{cm}$. 设边长之间相互独立, 都服从正态分布, 8 个直角无误差, 计算抽屉能装入抽屉框的概率.

4.6　设 X, Y 独立同分布, 都服从指数分布 $Exp(\lambda)$, 证明:

$$\mathrm{E}\frac{X}{X+Y} = \mathrm{E}\frac{Y}{X+Y}.$$

4.7　设 X, Y 都是只取两个值的随机变量, 证明: X, Y 独立的充要条件是 X, Y 不相关.

4.8　若二维随机向量 $(X, Y) \sim N(0, 0; 1, 1; \rho)$, 证明:

$$\mathrm{E}\max\{X, Y\} = \sqrt{\frac{1-\rho}{\pi}}, \quad \mathrm{E}\min\{X, Y\} = -\sqrt{\frac{1-\rho}{\pi}}.$$

4.9　50 个签中有 4 个标有 "中". 依次无放回抽签时, 首次抽中前期望抽签多少次?

4.10　盒中装有标号 $1, 2, \cdots, N$ 的卡片各一张, 从中每次抽取一张, 共抽取 $n(\leqslant N)$ 次. 计算:

(1) 有放回抽取时, 抽得最大号码的数学期望;

(2) 无放回抽取时, 抽得最大号码的数学期望.

4.11　设 (X, Y) 有联合密度

$$f(x, y) = \begin{cases} \dfrac{3}{2x^3y^2}, & x > 1, 1 < xy < x^2, \\ 0, & \text{其他}, \end{cases}$$

计算 $\mathrm{E}Y, \mathrm{E}(XY)^{-1}$.

4.12　设商店每销售 1 吨大米获利 a 元, 每库存 1 吨大米损失 b 元. 假设大米的销量 Y 服从指数分布 $Exp(\lambda)$, 问库存多少吨大米才能获得最大的平均利润?

4.13　设 $X_1, X_2, \cdots, X_n$ 是相互独立的随机变量, $\mathrm{Var}(X_i) = \sigma_i^2$, 求常数 $a_1, a_2, \cdots, a_n$ 满足 $\sum_{j=1}^{n} a_j = 1$, $a_j \geqslant 0$, 且使得 $Y = \sum_{j=1}^{n} a_j X_j$ 的方差最小.

4.14　设一点随机地落在中心在原点、半径为 R 的圆上, 求落点横坐标的数学期望和方差.

4.15 设 X, Y 独立且都服从正态分布 $N(0,1)$, $Z = \sqrt{X^2 + Y^2}$, 计算 $\mathrm{E}Z$.

4.16 设 $X_1, X_2, \cdots, X_n$ 相互独立, 有共同的离散分布 $p_k = P(X = k)$ $(k = 0, 1, \cdots)$. 引入 $u_k = p_0 + p_1 + \cdots + p_{k-1}$, $v_k = 1 - u_k$. 证明:

$$\mathrm{E}[\min\{X_1, X_2, \cdots, X_n\}] = \sum_{k=1}^{\infty} v_k^n,$$

$$\mathrm{E}[\max\{X_1, X_2, \cdots, X_n\}] = \sum_{k=1}^{\infty} (1 - u_k^n).$$

4.17 设 $X_1, X_2, \cdots, X_n$ 是独立同分布的随机变量, $P(X_1 > 0) = 1$, 证明:

$$\mathrm{E}\left(\frac{X_1 + X_2 + \cdots + X_k}{X_1 + X_2 + \cdots + X_n}\right) = \frac{k}{n}, \quad 1 \leqslant k \leqslant n.$$

4.18 设非负随机变量 $X_1, X_2, \cdots, X_n$ 独立同分布, 对

$$X_{(1)} = \min\{X_1, X_2, \cdots, X_n\},$$

证明:

$$P(X_{(1)} \geqslant M) \leqslant \left[\frac{\mathrm{E}X_1^2 P(X_1 \geqslant M)}{M^2}\right]^{n/2}.$$

4.19 设 X 有概率密度

$$f(x) = \frac{x^m}{m!} \mathrm{e}^{-x}, \quad x \geqslant 0,$$

证明:

$$P(0 < X < 2(m+1)) \geqslant \frac{m}{m+1}.$$

4.20 设 $X \sim N(0, \sigma^2)$, n 是正整数, 证明:

$$\mathrm{E}(X^n) = \begin{cases} \sigma^n (n-1)!!, & \text{当 } n = 2m, \\ 0, & \text{当 } n = 2m+1. \end{cases}$$

4.21 一部手机收到的短信中有 2% 是广告, 你期望相邻的两次广告短信中有多少条不是广告短信?

4.22 设 $X_1, X_2, \cdots, X_n$ 相互独立, 都服从 $(0,1)$ 上的均匀分布. $X_{(1)} \leqslant X_{(2)} \leqslant \cdots \leqslant X_{(n)}$ 是 $X_1, X_2, \cdots, X_n$ 的次序统计量, 计算:

$$\mathrm{E}X_{(1)}, \quad \mathrm{E}X_{(n)}, \quad \mathrm{E}X_{(n)}^m, \quad m \geqslant 1.$$

4.23 设 X 是在 $[a,b]$ 中取值的随机变量, 证明:

$$a \leqslant \mathrm{E}X \leqslant b, \quad \mathrm{Var}(X) \leqslant \left(\frac{b-a}{2}\right)^2.$$

4.24 如果 $\mathrm{E}|X|^\alpha < \infty$, 证明:

$$\lim_{x \to \infty} x^\alpha P(|X| > x) = 0.$$

4.25 证明: $|\mathrm{E}(XY)| \leqslant \mathrm{E}|XY| \leqslant \sqrt{\mathrm{E}X^2 \, \mathrm{E}Y^2}$.

4.26 设 X 服从泊松分布, $\overline{F}(x) = P(X > x)$ 是 X 的生存函数, 证明以下结论:

(1) $\mathrm{E}X = \displaystyle\int_0^\infty \overline{F}(x)\,\mathrm{d}x$;

(2) $\mathrm{E}X^\alpha = \displaystyle\int_0^\infty \alpha x^{\alpha-1} \overline{F}(x)\,\mathrm{d}x, \quad \alpha > 0$.

4.27 设 X 有分布函数 $F(x)$, 如果 $\mathrm{E}X$ 存在, 证明:

$$\mathrm{E}X = \int_0^\infty [1 - F(x)]\,\mathrm{d}x - \int_0^\infty F(-x)\,\mathrm{d}x.$$

4.28 设办公室的 5 台计算机独立工作, 每台计算机等待感染病毒的时间都服从参数为 λ 的指数分布 $Exp(\lambda)$.

(1) 你对首台计算机被病毒感染前的时间期望是多少?

(2) 你对 5 台计算机都被病毒感染前的时间期望是多少?

4.29 设 X 有概率密度 $f(x)$, $\mathrm{I}[A]$ 是事件 A 的示性函数. 对正整数 n, 定义离散型随机变量

$$X_n = \sum_{j=-\infty}^\infty \frac{j}{n} \mathrm{I}[j/n < X \leqslant (j+1)/n].$$

(1) 求 X_n 的概率分布, 证明: $|X - X_n| \leqslant 1/n$;

(2) 当 EX 存在时, 证明: $E(X_n) \to E(X)$, 当 $n \to \infty$.

4.30 在一副扑克的 52 张牌 (已去掉两张王牌) 中有放回地每次抽取一张, 计算:

(1) 第一张抽到的扑克牌再次被抽到时, 抽取次数的数学期望;

(2) 直到首次出现重复时, 抽取次数的数学期望.

4.31 证明: 常数和任何随机变量不相关.

4.32 证明公式 (4.4.3) 和定理 4.4.1.

4.33 设 $\mu_X = EX$, $\mu_Y = EY$, 证明: $E|XY| < \infty$ 的充要条件是

$$E|(X - \mu_X)(Y - \mu_Y)| < \infty.$$

4.34 设 $E|X| < \infty$, 如果 $E(X|Y) = Z$, 证明: $EX = EZ$.

4.35 设超级市场周日的顾客总数 N 服从泊松分布 $Poiss(\lambda)$, 单个顾客的消费 (单位: 元) 与 N 独立, 且服从二项分布 $Bino(n, p)$.

(1) 已知 $N = m(> 0)$ 的条件下, 求全天营业额 S 的概率分布;

(2) 求条件数学期望 $E(S|N)$;

(3) 计算全天的平均营业额 ES.

4.36 设二维随机向量 (X, Y) 有概率密度

$$f(x, y) = \begin{cases} x + y, & x \in (0, 1), y \in (0, 1), \\ 0, & \text{其他}, \end{cases}$$

计算 $\mathrm{Cov}(X, Y)$.

4.37 当 $EX^2 < \infty$ 时, 证明:

$$EX^2 = E[E(X|Y)]^2 + E[X - E(X|Y)]^2.$$

4.38 设随机变量 $X_1, X_2, \cdots$ 相互独立, 且与取正整数值的随机变量 N 独立. 设 $EX_k = \mu_k$, $E|X_k| \leqslant M$, $EN < \infty$, 证明:

$$E \sum_{k=1}^{N} X_k = \sum_{k=1}^{\infty} \mu_k P(N \geqslant k).$$

4.39　一辆机场巴士运送 25 位乘客, 中途经过 7 个车站. 设每位乘客的行动相互独立, 且在各车站下车的可能性相同, 问平均有多少个车站有人下车?

4.40　一旅行家在北京的停留天数是随机变量 T, 他在北京每天的消费是独立同分布的, 且与在北京的停留时间独立, 求他在北京停留期间的平均总消费.

4.41　设 $\mathrm{E}|X| < \infty$, μ 是常数, 若 $\mathrm{E}(X|Y) = \mu$, 证明: $\mathrm{E}(X|Y^3) = \mu$.

4.42　设 μ, a 是常数, $\mathrm{E}(X|Y) = \mu$, $\mathrm{E}(X^2|Y) = a^2$, 证明: $|a| \geqslant |\mu|$, 且等号成立的充要条件是 $X = \mu$ 以概率 1 成立.

4.43　设 $\sigma = \sqrt{\mathrm{Var}(X)}$ 是 X 的标准差, $m = F^{-1}(1/2)$ 是 X 的中位数, 即 $P(X \leqslant m) \geqslant 1/2$, $P(X \geqslant m) \geqslant 1/2$. 用 X^+, X^- 分别表示 X 的正部和负部 (参考推论 4.5.3 的证明). 证明以下结果:

(1) 如果 $\mathrm{E}X = 0$, 则 $\mathrm{E}X^+ = \mathrm{E}X^- \leqslant \sigma/2$;

(2) $P(X > \sigma + \mathrm{E}X) \leqslant 1/2$.

4.44*　设 $\mathrm{E}X = 0$, $\sigma^2 = \mathrm{Var}(X) < \infty$, 证明坎特利不等式: 对任何正数 a,

$$P(X > a) \leqslant \frac{\sigma^2}{a^2 + \sigma^2}.$$

4.45　在例 4.1.3 中, 如果改为有放回地从一副扑克中抽两张, 计算玩家每局期望赢多少?

4.46　设 $X_1, X_2, \cdots, X_n$ 独立同分布.

(1) 当 X_1 服从二项分布 $Bino(m, p)$, 利用概率的频率定义证明: 当 $n \to \infty$ 时,

$$\frac{X_1 + X_2 + \cdots + X_n}{n} \to mp \text{ 以概率 1 成立};$$

(2) 当 X_1 在 (a, b) 上均匀分布, 利用概率的频率定义证明: 当 $n \to \infty$ 时,

$$\frac{X_1 + X_2 + \cdots + X_n}{n} \to \frac{a+b}{2} \text{ 以概率 1 成立}.$$

4.47 (线性预测问题)　设 X, Y 是方差有限的随机变量, 证明:

(1) $\hat{b} = \sigma_{XY}/\sigma_{XX}$, $\hat{a} = EY - \hat{b}EX$ 是 $Q(a,b) = E[Y - (a+bX)]^2$ 的最小值点. 这时称 $\hat{Y} = \hat{a} + \hat{b}X$ 为 Y 的最佳线性预测.

(2) $Q(\hat{a}, \hat{b}) = \sigma_{YY}(1 - \rho_{XY}^2)$.

4.48 设 $EX^2 + EY^2 < \infty$, 若 $\hat{Y} = \hat{a} + \hat{b}X$ 是 Y 的最佳线性预测, 证明: $E\hat{Y} = EY$.

4.49 设 $EX^2 + EY^2 < \infty$, 证明: $\hat{Y} = a + bX$ 是 Y 的最佳线性预测的充要条件是

$$E\hat{Y} = EY, \quad E[(Y - \hat{Y})X] = 0.$$

4.50 设 $EX^2 + EY^2 < \infty$. 证明勾股定理:

$$EY^2 = E\hat{Y}^2 + E(Y - \hat{Y})^2.$$

第五章　特征函数和概率极限定理

§5.1　概率母函数

概率母函数的引入为计算取非负整数值的随机变量的概率分布、数学期望和方差等带来很多的方便. 本节中的随机变量都是取非负整数值的离散随机变量.

对于随机变量 X 和 $s \in [-1, 1]$, 随机变量 s^X 的绝对值 $|s^X| \leqslant 1$. 其中定义 $0^0 = 1$. 于是可以定义

$$g(s) = \mathrm{E}(s^X) = \sum_{j=0}^{\infty} s^j P(X = j), \quad s \in [-1, 1]. \tag{5.1.1}$$

定义 5.1.1　称由 (5.1.1) 式定义的 $g(s)$ 为 X 的**概率母函数**, 简称为**母函数**.

用 $g^{(k)}(x)$ 表示 $g(x)$ 的 k 阶导数. 由于母函数 $g(s)$ 在 $[-1, 1]$ 中绝对收敛, 所以得到母函数的以下性质.

定理 5.1.1　设 $g(s)$ 是 X 的母函数, 则有

(1) $P(X = k) = \dfrac{1}{k!} g^{(k)}(0)$, $k = 0, 1, \cdots$;

(2) $\mathrm{E}X = g'(1)$;

(3) 如果 $\mathrm{E}X < \infty$, 则 $\mathrm{Var}(X) = g''(1) + g'(1) - [g'(1)]^2$;

(4) 如果 $X_1, X_2, \cdots, X_n$ 相互独立, $g_i(s) = \mathrm{E}s^{X_i}$ 是 X_i 的母函数, 则 $Y = X_1 + X_2 + \cdots + X_n$ 有母函数

$$g_Y(s) = g_1(s) g_2(s) \cdots g_n(s), \quad s \in [-1, 1].$$

证明 (1) 由

$$\frac{1}{k!}g^{(k)}(0) = \frac{1}{k!}g^{(k)}(s)\Big|_{s=0}$$
$$= \frac{1}{k!}\sum_{j=k}^{\infty}\Big(\frac{\mathrm{d}^k}{\mathrm{d}s^k}s^j\Big)P(X=j)\Big|_{s=0}$$
$$= P(X=k)$$

得到.

(2) 由 $g'(1) = \sum_{j=0}^{\infty} jP(X=j) = \mathrm{E}X$ 得到.

(3) 由 $g'(1) = \mathrm{E}X$ 和

$$g''(1) + g'(1) - [g'(1)]^2$$
$$= \sum_{j=0}^{\infty} j(j-1)P(X=j) + \sum_{j=0}^{\infty} jP(X=j) - (\mathrm{E}X)^2$$
$$= \mathrm{E}[X(X-1)] + \mathrm{E}X - (\mathrm{E}X)^2$$
$$= \mathrm{E}X^2 - (\mathrm{E}X)^2$$
$$= \mathrm{Var}(X)$$

得到.

(4) 利用定理 2.1.3 知道有界随机变量 $s^{X_1}, s^{X_2}, \cdots, s^{X_n}$ 相互独立, 于是

$$g_Y(s) = \mathrm{E}s^{X_1+X_2+\cdots+X_n}$$
$$= \mathrm{E}s^{X_1}\mathrm{E}s^{X_2}\cdots\mathrm{E}s^{X_n}$$
$$= g_1(s)g_2(s)\cdots g_n(s).$$

结论 (1) 说明母函数和概率分布相互唯一决定.

下面是几个常见概率分布的母函数.

例 5.1.1 二项分布 $Bino(n,p)$ 的母函数是

$$g(s) = \sum_{j=0}^{n} s^j \mathrm{C}_n^j p^j q^{n-j} = (q+sp)^n. \tag{5.1.2}$$

此外, 设 $X_1, X_2, \cdots, X_m$ 相互独立, $X_i \sim Bino(n_i, p)$, 则

$$Y = X_1 + X_2 + \cdots + X_m$$

有母函数

$$g_Y(s) = (q + sp)^{n_1}(q + sp)^{n_2} \cdots (q + sp)^{n_m}$$
$$= (q + sp)^n, \quad n = n_1 + n_2 + \cdots + n_m.$$

说明 $Y \sim Bino(n_1 + n_2 + \cdots + n_m, p)$.

例 5.1.2 泊松分布 $Poiss(\lambda)$ 的母函数是

$$g(s) = \sum_{k=0}^{\infty} s^k \frac{\lambda^k}{k!} \mathrm{e}^{-\lambda} = \mathrm{e}^{\lambda(s-1)}. \tag{5.1.3}$$

此外, 设 $X_1, X_2, \cdots, X_m$ 相互独立, $X_i \sim Poiss(\lambda_i)$, 则

$$Y = X_1 + X_2 + \cdots + X_m$$

有母函数

$$g_Y(s) = \mathrm{e}^{\lambda_1(s-1)}\mathrm{e}^{\lambda_2(s-1)} \cdots \mathrm{e}^{\lambda_m(s-1)}$$
$$= \mathrm{e}^{\lambda(s-1)}, \quad \lambda = \lambda_1 + \lambda_2 + \cdots + \lambda_m.$$

说明 $Y \sim Poiss(\lambda_1 + \lambda_2 + \cdots + \lambda_m)$.

例 5.1.3 几何分布 $P(X = j) = pq^{j-1}$, $j = 1, 2, \cdots$, $p + q = 1$ 的母函数是

$$g(s) = \sum_{j=1}^{\infty} s^j pq^{j-1} = \frac{sp}{1 - sq}. \tag{5.1.4}$$

此外, 设随机变量 $X_1, X_2, \cdots, X_m$ 相互独立, 都服从相同的几何分布 $P(X = j) = pq^{j-1}$, 则

$$S_m = X_1 + X_2 + \cdots + X_m$$

有母函数

$$g_m(s) = \left(\frac{sp}{1-sq}\right)^m. \tag{5.1.5}$$

将 (5.1.5) 式的右边的 $(1-sq)^{-m}$ 在 $sq = 0$ 处泰勒展开, 得到

$$g_m(s) = (sp)^m \left[1 + \sum_{j=1}^{\infty} \frac{m(m+1)\cdots(m+j-1)}{j!}(sq)^j\right]$$

$$= (sp)^m \sum_{j=0}^{\infty} C_{m+j-1}^{m-1}(sq)^j$$

$$= \sum_{k=m}^{\infty} C_{k-1}^{m-1} p^m q^{k-m} s^k.$$

说明 S_m 服从帕斯卡分布

$$P(S_m = k) = C_{k-1}^{m-1} p^m q^{k-m}, \quad k = m, m+1, \cdots.$$

回忆在例 2.2.10 中, S_m 是第 m 次击中目标时的射击次数.

例 5.1.4 若 X 的母函数 $g(s) = (1+s)^2/4$, 求 X 的概率分布.

解 因为

$$g(s) = 1/4 + s/2 + s^2/4,$$

所以 $P(X = 0) = 1/4, P(X = 1) = 1/2, P(X = 2) = 1/4$.

例 5.1.5 掷三颗骰子, 求点数和等于 9 的概率.

解 用 X_i 表示第 i 颗骰子的点数, 则 $Y = X_1 + X_2 + X_3$ 是三颗骰子的总点数. 由

$$g(s) = \mathrm{E}s^{X_1} = \frac{1}{6}(s + s^2 + \cdots + s^6)$$

$$= \frac{1}{6} \cdot \frac{s(1-s^6)}{1-s}$$

得到 Y 的母函数

$$g_Y(s) = g^3(s) = \frac{s^3(1-s^6)^3}{6^3(1-s)^3}$$

$$= \frac{1}{6^3} s^3 (1 - 3s^6 + 3s^{12} - s^{18}) \sum_{k=0}^{\infty} C_{k+2}^2 s^k.$$

可以算出 s^9 的系数是

$$P(Y = 9) = \frac{1}{6^3}(C_{6+2}^2 - 3) = \frac{25}{216}.$$

练 习 5.1

5.1.1 设 $p = 1 - q \in (0,1)$, 验证: 对数分布

$$P(X = k) = -\frac{q^k}{k \ln p}, \quad k = 1, 2, \cdots$$

的母函数和数学期望分别是

$$\frac{\ln(1 - qs)}{\ln p} \quad 和 \quad \frac{-q}{p \ln p}.$$

§5.2 特 征 函 数

概率母函数为取非负整数值的随机变量的研究带来了方便, 特征函数是研究随机变量的概率分布的有力工具.

5.2.1 随机变量的特征函数

为了介绍随机变量的特征函数, 需要先介绍复值随机变量及其数学期望.

定义 5.2.1 如果 ξ, η 是随机变量, $i = \sqrt{-1}$, 则称

$$Z = \xi + i\eta \tag{5.2.1}$$

为复值随机变量. 如果 $E\xi, E\eta$ 存在, 则定义 Z 的数学期望为

$$EZ = E\xi + iE\eta. \tag{5.2.2}$$

没有特殊声明时, 以下的随机变量还都是实值的. 对随机变量 X, 因为 $\sin(tX), \cos(tX)$ 的数学期望存在, 所以定义

$$\phi(t) = Ee^{itX} = E\cos(tX) + iE\sin(tX), \quad t \in \mathbf{R}. \tag{5.2.3}$$

定义 5.2.2 称由 (5.2.3) 式定义的 $\phi(t)$ 为 X 的**特征函数**.

特征函数的最重要性质之一是如下的逆转公式.

定理 5.2.1 (逆转公式) 设 $\phi(t)$ 是 X 的特征函数, $F(x)$ 是 X 的分布函数. 如果 $F(x)$ 在 a, b 连续, 则

$$F(b) - F(a) = \frac{1}{2\pi} \lim_{T \to \infty} \int_{-T}^{T} \frac{\mathrm{e}^{-\mathrm{i}ta} - \mathrm{e}^{-\mathrm{i}tb}}{\mathrm{i}t} \phi(t) \, \mathrm{d}t. \tag{5.2.4}$$

我们略去定理 5.2.1 的证明.

从特征函数的定义知道, 特征函数由随机变量的分布函数唯一决定. 因为分布函数单调不减右连续, 所以逆转公式说明随机变量的特征函数可以唯一决定其分布函数. 于是, 随机变量的特征函数和分布函数相互唯一决定.

特征函数还有下面的性质.

定理 5.2.2 设 $\phi(t) = \mathrm{E}\mathrm{e}^{\mathrm{i}tX}$, 则 $\phi(0) = 1$, $\phi(-t) = \overline{\phi(t)}$, 并且

(1) $|\phi(t)| \leqslant 1$, 如果在 t 处 $\mathrm{e}^{\mathrm{i}tX}$ 不是常数, 则 $|\phi(t)| < 1$;

(2) $\phi(t)$ 在 $(-\infty, \infty)$ 上一致连续;

(3) 如果 $\mathrm{E}X^k$ 存在, 则

$$\phi^{(k)}(t) = \mathrm{i}^k \mathrm{E}(X^k \mathrm{e}^{\mathrm{i}tX}), \quad \phi^{(k)}(0) = \mathrm{i}^k \mathrm{E}(X^k); \tag{5.2.5}$$

(4) 非负定性: 对任何复常数 $a_1, a_2, \cdots, a_n$, 二次型

$$\sum_{k=1}^{n} \sum_{j=1}^{n} \phi(t_k - t_j) a_k \overline{a}_j \geqslant 0;$$

(5) 如果 X_i 有特征函数 $\phi_i(t)$, $X_1, X_2, \cdots, X_n$ 相互独立, 则 $S = X_1 + X_2 + \cdots + X_n$ 有特征函数

$$\phi_Y(t) = \phi_1(t) \phi_2(t) \cdots \phi_n(t).$$

证明 $\phi(0) = \mathrm{E}\mathrm{e}^0 = 1$. $\phi(-t) = \mathrm{E}\cos(tX) - \mathrm{i}\mathrm{E}\sin(tX) = \overline{\phi(t)}$.

(1) 因为 $\mathrm{e}^{\mathrm{i}tX}$ 不是常数, 所以 $\sin(tX)$ 和 $\cos(tX)$ 不全是常数. 用内积不等式得到

$$
\begin{aligned}
|\phi(t)| &= |\mathrm{E}\cos(tX) + \mathrm{i}\mathrm{E}\sin(tX)| \\
&= \left[(\mathrm{E}\cos tX)^2 + (\mathrm{E}\sin tX)^2\right]^{1/2} \\
&< \left[\mathrm{E}\cos^2(tX) + \mathrm{E}\sin^2(tX)\right]^{1/2} \\
&= 1.
\end{aligned}
$$

从上述推导看出 $|\phi(t)| \leqslant 1$ 对任何 t 成立.

下面只对 X 有概率密度 $f(x)$ 的情况给出证明.

(2) 对任何 $\varepsilon > 0$, 有 $M > 0$ 使得

$$
2\int_{|x|>M} f(x)\,\mathrm{d}x < \frac{\varepsilon}{2}.
$$

对此 M, 有 $\delta > 0$ 使得只要 $|x| \leqslant \delta$, 就有 $|\mathrm{e}^{-\mathrm{i}xM} - 1| < \varepsilon/2$. 于是只要 $|s - t| \leqslant \delta$, 就有

$$
\begin{aligned}
|\phi(t) - \phi(s)| &= |\mathrm{E}(\mathrm{e}^{\mathrm{i}tX} - \mathrm{e}^{\mathrm{i}sX})| \\
&\leqslant \mathrm{E}|\mathrm{e}^{\mathrm{i}tX} - \mathrm{e}^{\mathrm{i}sX}| = \mathrm{E}|\mathrm{e}^{\mathrm{i}(t-s)X} - 1| \\
&= \int_{|x|\leqslant M} |\mathrm{e}^{\mathrm{i}(t-s)x} - 1| f(x)\,\mathrm{d}x + \int_{|x|>M} |\mathrm{e}^{\mathrm{i}(t-s)x} - 1| f(x)\,\mathrm{d}x \\
&\leqslant \frac{\varepsilon}{2} + \frac{\varepsilon}{2} = \varepsilon.
\end{aligned}
$$

(3) 由

$$
\mathrm{E}|X^k| = \int_{-\infty}^{\infty} |x^k| f(x)\,\mathrm{d}x < \infty
$$

知道以下的运算成立:

$$
\begin{aligned}
\phi^{(k)}(t) &= \frac{\mathrm{d}^k}{\mathrm{d}t^k} \int_{-\infty}^{\infty} \mathrm{e}^{\mathrm{i}tx} f(x)\,\mathrm{d}x = \int_{-\infty}^{\infty} \frac{\mathrm{d}^k}{\mathrm{d}t^k} \mathrm{e}^{\mathrm{i}tx} f(x)\,\mathrm{d}x \\
&= \mathrm{i}^k \int_{-\infty}^{\infty} x^k \mathrm{e}^{\mathrm{i}tx} f(x)\,\mathrm{d}x = \mathrm{i}^k \mathrm{E}(X^k \mathrm{e}^{\mathrm{i}tX}).
\end{aligned}
$$

(4) 对任何复向量 $\boldsymbol{a} = (a_1, a_2, \cdots, a_n)$, 有

$$\sum_{k=1}^{n} \sum_{j=1}^{n} \phi(t_k - t_j) a_k \overline{a}_j = \mathrm{E}\Big(\sum_{k=1}^{n} \sum_{j=1}^{n} \mathrm{e}^{\mathrm{i}(t_k - t_j)X} a_k \overline{a}_j \Big)$$

$$= \mathrm{E}\Big(\sum_{k=1}^{n} a_k \mathrm{e}^{\mathrm{i}t_k X} \sum_{j=1}^{n} \overline{a}_j \mathrm{e}^{-\mathrm{i}t_j X} \Big) = \mathrm{E}\Big| \sum_{k=1}^{n} a_k \mathrm{e}^{\mathrm{i}t_k X} \Big|^2 \geqslant 0.$$

(5) 由练习 5.2.1 的结论得到.

下面看几个常见概率分布的特征函数.

例 5.2.1　二项分布 $Bino(n, p)$ 的特征函数是

$$\phi(t) = \mathrm{E}\mathrm{e}^{\mathrm{i}tX} = \sum_{j=0}^{n} \mathrm{e}^{\mathrm{i}tj} \mathrm{C}_n^j p^j q^{n-j} = (q + p\mathrm{e}^{\mathrm{i}t})^n. \tag{5.2.6}$$

例 5.2.2　泊松分布 $Poiss(\lambda)$ 的特征函数是

$$\phi(t) = \mathrm{E}\mathrm{e}^{\mathrm{i}tX} = \sum_{k=0}^{\infty} \mathrm{e}^{\mathrm{i}tk} \frac{\lambda^k}{k!} \mathrm{e}^{-\lambda} = \exp[\lambda(\mathrm{e}^{\mathrm{i}t} - 1)]. \tag{5.2.7}$$

例 5.2.3　几何分布 $P(X = j) = pq^{j-1}$, $j = 1, 2, \cdots, p + q = 1$ 的特征函数是

$$\phi(t) = \mathrm{E}\mathrm{e}^{\mathrm{i}tX} = \sum_{j=1}^{\infty} \mathrm{e}^{\mathrm{i}tj} pq^{j-1} = \frac{p\mathrm{e}^{\mathrm{i}t}}{1 - q\mathrm{e}^{\mathrm{i}t}}. \tag{5.2.8}$$

例 5.2.4　指数分布 $Exp(\lambda)$ 的特征函数是

$$\phi(t) = \mathrm{E}\mathrm{e}^{\mathrm{i}tX} = \lambda \int_0^{\infty} \mathrm{e}^{\mathrm{i}tx - \lambda x}\, \mathrm{d}x = \frac{\lambda}{\lambda - \mathrm{i}t}.$$

例 5.2.5　正态分布 $N(\mu, \sigma^2)$ 的特征函数是

$$\phi(t) = \mathrm{E}\mathrm{e}^{\mathrm{i}tX} = \exp\Big(\mathrm{i}\mu t - \frac{1}{2}\sigma^2 t^2 \Big). \tag{5.2.9}$$

证明　先设 $X \sim N(0, 1)$, 因为 $\sin(-tx) = -\sin(tx)$, 所以

$$\phi(t) = \frac{1}{\sqrt{2\pi}} \int_{-\infty}^{\infty} \mathrm{e}^{\mathrm{i}tx} \mathrm{e}^{-x^2/2}\, \mathrm{d}x = \frac{1}{\sqrt{2\pi}} \int_{-\infty}^{\infty} \cos(tx) \mathrm{e}^{-x^2/2}\, \mathrm{d}x.$$

于是得到

$$
\begin{aligned}
\phi'(t) &= -\frac{1}{\sqrt{2\pi}} \int_{-\infty}^{\infty} x \sin(tx) \mathrm{e}^{-x^2/2}\, \mathrm{d}x \\
&= \frac{1}{\sqrt{2\pi}} \int_{-\infty}^{\infty} \sin(tx)\, \mathrm{d}\mathrm{e}^{-x^2/2} \\
&= -\frac{1}{\sqrt{2\pi}} \int_{-\infty}^{\infty} t \cos(tx) \mathrm{e}^{-x^2/2}\, \mathrm{d}x \\
&= -t\phi(t).
\end{aligned}
$$

再由

$$
\frac{\mathrm{d}}{\mathrm{d}t}[\phi(t)\exp(t^2/2)] = [\phi'(t) + t\phi(t)]\mathrm{e}^{t^2/2} = 0
$$

得到 $\phi(t)\exp(t^2/2) = c$. 因为 $\phi(0) = 1$, 所以 $\phi(t) = \exp(-t^2/2)$.

现在设 $Y \sim N(\mu, \sigma^2)$, 则

$$
X = \frac{Y-\mu}{\sigma} \sim N(0,1), \quad Y = \mu + \sigma X.
$$

于是有

$$
\mathrm{E}\mathrm{e}^{\mathrm{i}tY} = \mathrm{E}\mathrm{e}^{\mathrm{i}t(\mu+\sigma X)} = \mathrm{e}^{\mathrm{i}t\mu}\mathrm{E}\mathrm{e}^{\mathrm{i}t\sigma X} = \exp\left(\mathrm{i}\mu t - \frac{\sigma^2 t^2}{2}\right).
$$

例 5.2.6 如果 $X_1, X_2, \cdots, X_n$ 相互独立, $X_j \sim N(\mu_j, \sigma_j^2)$, 证明:

$$
S = \sum_{j=1}^{n} X_j \sim N\Big(\sum_{j=1}^{n}\mu_j, \ \sum_{j=1}^{n}\sigma_j^2\Big).
$$

证明 因为 Y 有特征函数

$$
\mathrm{E}\mathrm{e}^{\mathrm{i}tS} = \prod_{j=1}^{n} \exp\left(\mathrm{i}\mu_j t - \frac{\sigma_j^2 t^2}{2}\right) = \exp\left(\mathrm{i}t\sum_{j=1}^{n}\mu_j - \frac{t^2}{2}\sum_{j=1}^{n}\sigma_j^2\right),
$$

所以结论成立.

5.2.2 依分布收敛

为了介绍特征函数的连续性定理, 我们引入随机变量依分布收敛的概念.

定义 5.2.3 设 X 有分布函数 $F(x)$, X_n 有分布函数 $F_n(x)$. 如果在 $F(x)$ 的所有连续点 x, 有

$$\lim_{n \to \infty} F_n(x) = F(x), \tag{5.2.10}$$

则称 X_n **依分布收敛**到 X, 记作 $X_n \xrightarrow{d} X$, 或称 F_n **弱收敛**到 F, 记作 $F_n \xrightarrow{w} F$.

这里依分布收敛意指分布函数的收敛. 容易看出, 如果 X_n 依分布收敛到 X, 则对 F 的任何连续点 a, b, 当 $a < b$, 有

$$P(a < X_n \leqslant b) = F_n(b) - F_n(a) \to P(a < X \leqslant b). \tag{5.2.11}$$

于是对较大的 n, 可以用 X 的概率分布近似 X_n 的概率分布.

特征函数的连续性定理建立了随机变量的依分布收敛和特征函数的收敛之间的关系, 是概率论中最常用和最重要的定理之一.

定理 5.2.3 (连续性定理) 设 X_n 有特征函数 $\phi_n(t)$, X 有特征函数 $\phi(t)$, 则 X_n 依分布收敛到 X 的充要条件是对任何 t,

$$\lim_{n \to \infty} \phi_n(t) = \phi(t). \tag{5.2.12}$$

本定理略去证明.

例 5.2.7 设 $X \sim Exp(\lambda)$, X_n 服从参数为 p_n 的几何分布

$$P(X_n = k) = (1 - p_n)^{k-1} p_n, \quad k = 1, 2, \cdots.$$

如果 $n \to \infty$ 时 $np_n \to \lambda$, 证明: $X_n/n \xrightarrow{d} X$(参考例 2.2.9).

证明 只要证明 $Y_n = X_n/n$ 的特征函数收敛到 X 的特征函数

$\phi(t) = \lambda/(\lambda - \mathrm{i}t)$. 当 $n \to \infty$,

$$
\begin{aligned}
\mathrm{E}\mathrm{e}^{\mathrm{i}tY_n} &= \mathrm{E}\mathrm{e}^{\mathrm{i}(t/n)X_n} \\
&= \frac{p_n\mathrm{e}^{\mathrm{i}t/n}}{1 - (1 - p_n)\mathrm{e}^{\mathrm{i}t/n}} \\
&= \frac{np_n\mathrm{e}^{\mathrm{i}t/n}}{np_n\mathrm{e}^{\mathrm{i}t/n} + n(1 - \mathrm{e}^{\mathrm{i}t/n})} \\
&\to \lambda/(\lambda - \mathrm{i}t).
\end{aligned}
$$

5.2.3 随机向量的特征函数

随机向量 $\boldsymbol{X} = (X_1, X_2, \cdots, X_n)$ 的特征函数定义为

$$
\phi(\boldsymbol{t}) = \mathrm{E}\exp(\mathrm{i}t\boldsymbol{X}^{\mathrm{T}}), \quad \boldsymbol{t} = (t_1, t_2, \cdots, t_n) \in \mathbf{R}^n. \tag{5.2.13}
$$

下面的向量都是 n 维行向量.

设 $F_m(\boldsymbol{x}) = F(x_1, x_2, \cdots, x_n)$ 是 $\boldsymbol{X}_m = (X_{1m}, X_{2m}, \cdots, X_{nm})$ 的分布函数, 当 $m \to \infty$, 如果在 $F(\boldsymbol{x})$ 的所有连续点 $\boldsymbol{x}$, $F_m(\boldsymbol{x}) \to F(\boldsymbol{x})$, 则称 $\boldsymbol{X}_m$ **依分布收敛**到 $\boldsymbol{X}$, 记作 $\boldsymbol{X}_m \overset{d}{\longrightarrow} \boldsymbol{X}$, 或称 F_m **弱收敛**到 F, 记作 $F_m \overset{w}{\longrightarrow} F$.

类似于随机变量的特征函数, $\boldsymbol{X}$ 的特征函数也有下面的性质.

定理 5.2.4 设 $\phi(\boldsymbol{t})$ 是 $\boldsymbol{X}$ 的特征函数, $\phi_j(t_j)$ 是 $\boldsymbol{X}$ 的分量 X_j 的特征函数, 则有

(1) (逆转公式) $\phi(\boldsymbol{t})$ 和 $\boldsymbol{X}$ 的联合分布相互唯一决定;

(2) $X_1, X_2, \cdots, X_n$ 相互独立的充要条件是

$$
\phi(\boldsymbol{t}) = \phi_1(t_1)\phi_2(t_2)\cdots\phi_n(t_n);
$$

(3) (连续性定理) 设 $m \to \infty$ 时, $\boldsymbol{X}_m$ 的特征函数 $\phi_m(\boldsymbol{t})$ 收敛到在 $\boldsymbol{t} = \boldsymbol{0}$ 连续的函数 $g(\boldsymbol{t})$, 则 $g(\boldsymbol{t})$ 是某个随机向量 $\boldsymbol{Y}$ 的特征函数, 并且 $\boldsymbol{X}_m \overset{d}{\longrightarrow} \boldsymbol{Y}$;

(4) $\boldsymbol{X}_m \overset{d}{\longrightarrow} \boldsymbol{Y}$ 的充要条件是对任何常数向量 $\boldsymbol{a}$, 有

$$
\boldsymbol{a}\boldsymbol{X}_m^{\mathrm{T}} \overset{d}{\longrightarrow} \boldsymbol{a}\boldsymbol{Y}^{\mathrm{T}}.
$$

我们略去定理的证明.

练 习 5.2

5.2.1 设 X, Y 独立, 证明: $\mathrm{E}\mathrm{e}^{\mathrm{i}a(X+Y)} = \mathrm{E}\mathrm{e}^{\mathrm{i}aX}\mathrm{E}\mathrm{e}^{\mathrm{i}aY}$.

5.2.2 验证: (a, b) 上服从均匀分布的随机变量的特征函数是

$$\phi(t) = \frac{\mathrm{e}^{\mathrm{i}bt} - \mathrm{e}^{\mathrm{i}at}}{\mathrm{i}t(b-a)}.$$

§5.3 多元正态分布

设随机变量 $Z_1, Z_2, \cdots, Z_m$ 相互独立, 都服从正态分布 $N(0,1)$. 对于常数 a_{ij} 和 μ_i, 定义线性变换

$$\begin{cases} X_1 = a_{11}Z_1 + a_{12}Z_2 + \cdots + a_{1m}Z_m + \mu_1, \\ X_2 = a_{21}Z_1 + a_{22}Z_2 + \cdots + a_{2m}Z_m + \mu_2, \\ \quad\cdots\cdots \\ X_n = a_{n1}Z_1 + a_{n2}Z_2 + \cdots + a_{nm}Z_m + \mu_n. \end{cases} \tag{5.3.1}$$

这时, 对 $\boldsymbol{X} = (X_1, X_2, \cdots, X_n)$, $\boldsymbol{Z} = (Z_1, Z_2, \cdots, Z_m)$, 有

$$\boldsymbol{X}^{\mathrm{T}} = \boldsymbol{A}\boldsymbol{Z}^{\mathrm{T}} + \boldsymbol{\mu}^{\mathrm{T}}, \tag{5.3.2}$$

其中 $\boldsymbol{A}$ 是 (5.3.1) 式的系数矩阵,

$$\boldsymbol{A} = \begin{pmatrix} a_{11} & a_{12} & \cdots & a_{1m} \\ a_{21} & a_{22} & \cdots & a_{2m} \\ \vdots & \vdots & & \vdots \\ a_{n1} & a_{n2} & \cdots & a_{nm} \end{pmatrix}, \quad \boldsymbol{\mu} = (\mu_1, \mu_2, \cdots, \mu_n).$$

例 5.3.1 证明: 由 (5.3.2) 式定义的 $\boldsymbol{X}$ 有特征函数

$$\phi(\boldsymbol{t}) = \exp\left(\mathrm{i}\boldsymbol{t}\boldsymbol{\mu}^{\mathrm{T}} - \frac{1}{2}\boldsymbol{t}\boldsymbol{\Sigma}\boldsymbol{t}^{\mathrm{T}}\right), \tag{5.3.3}$$

其中 $t = (t_1, t_2, \cdots, t_n)$, $\mu = \mathrm{E}X$, $\Sigma = AA^{\mathrm{T}}$ 是 X 的协方差矩阵.

证明 由于 Z_i 有特征函数 $\mathrm{E}[\exp(\mathrm{i}tZ_i)] = \exp(-t^2/2)$, 所以 Z 有特征函数

$$\phi_{\mathbf{Z}}(\mathbf{s}) = \mathrm{E}\exp(\mathrm{i}\mathbf{s}\mathbf{Z}^{\mathrm{T}}) = \prod_{j=1}^{m} \exp\left(-\frac{s_j^2}{2}\right) = \exp\left(-\frac{\mathbf{s}\mathbf{s}^{\mathrm{T}}}{2}\right),$$

其中 $\mathbf{s} = (s_1, s_2, \cdots, s_m)$. 于是 X 有特征函数

$$\begin{aligned}
\phi_{\mathbf{x}}(t) &= \mathrm{E}\exp(\mathrm{i}t\mathbf{X}^{\mathrm{T}}) \\
&= \mathrm{E}\exp[\mathrm{i}(t\mu^{\mathrm{T}} + t\mathbf{A}\mathbf{Z}^{\mathrm{T}})] \\
&= \exp(\mathrm{i}t\mu^{\mathrm{T}})\mathrm{E}\exp[\mathrm{i}(t\mathbf{A})\mathbf{Z}^{\mathrm{T}}] \\
&= \exp\left[\mathrm{i}t\mu^{\mathrm{T}} - \frac{1}{2}(t\mathbf{A})(\mathbf{A}^{\mathrm{T}}t^{\mathrm{T}})\right] \\
&= \exp\left(\mathrm{i}t^{\mathrm{T}}\mu - \frac{1}{2}t\Sigma t^{\mathrm{T}}\right).
\end{aligned} \tag{5.3.4}$$

并且 $\mathrm{E}\mathbf{X}^{\mathrm{T}} = A\mathrm{E}\mathbf{Z}^{\mathrm{T}} + \mathrm{E}\mu^{\mathrm{T}} = \mu^{\mathrm{T}}$. 利用 $\mathrm{E}(\mathbf{Z}^{\mathrm{T}}\mathbf{Z}) = I$, 得到 X 的协方差矩阵

$$\mathrm{E}[(\mathbf{X} - \mu)^{\mathrm{T}}(\mathbf{X} - \mu)] = \mathrm{E}[(A\mathbf{Z}^{\mathrm{T}})(\mathbf{Z}A^{\mathrm{T}})] = AA^{\mathrm{T}} = \Sigma.$$

因为特征函数和概率分布相互唯一决定, 所以有下面的定义.

定义 5.3.1 设 Σ 是非负定矩阵. 如果 X 的特征函数由 (5.3.3) 式定义, 则称 X 服从**多元 (n 元) 正态分布**, 记作 $X \sim N(\mu, \Sigma)$.

注 5.3.1 在定义 5.3.1 中, 如果 $\det(\Sigma) = 0$, 还称 X 服从退化的多元正态分布, 仍记作 $X \sim N(\mu, \Sigma)$.

因为任何非负定矩阵可以表达成 AA^{T} 的形式, 所以从例 5.3.1 的结论知道: 若 X 服从多元正态分布, 则其概率分布由 X 的数学期望和协方差矩阵唯一决定.

例 5.3.2 证明: $X = (X_1, X_2, \cdots, X_n) \sim N(\mu, \Sigma)$ 的充要条件是对任何非零向量 $a = (a_1, a_2, \cdots, a_n) \in \mathbf{R}^n$, 随机变量

$$a\mathbf{X}^{\mathrm{T}} \sim N(a\mu^{\mathrm{T}}, a\Sigma a^{\mathrm{T}}). \tag{5.3.5}$$

证明   当 $X \sim N(\boldsymbol{\mu}, \boldsymbol{\Sigma})$ 时, $Y = \boldsymbol{a}X^{\mathrm{T}}$ 有特征函数

$$\phi(t) = \mathrm{E} \exp(\mathrm{i}tY) = \mathrm{E} \exp[\mathrm{i}(t\boldsymbol{a})X^{\mathrm{T}}]$$
$$= \exp\left[\mathrm{i}t(\boldsymbol{a}^{\mathrm{T}}\boldsymbol{\mu}) - \frac{1}{2}t^2(\boldsymbol{a}\boldsymbol{\Sigma}\boldsymbol{a}^{\mathrm{T}})\right], \qquad (5.3.6)$$

于是 (5.3.5) 式成立. 反之, 若 (5.3.5) 式成立, 则 (5.3.6) 式成立. 取 $t = 1$, 由 (5.3.6) 式得到 X 的特征函数

$$\mathrm{E} \exp\left(\mathrm{i}\boldsymbol{a}X^{\mathrm{T}}\right) = \exp\left(\mathrm{i}\boldsymbol{a}\boldsymbol{\mu}^{\mathrm{T}} - \frac{1}{2}\boldsymbol{a}\boldsymbol{\Sigma}\boldsymbol{a}^{\mathrm{T}}\right), \quad \boldsymbol{a} \in \mathbf{R}^n.$$

将 $\boldsymbol{a}$ 视为自变量, 得到 $X \sim N(\boldsymbol{\mu}, \boldsymbol{\Sigma})$.

关于多元正态分布, 有以下结论.

定理 5.3.1   设 $X \sim N(\boldsymbol{\mu}, \boldsymbol{\Sigma})$, B 是常数矩阵, c 是常数向量.

(1) 如果 $\boldsymbol{\Sigma}$ 是正定矩阵, 则 X 有联合密度

$$f(\boldsymbol{x}) = \frac{1}{\sqrt{(2\pi)^n \det(\boldsymbol{\Sigma})}} \exp\left[-\frac{1}{2}(\boldsymbol{x} - \boldsymbol{\mu})\boldsymbol{\Sigma}^{-1}(\boldsymbol{x} - \boldsymbol{\mu})^{\mathrm{T}}\right]; \qquad (5.3.7)$$

(2) 线性变换 $Y^{\mathrm{T}} = BX^{\mathrm{T}} + c^{\mathrm{T}}$ 服从多元正态分布;

(3) $X_1, X_2, \cdots, X_m$ 相互独立的充要条件是 $\boldsymbol{\Sigma}$ 为对角阵.

证明   (1) 因为 $\boldsymbol{\Sigma}$ 是正定矩阵, 所以有可逆方阵 A 使得 $\boldsymbol{\Sigma} = AA^{\mathrm{T}}$. 对 $m = n$, 设 X 由 (5.3.2) 式定义, 则 $X \sim N(\boldsymbol{\mu}, \boldsymbol{\Sigma})$. 设 $\boldsymbol{x}^{\mathrm{T}} = A\boldsymbol{z}^{\mathrm{T}} + \boldsymbol{\mu}^{\mathrm{T}}$, 则有 $\boldsymbol{z} = (\boldsymbol{x} - \boldsymbol{\mu})A^{-\mathrm{T}}$, 并且 (参考 (5.3.1) 式)

$$J = \frac{\partial \boldsymbol{z}}{\partial \boldsymbol{x}} = \det(A^{-\mathrm{T}}) = \frac{1}{\det(A)}, \quad |J| = \frac{1}{\sqrt{\det(\boldsymbol{\Sigma})}}.$$

用 (5.3.2) 式和

$$P(\boldsymbol{Z} = \boldsymbol{z}) = \frac{1}{(\sqrt{2\pi})^n} \exp\left(-\frac{1}{2}\boldsymbol{z}\boldsymbol{z}^{-\mathrm{T}}\right) \mathrm{d}\boldsymbol{t}$$

得到

$$P(\boldsymbol{X} = \boldsymbol{x}) = P\left(\boldsymbol{Z} = (\boldsymbol{x} - \boldsymbol{\mu})A^{-\mathrm{T}}\right)$$
$$= \frac{1}{(\sqrt{2\pi})^n} \exp\left\{-\frac{1}{2}[(\boldsymbol{x} - \boldsymbol{\mu})A^{-\mathrm{T}}][(\boldsymbol{x} - \boldsymbol{\mu})A^{-\mathrm{T}}]^{\mathrm{T}}\right\} |J| \mathrm{d}\boldsymbol{z}$$
$$= \frac{1}{\sqrt{(2\pi)^n \det(\boldsymbol{\Sigma})}} \exp\left[-\frac{1}{2}(\boldsymbol{x} - \boldsymbol{\mu})\boldsymbol{\Sigma}^{-1}(\boldsymbol{x} - \boldsymbol{\mu})^{\mathrm{T}}\right] \mathrm{d}\boldsymbol{z}. \qquad (5.3.8)$$

由微分法知道 $\boldsymbol{X}$ 的概率密度为 (5.3.7).

(2) 设 $\boldsymbol{X}$ 由 (5.3.2) 式定义. 定义 $\boldsymbol{A}_0 = \boldsymbol{B}\boldsymbol{A}$, $\boldsymbol{\mu}_0^{\mathrm{T}} = \boldsymbol{B}\boldsymbol{\mu}^{\mathrm{T}} + \boldsymbol{c}^{\mathrm{T}}$, 由例 5.3.1 的结论知道

$$\boldsymbol{Y}^{\mathrm{T}} = \boldsymbol{B}(\boldsymbol{A}\boldsymbol{Z}^{\mathrm{T}} + \boldsymbol{\mu}^{\mathrm{T}}) + \boldsymbol{c}^{\mathrm{T}} = \boldsymbol{A}_0 \boldsymbol{Z}^{\mathrm{T}} + \boldsymbol{\mu}_0^{\mathrm{T}}$$

服从多元正态分布.

(3) $\boldsymbol{\Sigma}$ 为对角阵 $\mathrm{diag}(\sigma_1^2, \sigma_2^2, \cdots, \sigma_n^2)$ 的充要条件是 $\boldsymbol{X}$ 的特征函数

$$\begin{aligned}
\phi(\boldsymbol{t}) &= \exp\left(\mathrm{i}\boldsymbol{t}\boldsymbol{\mu}^{\mathrm{T}} - \frac{1}{2}\boldsymbol{t}\boldsymbol{\Sigma}\boldsymbol{t}^{\mathrm{T}}\right) \\
&= \exp\left(\mathrm{i}\boldsymbol{t}\boldsymbol{\mu}^{\mathrm{T}} + \frac{1}{2}\sum_{i=1}^{n}\sigma_i^2 t_i^2\right) \\
&= \prod_{i=1}^{n}\exp\left(\mathrm{i}t_i\mu_i + \frac{1}{2}\sigma_i^2 t_i^2\right).
\end{aligned}$$

这正是 $X_1, X_2, \cdots, X_m$ 相互独立, 且 $X_i \sim N(\mu_i, \sigma_i^2)$ 时, $\boldsymbol{X}$ 的特征函数. 由定理 5.2.4 知道结论成立.

例 5.3.3 某蛋糕厂经理为判断牛奶供应商所供应的鲜牛奶是否被兑水, 对牛奶的 16 个样品进行了冰点测量. 已知 (单次) 测量的标准差是 $0.007\,^{\circ}\mathrm{C}$, 天然牛奶的冰点是 $-0.545\,^{\circ}\mathrm{C}$. 当牛奶没有被兑水时, 求测量的 16 个样品的平均冰点高于 $-0.540\,^{\circ}\mathrm{C}$ 的概率.

解 设 $n = 16$. 用 X_i 表示第 i 个样品的冰点. 如果牛奶没有被兑水, 则 $X_1, X_2, \cdots, X_n$ 独立同分布, 都服从正态分布 $N(\mu, \sigma^2)$, 其中 $\mu = -0.545$, $\sigma^2 = (0.007)^2$. 测量的平均值

$$\overline{X}_n = \frac{1}{n}\sum_{i=1}^{n}X_i$$

有数学期望 μ 和方差 σ^2/n. 于是 $\overline{X}_n \sim N(\mu, \sigma^2/n)$. 要求的概率是

$$\begin{aligned}
P(\overline{X}_n \geqslant -0.54) &= P\left(\frac{\overline{X}_n - \mu}{\sqrt{\sigma^2/n}} \geqslant \frac{-0.54 - \mu}{\sqrt{\sigma^2/n}}\right) \\
&= 1 - P\left(\frac{\overline{X}_n - \mu}{\sqrt{\sigma^2/n}} < \frac{-0.54 + 0.545}{0.007/4}\right)
\end{aligned}$$

$$= 1 - \Phi(4 \times 0.005/0.007)$$
$$= 1 - \Phi(2.857) = 1 - 0.9978 = 0.0021.$$

为了介绍多元正态分布的条件分布, 需要引入随机向量独立的概念.

无说明时, 下面的向量都是列向量.

定义 5.3.2 称 n 维随机向量 $\boldsymbol{X}_1$ 和 m 维随机向量 $\boldsymbol{X}_2$ **相互独立**, 如果对任何 $\mathbf{R}^n$ 的子集 C, $\mathbf{R}^m$ 的子集 D, 有

$$P(\boldsymbol{X}_1 \in C, \boldsymbol{X}_2 \in D) = P(\boldsymbol{X}_1 \in C)P(\boldsymbol{X}_2 \in D). \tag{5.3.9}$$

设随机向量

$$\begin{pmatrix} \boldsymbol{X}_1 \\ \boldsymbol{X}_2 \end{pmatrix}$$

有分布函数 $F(\boldsymbol{x}_1, \boldsymbol{x}_2)$, 概率密度 $f(\boldsymbol{x}_1, \boldsymbol{x}_2)$, 特征函数 $\phi(\boldsymbol{t}_1, \boldsymbol{t}_2)$; 又设 $\boldsymbol{X}_1$, $\boldsymbol{X}_2$ 分别有分布函数 $F_1(\boldsymbol{x}_1)$, $F_2(\boldsymbol{x}_2)$, 联合密度 $f_1(\boldsymbol{x}_1)$, $f_2(\boldsymbol{x}_2)$, 特征函数 $\phi_1(\boldsymbol{t}_1)$, $\phi_2(\boldsymbol{t}_2)$. 我们有下面的定理.

定理 5.3.2 随机向量 $\boldsymbol{X}_1$ 和 $\boldsymbol{X}_2$ 相互独立的充要条件是以下条件之一成立:

(1) $F(\boldsymbol{x}_1, \boldsymbol{x}_2) = F_1(\boldsymbol{x}_1)F_2(\boldsymbol{x}_2)$, $(\boldsymbol{x}_1, \boldsymbol{x}_2) \in \mathbf{R}^{n+m}$;

(2) $f(\boldsymbol{x}_1, \boldsymbol{x}_2) = f_1(\boldsymbol{x}_1)f_2(\boldsymbol{x}_2)$, $(\boldsymbol{x}_1, \boldsymbol{x}_2) \in \mathbf{R}^{n+m}$;

(3) $\phi(\boldsymbol{t}_1, \boldsymbol{t}_2) = \phi_1(\boldsymbol{t}_1)\phi_2(\boldsymbol{t}_2)$, $(\boldsymbol{t}_1, \boldsymbol{t}_2) \in \mathbf{R}^{n+m}$.

例 5.3.4 设 $\boldsymbol{X} \sim N(\boldsymbol{\mu}, \boldsymbol{\Sigma})$, 如果

$$\boldsymbol{X} = \begin{pmatrix} \boldsymbol{X}_1 \\ \boldsymbol{X}_2 \end{pmatrix}, \quad \boldsymbol{\mu} = \begin{pmatrix} \boldsymbol{\mu}_1 \\ \boldsymbol{\mu}_2 \end{pmatrix}, \quad \boldsymbol{\Sigma} = \begin{pmatrix} \boldsymbol{\Sigma}_{11} & \mathbf{0} \\ \mathbf{0} & \boldsymbol{\Sigma}_{22} \end{pmatrix},$$

且 $\boldsymbol{X}_1$, $\boldsymbol{\mu}_1$ 和方阵 $\boldsymbol{\Sigma}_{11}$ 的行数相同, 证明: $\boldsymbol{X}_1$ 和 $\boldsymbol{X}_2$ 独立, 而且

$$\boldsymbol{X}_1 \sim N(\boldsymbol{\mu}_1, \boldsymbol{\Sigma}_{11}), \quad \boldsymbol{X}_2 \sim N(\boldsymbol{\mu}_2, \boldsymbol{\Sigma}_{22}).$$

证明 这时 X 有特征函数

$$
\begin{aligned}
\phi(t) &= \phi(t_1, t_2) \\
&= \exp\left(\mathrm{i}t^{\mathrm{T}}\mu - \frac{1}{2}t^{\mathrm{T}}\Sigma t\right) \\
&= \exp\left(\mathrm{i}t_1{}^{\mathrm{T}}\mu_1 + \mathrm{i}t_2{}^{\mathrm{T}}\mu_2 - \frac{1}{2}t_1{}^{\mathrm{T}}\Sigma_{11}t_1 - \frac{1}{2}t_2{}^{\mathrm{T}}\Sigma_{22}t_2\right) \\
&= \phi_1(t_1)\phi_2(t_2),
\end{aligned}
$$

其中

$$
\phi_1(t_1) = \exp\left(\mathrm{i}t_1{}^{\mathrm{T}}\mu_1 - \frac{1}{2}t_1{}^{\mathrm{T}}\Sigma_{11}t_1\right),
$$
$$
\phi_2(t_2) = \exp\left(\mathrm{i}t_2{}^{\mathrm{T}}\mu_2 - \frac{1}{2}t_2{}^{\mathrm{T}}\Sigma_{22}t_2\right)
$$

分别是 X_1, X_2 的特征函数. 于是由定理 5.3.2 得到结论.

下面用 $X \leqslant x$ 表示所有的 $X_i \leqslant x_i$.

定理 5.3.3 设 $X \sim N(\mu, \Sigma)$, $\det(\Sigma) > 0$ 和分块矩阵

$$
X = \begin{pmatrix} X_1 \\ X_2 \end{pmatrix}, \quad \mu = \begin{pmatrix} \mu_1 \\ \mu_2 \end{pmatrix}, \quad \Sigma = \begin{pmatrix} \Sigma_{11} & \Sigma_{12} \\ \Sigma_{21} & \Sigma_{22} \end{pmatrix},
$$

其中 X_1, μ_1 和方阵 Σ_{11} 的行数相同, 则在条件 $X_1 = x_1$ 下, X_2 服从 (多元) 正态分布

$$
N\left(\mu_2 + \Sigma_{21}\Sigma_{11}^{-1}(x_1 - \mu_1),\ \Sigma_{22} - \Sigma_{21}\Sigma_{11}^{-1}\Sigma_{12}\right). \tag{5.3.10}
$$

证明 引入 $Y_1 = X_1 - \mu_1$, $Y_2 = X_2 - \mu_2$. 我们求矩阵 C 使得 Y_1 和 $Z_2 = CY_1 + Y_2$ 独立. 根据定理 5.3.2 的结论 (2), 只要 C 使得

$$
\mathrm{E}[(CY_1 + Y_2)Y_1^{\mathrm{T}}] = C\Sigma_{11} + \Sigma_{21} = 0.
$$

于是得到 $C = -\Sigma_{21}\Sigma_{11}^{-1}$. 下面总设 $C = -\Sigma_{21}\Sigma_{11}^{-1}$. 利用

$$
X_2 = Y_2 + \mu_2 = Z_2 - CY_1 + \mu_2
$$

得到

$$P(\boldsymbol{X}_2 \leqslant \boldsymbol{x}_2 | \boldsymbol{X}_1 = \boldsymbol{x}_1)$$
$$= P(\boldsymbol{Z}_2 - \boldsymbol{C}\boldsymbol{Y}_1 + \boldsymbol{\mu}_2 \leqslant \boldsymbol{x}_2 | \boldsymbol{Y}_1 = \boldsymbol{x}_1 - \boldsymbol{\mu}_1)$$
$$= P(\boldsymbol{Z}_2 + \boldsymbol{\mu}_2 - \boldsymbol{C}(\boldsymbol{x}_1 - \boldsymbol{\mu}_1) \leqslant \boldsymbol{x}_2 | \boldsymbol{Y}_1 = \boldsymbol{x}_1 - \boldsymbol{\mu}_1)$$
$$= P(\boldsymbol{Z}_2 + \boldsymbol{\mu}_2 - \boldsymbol{C}(\boldsymbol{x}_1 - \boldsymbol{\mu}_1) \leqslant \boldsymbol{x}_2). \qquad [用 \boldsymbol{Z}_2 \text{ 和 } \boldsymbol{Y}_1 \text{ 独立}]$$

说明在条件 $\boldsymbol{X}_1 = \boldsymbol{x}_1$ 下, $\boldsymbol{X}_2$ 和

$$\boldsymbol{\xi} = \boldsymbol{Z}_2 + \boldsymbol{\mu}_2 - \boldsymbol{C}(\boldsymbol{x}_1 - \boldsymbol{\mu}_1)$$

同分布. 由定理 5.3.1 的结论 (2) 知道 $\boldsymbol{\xi}$ 服从多元正态分布, 并且有数学期望

$$\mathrm{E}\boldsymbol{\xi} = \boldsymbol{0} + \boldsymbol{\mu}_2 - \boldsymbol{C}(\boldsymbol{x}_1 - \boldsymbol{\mu}_1) = \boldsymbol{\mu}_2 + \boldsymbol{\varSigma}_{21}\boldsymbol{\varSigma}_{11}^{-1}(\boldsymbol{x}_1 - \boldsymbol{\mu}_1)$$

和协方差矩阵

$$\mathrm{E}[(\boldsymbol{\xi} - \mathrm{E}\boldsymbol{\xi})(\boldsymbol{\xi} - \mathrm{E}\boldsymbol{\xi})^{\mathrm{T}}]$$
$$= \mathrm{E}[(\boldsymbol{C}\boldsymbol{Y}_1 + \boldsymbol{Y}_2)(\boldsymbol{C}\boldsymbol{Y}_1 + \boldsymbol{Y}_2)^{\mathrm{T}}]$$
$$= \boldsymbol{C}\boldsymbol{\varSigma}_{11}\boldsymbol{C}^{\mathrm{T}} + \boldsymbol{C}\boldsymbol{\varSigma}_{12} + \boldsymbol{\varSigma}_{21}\boldsymbol{C}^{\mathrm{T}} + \boldsymbol{\varSigma}_{22}$$
$$= \boldsymbol{\varSigma}_{21}\boldsymbol{\varSigma}_{11}^{-1}\boldsymbol{\varSigma}_{12} - 2\boldsymbol{\varSigma}_{21}\boldsymbol{\varSigma}_{11}^{-1}\boldsymbol{\varSigma}_{12} + \boldsymbol{\varSigma}_{22}$$
$$= \boldsymbol{\varSigma}_{22} - \boldsymbol{\varSigma}_{21}\boldsymbol{\varSigma}_{11}^{-1}\boldsymbol{\varSigma}_{12}.$$

所以 $\boldsymbol{\xi}$ 服从正态分布 (5.3.10). 于是在条件 $\boldsymbol{X}_1 = \boldsymbol{x}_1$ 下, $\boldsymbol{X}_2$ 服从 (多元) 正态分布 (5.3.10).

练 习 5.3

5.3.1 设 $\boldsymbol{X} \sim N(\boldsymbol{\mu}, \boldsymbol{\varSigma})$, 给出 $\boldsymbol{Y} = \boldsymbol{A}\boldsymbol{X} + \boldsymbol{\alpha}$ 服从的概率分布.

5.3.2 设 n 维随机向量 $\boldsymbol{X} \sim N(\boldsymbol{\mu}, \boldsymbol{\varSigma})$, $\boldsymbol{\varSigma}$ 正定, 求 $Y = \sum_{j=1}^{n} X_j$ 服从的概率分布.

5.3.3 如果 X 服从多元正态分布, 证明: X 的任何分量 $(X_{j_1}, X_{j_2}, \cdots, X_{j_k})$ 也服从 (多元) 正态分布.

5.3.4 设 $X \sim N(\boldsymbol{\mu}, \boldsymbol{\Sigma}), \det(\boldsymbol{\Sigma}) > 0$, 证明: X 可以表示成 (5.3.2) 式的形式. 如果 B 是正交矩阵, 且 $\boldsymbol{\mu} = \mathbf{0}$, 证明: XB 和 X 同分布.

§5.4 大 数 律

在 n 次独立重复试验中, 引入

$$\xi_j = \begin{cases} 1, & \text{当第 } j \text{ 次试验成功,} \\ 0, & \text{当第 } j \text{ 次试验不成功,} \end{cases}$$

则 $S_n = \xi_1 + \xi_2 + \cdots + \xi_n$ 是 n 次试验中的成功次数. 由概率的频率定义知道

$$\lim_{n\to\infty} \frac{S_n}{n} = P(\xi_1 = 1) = \mathrm{E}\xi_1 \text{ 以概率 1 成立.} \tag{5.4.1}$$

在数学上证明类似 (5.4.1) 的结论是本节的任务.

5.4.1 弱大数律

我们先引入随机变量序列依概率收敛的定义. 以下称随机变量的序列 $\{\xi_n\} = \{\xi_1, \xi_2, \cdots\}$ 为**随机序列**.

定义 5.4.1 设 $\{\xi_n\}$ 是随机序列, ξ 是随机变量. 如果对任何 $\varepsilon > 0$, 有

$$\lim_{n\to\infty} P(|\xi_n - \xi| \geqslant \varepsilon) = 0, \tag{5.4.2}$$

则称 ξ_n **依概率收敛**到 ξ, 记作 $\xi_n \xrightarrow{p} \xi$.

$\xi_n \xrightarrow{p} \xi$ 表示, 对任何 $\varepsilon > 0$ 和 $\delta > 0$, 有 n_0 存在, 只要 $n \geqslant n_0$,

$$P(|\xi_n - \xi| \geqslant \varepsilon) \leqslant \delta, \tag{5.4.3}$$

或等价地说, 只要 $n \geqslant n_0$,

$$P(|\xi_n - \xi| < \varepsilon) > 1 - \delta. \tag{5.4.4}$$

也就是说对充分大的 n, ξ_n 以很大的概率充分靠近 ξ.

定理 5.4.1 设 $\{X_n\}$ 中的随机变量两两不相关: $\mathrm{Cov}\,(X_i, X_j) = 0$ $(i \neq j)$. 如果

$$\mu_j = \mathrm{E}X_j, \quad \mathrm{Var}(X_j) \leqslant c, \quad j = 1, 2, \cdots, \tag{5.4.5}$$

其中 c 是常数, 则有

$$\frac{1}{n}\sum_{j=1}^{n}(X_j - \mu_j) \stackrel{p}{\longrightarrow} 0. \tag{5.4.6}$$

特别当 $\{X_j\}$ 有相同的数学期望 $\mu = \mu_j$ 时, 有

$$\frac{1}{n}\sum_{j=1}^{n}X_j \stackrel{p}{\longrightarrow} \mu. \tag{5.4.7}$$

证明 用 $S_n = X_1 + X_2 + \cdots + X_n$ 表示 $\{X_n\}$ 的部分和. 对任何 $\varepsilon > 0$, 利用马尔可夫不等式 (见定理 4.3.2) 得到

$$P\Big(\Big|\frac{1}{n}\sum_{j=1}^{n}(X_j - \mu_j)\Big| \geqslant \varepsilon\Big) = P(|S_n - \mathrm{E}S_n| \geqslant n\varepsilon)$$

$$\leqslant \frac{1}{n^2\varepsilon^2}\mathrm{Var}(S_n) = \frac{1}{n^2\varepsilon^2}\sum_{j=1}^{n}\mathrm{Var}(X_j)$$

$$\leqslant \frac{1}{n\varepsilon^2}c \to 0, \quad n \to \infty.$$

所以 (5.4.6) 式成立. 当 $\mu_j = \mu$ 时, 因为

$$\frac{1}{n}\sum_{j=1}^{n}(X_j - \mu_j) = \frac{1}{n}\sum_{j=1}^{n}X_j - \mu,$$

所以从 (5.4.6) 式得到 (5.4.7) 式.

定理 5.4.2 如果 $\{X_j\}$ 是独立同分布的随机序列, $\mu = \mathrm{E}X_1$, 则

$$\frac{1}{n}\sum_{j=1}^{n}X_j \stackrel{p}{\longrightarrow} \mu.$$

当 $\mathrm{Var}(X_1) < \infty$ 时, 定理 5.4.2 是定理 5.4.1 的推论. 一般情况下可以将 $Y_j = X_j - \mu$ 截成两部分

$$U_j = \begin{cases} Y_j, & \text{当 } |Y_j| \leqslant m, \\ 0, & \text{其他,} \end{cases} \quad V_j = \begin{cases} Y_j, & \text{当 } |Y_j| > m, \\ 0, & \text{其他.} \end{cases}$$

这时 $Y_j = U_j + V_j$. 对 $\varepsilon > 0, \delta > 0$, 先取 m 使得 (详见练习 5.4.3)

$$2\mathrm{E}|V_j - \mathrm{E}V_j| \leqslant 4\mathrm{E}|V_j| < \varepsilon\delta/2,$$

再用马尔可夫不等式得到

$$P\Big(\frac{1}{n}\Big|\sum_{j=1}^{\infty}(V_j - \mathrm{E}V_j)\Big| \geqslant \frac{\varepsilon}{2}\Big) \leqslant \frac{2\mathrm{E}|V_j - \mathrm{E}V_j|}{\varepsilon} < \frac{\delta}{2}.$$

而 $\{U_j\}$ 独立同分布, 方差有限, 所以当 n 充分大后, 有

$$P\Big(\frac{1}{n}\Big|\sum_{j=1}^{\infty}Y_j\Big| \geqslant \varepsilon\Big) = P\Big(\frac{1}{n}\Big|\sum_{j=1}^{\infty}\big[(U_j - \mathrm{E}U_j) + (V_j - \mathrm{E}V_j)\big]\Big| \geqslant \varepsilon\Big)$$
$$\leqslant P\Big(\frac{1}{n}\Big|\sum_{j=1}^{\infty}(U_j - \mathrm{E}U_j)\Big| \geqslant \frac{\varepsilon}{2}\Big) + P\Big(\frac{1}{n}\Big|\sum_{j=1}^{\infty}(V_j - \mathrm{E}V_j)\Big| \geqslant \frac{\varepsilon}{2}\Big) < \delta.$$

类似于公式 (5.4.6) 和 (5.4.7) 的结论被称为**弱大数律**.

5.4.2 强大数律

从弱大数律还不能得到结论 (5.4.1), 我们再介绍强大数律.

定义 5.4.2 设 $\{\xi_n\}$ 是随机序列, ξ 是随机变量. 如果

$$P\Big(\lim_{n\to\infty}\xi_n = \xi\Big) = 1,$$

则称 $\{\xi_n\}$ 以**概率 1 收敛** ξ 或**几乎必然收敛**到 ξ.

设 $\xi, \xi_n, n = 1, 2, \cdots$ 都是概率空间 $(\Omega, \mathcal{F}, P)$ 上的随机变量, 则 ξ_n, ξ 都是定义在 Ω 上的实值函数. 定义

$$\Omega_0 = \Big\{\omega \mid \lim_{n\to\infty}\xi_n(\omega) = \xi(\omega)\Big\},$$

则 $\xi_n \to \xi$ 以概率 1 成立和 $P(\Omega_0) = 1$ 等价. 因为以概率 1 发生的事件在实际中必然发生 (参考 §1.5), 所以 $\xi_n \to \xi$ 以概率 1 成立时, ξ_n 的观测值必然收敛到 ξ 的观测值.

定理 5.4.3 如果 $\{X_j\}$ 是独立同分布的随机序列, $\mu = \mathrm{E}X_1$, 则

$$\frac{1}{n} \sum_{j=1}^{n} X_j \to \mu \text{ 以概率 1 成立.} \tag{5.4.8}$$

定理 5.4.3 的证明略显复杂. 我们只对 $\nu_4 = \mathrm{E}(X_1 - \mu)^4 < \infty$ 的情况给出证明. 因为 (5.4.8) 式和

$$\frac{1}{n} \sum_{j=1}^{n} (X_j - \mu) \to 0, \quad \text{a.s.}$$

等价, 所以只需对 $\mu = 0$ 的情况给出证明. 这时从内积不等式知道 $\sigma^2 = \mathrm{E}X_j^2 \leqslant \sqrt{\nu_4} < \infty$. 下面的证明设 $\mu = 0$, $\nu_4 = \mathrm{E}X_j^4 < \infty$.

证明 设 $S_n = X_1 + X_2 + \cdots + X_n$. 因为对互不相同的 i, j, k, l, 利用独立性得到

$$\mathrm{E}(X_i^3 X_j) = \mathrm{E}X_i^3 \mathrm{E}X_j = 0,$$
$$\mathrm{E}(X_i^2 X_j X_k) = \mathrm{E}X_i^2 \mathrm{E}X_j \mathrm{E}X_k = 0,$$
$$\mathrm{E}(X_i X_j X_k X_l) = \mathrm{E}X_i \mathrm{E}X_j \mathrm{E}X_k \mathrm{E}X_l = 0,$$

所以有

$$\begin{aligned}
\mathrm{E}S_n^4 &= \mathrm{E}\Big(\sum_{j=1}^{n} X_j^2 + 2 \sum_{j<k} X_j X_k \Big)^2 \\
&= \mathrm{E}\Big(\sum_{j=1}^{n} X_j^2 \Big)^2 + 4\mathrm{E}\Big(\sum_{j<k} X_j X_k \Big)^2 \\
&= \big[n\mathrm{E}X_1^4 + n(n-1)(\mathrm{E}X_1^2)^2 \big] + 4\mathrm{E}\Big(\sum_{j<k} X_j^2 X_k^2 \Big) \\
&= n\nu_4 + 3n(n-1)\sigma^4 \\
&\leqslant n^2 c_0,
\end{aligned}$$

其中 c_0 是正常数. 于是对 $\varepsilon_n = n^{-1/8}$, 用马尔可夫不等式得到

$$\sum_{n=1}^{\infty} P\left(\left|\frac{1}{n}S_n\right| \geqslant \varepsilon_n\right) = \sum_{n=1}^{\infty} P\left(|S_n| \geqslant n\varepsilon_n\right)$$

$$\leqslant \sum_{n=1}^{\infty} \frac{1}{n^4 \varepsilon_n^4} \mathrm{E} S_n^4 \leqslant \sum_{n=1}^{\infty} \frac{n^2 c_0}{n^{4-1/2}} < \infty.$$

再用博雷尔–坎特利引理的推论 (见推论 1.10.3) 得到

$$\sum_{n=1}^{\infty} \mathbf{I}\left[\left|\frac{1}{n}S_n\right| \geqslant \varepsilon_n\right] < \infty \text{ 以概率 } 1 \text{ 成立}.$$

即存在 $\Omega_0 \subseteq \Omega$, $P(\Omega_0) = 1$, 使得对 $\omega \in \Omega_0$, 只要 n 充分大, 有

$$\left|\frac{1}{n}\sum_{j=1}^{n} X_j(\omega)\right| \leqslant \varepsilon_n.$$

于是 (5.4.8) 式成立.

设 Ω 是试验 S 的样本空间, $A \subseteq \Omega$. 在对 S 进行独立重复试验时, 用 $X_j = 1$ 或 0 分别表示第 j 次试验事件 A 发生或不发生, 则 $N_A = \sum_{j=1}^{N} X_j$ 是前 N 次试验中 A 发生的次数,

$$\frac{N_A}{N} = \frac{1}{N}\sum_{j=1}^{N} X_j$$

是前 N 次试验中 A 的发生频率. 如果 A 是事件, 则 $\{X_j\}$ 是独立同分布的随机序列, $\mathrm{E} X_j = P(A)$. 由定理 5.4.3 得到

$$\lim_{N\to\infty} \frac{N_A}{N} = \lim_{N\to\infty} \frac{1}{N}\sum_{j=1}^{N} X_j = P(A) \text{以概率 } 1 \text{ 成立}.$$

因为概率等于 1 的事件必然发生, 所以定理 5.4.3 从理论上证明了频率向概率收敛.

注意 (5.4.8) 式的等价表示是

$$P\Big(\lim_{n\to\infty}\frac{1}{n}\sum_{j=1}^{n}X_j=\mu\Big)=1.$$

现在设随机变量 X 是某个试验的结果. 在统计学中称 $EX=\mu$ 为这个试验的总体均值, 当独立重复这个试验时, 用 X_n 表示第 n 次试验的结果, 根据强大数律, 样本均值 $\overline{X}_n$ 以概率 1 收敛到总体均值 μ. 因为概率等于 1 的事件在实际中必然发生, 所以如果第 n 次试验得到的观测结果是 x_n, 则强大数律保证

$$\lim_{n\to\infty}\frac{1}{n}\sum_{j=1}^{n}x_j=\mu.$$

定理 5.4.4 (科尔莫戈罗夫) 设 $\{X_n\}$ 是独立的随机变量序列, 有相同的数学期望 $\mu=EX_j$. 如果

$$\sum_{j=1}^{\infty}\frac{\mathrm{Var}(X_j)}{j^2}<\infty,$$

则 (5.4.8) 式成立.

我们略去定理 5.4.4 的证明. 类似于 (5.4.8) 式的结果被称为**强大数律**.

例 5.4.1 在独立重复试验序列中, 证明: 小概率事件必然发生.

证明 设 A 是试验 S 下的事件, $P(A)=\varepsilon>0$. 用 A_i 表示第 i 次试验 A 发生, 则 $A_1,A_2,\cdots$ 相互独立, $P(A_i)=\varepsilon$. 用 $X_i=\mathrm{I}[A_i]$ 表示 A_i 的示性函数, 则 $\{X_i\}$ 是独立同分布的随机序列. 由强大数律得到 $n\to\infty$ 时,

$$\frac{1}{n}\sum_{i=1}^{n}\mathrm{I}[A_i]=\frac{1}{n}\sum_{i=1}^{n}X_i\to\varepsilon \text{ 以概率 1 成立},$$

所以

$$\sum_{i=1}^{\infty}\mathrm{I}[A_i]=\infty \text{ 以概率 1 成立}.$$

说明试验一直做下去, 必然有无穷个 A_i 发生.

例 5.4.2 在许多应用问题中要计算 n 重积分

$$\int_D g(\boldsymbol{x}) \, \mathrm{d}\boldsymbol{x} \xlongequal{\text{记}} \int \cdots \int_D g(\boldsymbol{x}) \, \mathrm{d}\boldsymbol{x}, \tag{5.4.9}$$

其中 D 是 $\mathbf{R}^n$ 的有界子区域, $g(\boldsymbol{x})$ 是**绝对可积** (指取绝对值后积分有限) 函数. 利用计算机产生随机数的方法可以计算积分 (5.4.9). 取 $\mathbf{R}^n$ 的子长方体 A 包含 D, 用计算机产生在 A 上均匀分布, 且相互独立的随机变量序列的观测值 $\{\boldsymbol{\xi}_n\}$. 定义

$$\mathrm{I}_D(\boldsymbol{\xi}_j) = \begin{cases} 1, & \boldsymbol{\xi}_j \in D, \\ 0, & \boldsymbol{\xi}_j \in \overline{D}, \end{cases}$$

则 $\{g(\boldsymbol{\xi}_j)\mathrm{I}_D(\boldsymbol{\xi}_j) | j = 1, 2, \cdots\}$ 是独立同分布的随机序列. 利用定理 5.4.3 得到

$$\lim_{n\to\infty} \frac{1}{n} \sum_{j=1}^n g(\boldsymbol{\xi}_j)\mathrm{I}_D(\boldsymbol{\xi}_j) = \mathrm{E}[g(\boldsymbol{\xi}_1)\mathrm{I}_D(\boldsymbol{\xi}_1)]$$

$$= \frac{1}{m(A)} \int_D g(\boldsymbol{x}) \, \mathrm{d}\boldsymbol{x}, \quad \text{a.s.}.$$

于是对较大的 n,

$$\frac{m(A)}{n} \sum_{j=1}^n g(\boldsymbol{\xi}_j)\mathrm{I}_D(\boldsymbol{\xi}_j) \approx \int_D g(\boldsymbol{x}) \, \mathrm{d}\boldsymbol{x}.$$

例 5.4.3 设 $g(\boldsymbol{x})$ 是 $\mathbf{R}^n$ 上的绝对可积函数. 用随机数同样可以对积分

$$\int_{\mathbf{R}^n} g(\boldsymbol{x}) \, \mathrm{d}\boldsymbol{x}$$

进行近似计算. 首先利用计算机产生独立同分布的随机向量序列的观测值 $\{\boldsymbol{\xi}_j\}$. 最简单的方法是取 $\boldsymbol{\xi}_j$ 的分量独立同分布, 都服从柯西分布 (参考例 3.4.7). 用 $f(\boldsymbol{x})$ 表示 $\boldsymbol{\xi}_j$ 的联合密度, 则

$$g(\boldsymbol{\xi}_j)/f(\boldsymbol{\xi}_j), \quad j = 1, 2, \cdots$$

是独立同分布的随机序列. 利用定理 5.4.3 得到

$$\lim_{n\to\infty}\frac1n\sum_{j=1}^n\frac{g(\boldsymbol{\xi}_j)}{f(\boldsymbol{\xi}_j)}=\mathrm{E}\frac{g(\boldsymbol{\xi}_1)}{f(\boldsymbol{\xi}_1)}$$
$$=\int_{\mathbf{R}^n}\frac{g(\boldsymbol{x})}{f(\boldsymbol{x})}f(\boldsymbol{x})\,\mathrm{d}\boldsymbol{x}$$
$$=\int_{\mathbf{R}^n}g(\boldsymbol{x})\,\mathrm{d}\boldsymbol{x}\ \text{以概率 1 成立}.$$

于是对较大的 n,

$$\frac1n\sum_{j=1}^n\frac{g(\boldsymbol{\xi}_j)}{f(\boldsymbol{\xi}_j)}\approx\int_{\mathbf{R}^n}g(\boldsymbol{x})\,\mathrm{d}\boldsymbol{x}.$$

例 5.4.4 设 $\{X_j\}$ 是概率空间 $(\Omega,\mathcal{F},P)$ 上独立同分布的随机序列, 用 x_j 表示 X_j 的观测值, 即对某个确定的 $\omega\in\Omega$,

$$x_j=X_j(\omega),\quad j=1,2,\cdots,$$

证明: 观测数列 $\{x_j\}$ 以概率 1 决定 X_j 的分布函数 $F(x)$.

证明 对任何确定的 $x\in(-\infty,\infty)$, 定义

$$g(X_j)=\begin{cases}1,&\text{当 }X_j\leqslant x,\\0,&\text{当 }X_j> x,\end{cases}\quad j=1,2,\cdots,$$

则 $\{g(X_j)\}$ 是独立同分布的随机序列. 由强大数律得到

$$\lim_{n\to\infty}\frac1n\sum_{j=1}^ng(X_j)=\mathrm{E}g(X_i)=P(X_i\leqslant x)=F(x)\text{以概率 1 成立}.$$

强大数律是比弱大数律更强的结论. 看下面的定理.

定理 5.4.5 如果 $\xi_n\to\xi$ 以概率 1 成立, 则有

(1) $\eta_n=\max\limits_{k\geqslant n}|\xi_k-\xi|\xrightarrow{p}0$;

(2) $\xi_n\xrightarrow{p}\xi$.

证明 定义 $Z_k = \xi_k - \xi$, $\eta_n = \max\limits_{k \geqslant n} |Z_k|$, 则 $Z_n \to 0$ 以概率 1 成立. 对任何 $\varepsilon > 0$, 有

$$A_n \overset{\text{记}}{=\!=\!=} \{\eta_n > \varepsilon\} = \bigcup_{k=n}^{\infty} \{|Z_k| > \varepsilon\}.$$

$\{A_n\}$ 单调减少, 且 $\bigcap\limits_{n=1}^{\infty} A_n \subseteq \{Z_n \not\to 0\}$. 用概率的连续性得到

$$\lim_{n \to \infty} P(\eta_n > \varepsilon) = \lim_{n \to \infty} P(A_n) = P\left(\bigcap_{n=1}^{\infty} A_n\right) \leqslant P(Z_n \not\to 0) = 0.$$

于是从

$$\lim_{n \to \infty} P(\eta_n \geqslant 2\varepsilon) \leqslant \lim_{n \to \infty} P(\eta_n > \varepsilon) = 0$$

得到结论 (1). 由 $|Z_n| \leqslant \eta_n$ 和

$$\lim_{n \to \infty} P(|Z_n| \geqslant 2\varepsilon) \leqslant \lim_{n \to \infty} P(\eta_n > \varepsilon) \to 0$$

得到结论 (2).

定理 5.4.5 告诉我们: 依概率收敛弱于以概率 1 收敛. 回忆 $\xi_n \overset{p}{\longrightarrow} \xi$ 的定义是对任何 $\varepsilon > 0$,

$$P(|\xi_n - \xi| \geqslant \varepsilon) \to 0.$$

如果上述收敛速度能够加快到对任何 $\varepsilon > 0$,

$$\sum_{n=1}^{\infty} P(|\xi_n - \xi| \geqslant \varepsilon) < \infty,$$

则从博雷尔-坎特利引理知道最多只有有限个 $|\xi_n - \xi| \geqslant \varepsilon$, 从而得到 $\xi_n \to \xi$ 以概率 1 成立.

练 习 5.4

5.4.1 设 X 是随机变量, a 是常数. 证明: $\mathrm{E}(X^4) < \infty$ 的充要条件是 $\mathrm{E}(X-a)^4 < \infty$.

5.4.2 设 $\{X_k\}$ 独立同分布, 有共同的数学期望 μ, 证明: $S_n = \sum_{k=1}^{n} X_k$ 的依概率增长速度是 n, 即对任何 $\varepsilon > 0$, 有

$$\lim_{n \to \infty} P(n(\mu - \varepsilon) \leqslant S_n \leqslant n(\mu + \varepsilon)) = 1.$$

5.4.3 定理 5.4.2 的证明: 只需要对 $\mu = 0$ 的情况证明. 对于正数 m, 用 $\mathrm{I}[A]$ 表示事件 A 的示性函数, 引入

$$U_j = X_j \mathrm{I}[|X_j| \leqslant m], \quad V_j = X_j \mathrm{I}[|X_j| > m], \quad j = 1, 2, \cdots,$$

则 $\{U_j\}$, $\{V_j\}$ 都是独立同分布的随机序列, 并且 $X_j = U_j + V_j$.

因为 $\mathrm{E}|X_j| < \infty$, 所以 X 有概率密度 $f(x)$ 时, 当 $m \to \infty$ 有

$$\mathrm{E}|V_j| = \int_{-\infty}^{\infty} |x| \mathrm{I}[|x| > m] f(x)\,\mathrm{d}x = \int_{|x| > m} |x| f(x)\,\mathrm{d}x \to 0,$$

X 有离散分布 $p_i = P(X_j = x_i)$, $i \geqslant 1$ 时, 当 $m \to \infty$ 有

$$\mathrm{E}|V_j| = \sum_{i=1}^{\infty} |x_i| \mathrm{I}[|x_i| > m] p_i = \sum_{i: |x_i| > m} |x_i| p_i \to 0.$$

这就得到 $\mathrm{E}|V_j| \to 0$, 当 $m \to \infty$.

于是对于任何 $\varepsilon > 0$ 和 $\delta > 0$, 有和 n 无关的 m_0, 使得 $m \geqslant m_0$ 时, 用马尔可夫不等式得到

$$P\left(\frac{1}{n}\Big|\sum_{j=1}^{n}(V_j - \mathrm{E}V_j)\Big| \geqslant \frac{\varepsilon}{2}\right) \leqslant \frac{2}{n\varepsilon}\sum_{j=1}^{n}\mathrm{E}|V_j - \mathrm{E}V_j| \leqslant \frac{4\mathrm{E}|V_j|}{\varepsilon} < \frac{\delta}{2}.$$

因为 U_j 的方差有限, 所以对 $m = m_0$, 从定理 5.4.1 知道存在 n 使得 $n \geqslant n_0$ 时,

$$P\left(\frac{1}{n}\Big|\sum_{j=1}^{n} U_j - \mathrm{E}U_j\Big| \geqslant \frac{\varepsilon}{2}\right) \leqslant \frac{\delta}{2}.$$

这样对 $m = m_0$, 当 $n \geqslant n_0$, 有

$$P\Big(\Big|\frac{1}{n}\sum_{j=1}^{n}X_j\Big| \geqslant \varepsilon\Big)$$

$$= P\Big(\Big|\frac{1}{n}\sum_{j=1}^{n}(U_j - \mathrm{E}U_j) + \frac{1}{n}\sum_{j=1}^{n}(V_j - \mathrm{E}V_j)\Big| \geqslant \varepsilon\Big)$$

$$\leqslant P\Big(\Big|\frac{1}{n}\sum_{j=1}^{n}(U_j - \mathrm{E}U_j)\Big| \geqslant \frac{\varepsilon}{2}\Big) + P\Big(\Big|\frac{1}{n}\sum_{j=1}^{n}(V_j - \mathrm{E}V_j)\Big| \geqslant \frac{\varepsilon}{2}\Big) \leqslant \delta.$$

§5.5 中心极限定理

设 $\{X_j\}$ 是独立同分布的随机序列, 定义

$$\overline{X}_n = \frac{1}{n}\sum_{j=1}^{n}X_j, \tag{5.5.1}$$

并称 $\overline{X}_n$ 为 $X_1, X_2, \cdots, X_n$ 的**样本均值**.

强大数律和弱大数律分别研究了样本均值 $\overline{X}_n$ 的依概率收敛和以概率 1 收敛问题. 中心极限定理研究对较大的 n, 样本均值 $\overline{X}_n$ 的概率分布问题. 这等价于研究部分和

$$S_n = X_1 + X_2 + \cdots + X_n$$

的概率分布问题.

先看几个随机变量部分和的概率分布.

例 5.5.1 设 $\{X_j\}$ 独立同分布且都服从伯努利分布 $Bino(1, p)$, 则部分和

$$S_n = \sum_{j=1}^{n}X_j \sim Bino(n, p).$$

取 $p = 0.6$ 和 $p = 0.7$ 时, $Bino(n, p)$ 的概率分布折线图分别见图 2.2.1 和下面的图 5.5.1, 横坐标是 k, 纵坐标是 $P(S_n = k)$. 随着 n 的增加, $Bino(n, 0.7)$ 的概率分布的折线图越来越接近正态概率密度的形状.

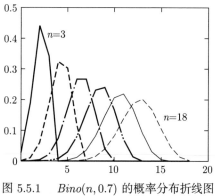

图 5.5.1 $Bino(n, 0.7)$ 的概率分布折线图

$(n = 3, 6, \cdots, 18)$

例 5.5.2 设 $\{X_j\}$ 独立同分布且都服从泊松分布 $Poiss(\lambda)$, 则由例 5.1.2 知道部分和

$$S_n = \sum_{j=1}^{n} X_j \sim Poiss(n\lambda).$$

取 $\lambda = 1$ 和 $\lambda = 2$ 时, $Poiss(n\lambda)$ 的概率分布折线图分别见图 2.2.2 和下面的图 5.5.2. 随着 n 的增加, $Poiss(n\lambda)$ 的概率分布的折线图越来

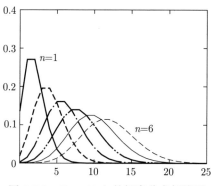

图 5.5.2 $Poiss(2n)$ 的概率分布折线图

$(n = 1, 2, \cdots, 6)$

越接近正态概率密度的形状.

例 5.5.3 设 $\{X_j\}$ 独立同分布且都服从几何分布 $P(X = k) = pq^{k-1}$, $k = 1, 2, \cdots$, $p + q = 1$. 由例 5.1.3 知道部分和 $S_n = \sum\limits_{j=1}^{n} X_j$ 服从帕斯卡分布

$$P(S_n = k) = \mathrm{C}_{k-1}^{n-1} p^n q^{k-n}, \quad k = n, n+1, \cdots.$$

取 $p = 0.7$ 时, S_n 的概率分布折线图见图 5.5.3. 随着 n 的增加, 概率分布折线图越来越接近正态概率密度的形状.

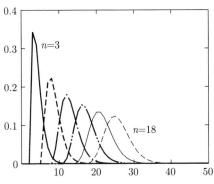

图 5.5.3 帕斯卡分布的概率分布折线图

$(p = 0.7, n = 3, 6, \cdots, 18)$

例 5.5.4 设 X 服从指数分布 $Exp(\lambda)$, 则 X 有特征函数

$$\phi(t) = \mathrm{E}\mathrm{e}^{\mathrm{i}tX} = \int_0^\infty \mathrm{e}^{\mathrm{i}tx} \lambda \mathrm{e}^{-\lambda x}\, \mathrm{d}x = \left(1 - \frac{\mathrm{i}t}{\lambda}\right)^{-1}.$$

设 $\{X_j\}$ 独立同分布且都服从指数分布 $Exp(\lambda)$, 则部分和 $S_n = \sum\limits_{j=1}^{n} X_j$ 有特征函数

$$\phi_n(t) = \left(1 - \frac{\mathrm{i}t}{\lambda}\right)^{-n}. \tag{5.5.2}$$

设 Y 服从 $\Gamma(n, \lambda)$ 分布, 可以计算出 Y 的特征函数是

$$\phi(t) = \mathrm{E}\mathrm{e}^{\mathrm{i}tY} = \int_0^\infty \mathrm{e}^{\mathrm{i}tx} \frac{\lambda^n}{\Gamma(n)} x^{n-1} \mathrm{e}^{-\lambda x}\, \mathrm{d}x = \left(1 - \frac{\mathrm{i}t}{\lambda}\right)^{-n}.$$

所以 S_n 服从 $\Gamma(n,\lambda)$ 分布. 取 $\lambda = \pi$, $n = 3, 6, 9, \cdots, 21$ 时, S_n 的概率密度见图 5.5.4, 横坐标是 k, 纵坐标是 $P(S_n = k)$. 随着 n 的增加, 概率密度的图形越来越接近正态概率密度曲线.

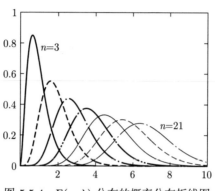

图 5.5.4 $\Gamma(n,\lambda)$ 分布的概率分布折线图

$(\lambda = \pi, n = 3, 6, \cdots, 21)$

例 5.5.5 设 X_1, X_2, X_3 相互独立且都在 $(0,1)$ 上均匀分布, 则 $S_3 = X_1 + X_2 + X_3$ 有概率密度

$$f(x) = \begin{cases} x^2/2, & x \in [0,1), \\ -x^2 + 3x - 3/2, & x \in [1,2), \\ (3-x)^2/2, & x \in [2,3]. \end{cases}$$

利用 $ES_3 = 3/2$, $\mathrm{Var}(X_1) = 1/12$, $\mathrm{Var}(S_3) = 3\mathrm{Var}(X_1) = 1/4$ 得到 S_3 的标准化

$$\xi = \frac{S_3 - 3/2}{\sqrt{1/4}} = 2S_3 - 3.$$

ξ 的概率密度是

$$g(x) = \frac{1}{2} f\left(\frac{x+3}{2}\right).$$

$g(x)$ 的图形 (见图 5.5.5) 和标准正态概率密度 $\varphi(x)$ 的图形 (见图 5.5.5, 图中在原点较高的曲线) 基本相同.

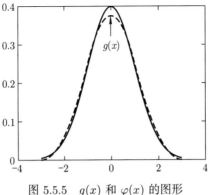

图 5.5.5 $g(x)$ 和 $\varphi(x)$ 的图形

在计算机模拟试验中, 有时利用 12 个独立同分布且都在 $(0,1)$ 上均匀分布的随机变量 $X_1, X_2, \cdots, X_{12}$ 的和的标准化

$$\xi = \Big(\sum_{j=1}^{12} X_j - 6 \Big) \Big/ \sqrt{\frac{12}{12}} = \sum_{j=1}^{12} X_j - 6 \tag{5.5.3}$$

作为标准正态分布的随机变量, 因为这时 ξ 的概率密度与 $N(0,1)$ 的概率密度几乎没有区别. 和例 3.4.10 中用公式

$$X_1 = \sqrt{-2\ln U_1}\cos(2\pi U_2), \quad Y_1 = \sqrt{-2\ln U_1}\sin(2\pi U_2)$$

产生标准正态随机数的方法比较: 在需要大量正态随机数的场合, 利用公式 (5.5.3) 能够节省计算机的运行时间.

5.5.1 中心极限定理

以上的例子都显示, 独立同分布的随机变量和的概率分布近似于正态分布. 这就是下面的中心极限定理.

定理 5.5.1 (中心极限定理) 设随机序列 $\{X_j\}$ 独立同分布, 有共同的数学期望 μ 和方差 σ^2, 部分和由 $S_n = \sum_{j=1}^{n} X_j$ 定义, 则 S_n 的标准化

$$\xi_n = \frac{S_n - n\mu}{\sqrt{n\sigma^2}}$$

依分布收敛到标准正态分布. 即对任何 x,

$$\lim_{n\to\infty} P(\xi_n \leqslant x) = \Phi(x),$$

其中 $\Phi(x)$ 是标准正态分布的分布函数.

证明 根据定理 5.2.3, 只要证明 ξ_n 的特征函数 $\phi_n(t)$ 收敛到 $N(0,1)$ 的特征函数 $\mathrm{e}^{-t^2/2}$.

先设 $\mu = 0$, $\sigma^2 = 1$. 用 $\phi(t) = \mathrm{E}\mathrm{e}^{\mathrm{i}tX_1}$ 表示 X_1 的特征函数, 则

$$\phi'(0) = \mathrm{i}\mathrm{E}X_1 = 0, \quad \phi''(0) = \mathrm{i}^2\mathrm{E}X_1^2 = -1,$$

对 $\phi(t)$ 在 $t = 0$ 进行 Taylor 展开, 得到

$$\begin{aligned}
\phi(t) &= \phi(0) + \phi'(0)t + \frac{1}{2}\phi''(0)t^2 + o(t^2) \\
&= 1 - \frac{t^2}{2} + o(t^2).
\end{aligned}$$

于是 $\xi_n = (X_1 + X_2 + \cdots + X_n)/\sqrt{n}$ 的特征函数

$$\begin{aligned}
\phi_n(t) &= \mathrm{E}\exp\left[\mathrm{i}\frac{t}{\sqrt{n}}(X_1 + X_2 + \cdots + X_n)\right] \\
&= \left[\mathrm{E}\exp\left(\mathrm{i}\frac{t}{\sqrt{n}}X_1\right)\right]^n = \left[\phi(t/\sqrt{n})\right]^n \\
&= \left[1 - \frac{t^2}{2n} + o\left(\frac{t^2}{n}\right)\right]^n \to \mathrm{e}^{-t^2/2}, \quad n \to \infty.
\end{aligned}$$

对一般的 μ, σ^2, 只要注意到 $Y_j = (X_j - \mu)/\sigma$ 有数学期望 0, 方差 1 和

$$\xi_n = \frac{1}{\sqrt{n}}\sum_{j=1}^n \frac{X_j - \mu}{\sigma} = \frac{1}{\sqrt{n}}\sum_{j=1}^n Y_j,$$

就知道定理成立.

推论 5.5.2 在定理 5.5.1 的条件下, 对较大的 n,

(1) $S_n = X_1 + X_2 + \cdots + X_n \sim N(n\mu, n\sigma^2)$ 近似成立,

(2) $\overline{X}_n = \dfrac{1}{n}\sum_{j=1}^n X_j \sim N(\mu, \sigma^2/n)$ 近似成立.

证明 因为

$$\xi_n = \frac{S_n - n\mu}{\sqrt{n\sigma^2}} \sim N(0,1) \text{近似成立},$$

所以 S_n 近似服从正态分布. 由 $ES_n = n\mu$, $\mathrm{Var}(S_n) = n\sigma^2$ 得到 $S_n \sim N(n\mu, n\sigma^2)$ 近似成立. 同理 $\overline{X}_n = S_n/n \sim N(\mu, \sigma^2/n)$ 近似成立.

推论 5.5.2 解释了例 5.5.1 至例 5.5.5 中的现象: 独立同分布的随机变量之和近似服从正态分布.

例 5.5.6 如果所有测量误差的标准化有相同的概率分布, 证明: 测量误差服从正态分布.

证明 设对一物体的测量值是 Y. 如果该物体的真实值是 c, 则测量误差为 $X = Y - c$. 对该物体进行独立重复测量时, 得到的测量值 $Y_1, Y_2, \cdots, Y_n$ 和 Y 独立同分布, 样本均值

$$\overline{Y}_n = \frac{1}{n}\sum_{j=1}^{n} Y_j = \overline{X}_n + c$$

也是测量值, $\overline{X}_n = \overline{Y}_n - c$ 是测量误差. 设 $\mu = EX$, $\sigma^2 = \mathrm{Var}(X)$. 因为测量误差 $\overline{X}_n$ 的标准化

$$\xi_n = \frac{\overline{X}_n - \mu}{\sigma/\sqrt{n}}$$

和 X 的标准化

$$Z = \frac{X - \mu}{\sigma}$$

同分布. 所以由中心极限定理得到

$$P(Z \leqslant x) = P(\xi_n \leqslant x) = \lim_{n \to \infty} P(\xi_n \leqslant x) = \Phi(x).$$

说明测量误差 $X = \sigma Z + \mu \sim N(\mu, \sigma^2)$.

例 5.5.7 当辐射的强度超过每小时 0.5 毫伦琴时, 辐射会对人的健康造成伤害. 设一电子仪器工作时的平均辐射强度是每小时 0.036 毫伦琴, 方差是 0.0081, 则一台设备的辐射不会对人的健康造成伤害.

但是有多台同型号的电子仪器工作时, 辐射就可能对人的健康造成伤害. 现在有 16 台同型号的电子仪器同时工作, 问这 16 台电子仪器的辐射量对人的健康造成伤害的概率.

解   用 X_i 表示第 i 台电子仪器的辐射量, 则 X_i 的数学期望是 $\mu = 0.036$, 方差是 $\sigma^2 = 0.0081$, 并且 $S_n = X_1 + X_2 + \cdots + X_{16}$ 是 $n = 16$ 台电子仪器的辐射量. 题目要求计算 $P(S_n > 0.5)$. 认为 $\{X_i\}$ 独立同分布时, 按照定理 5.5.1,

$$\xi_n = \frac{S_n - n\mu}{\sqrt{n\sigma^2}}$$

近似服从标准正态分布 $N(0,1)$, 于是

$$
\begin{aligned}
P(S_n > 0.5) &= P\left(\frac{S_n - n\mu}{\sqrt{n\sigma^2}} > \frac{0.5 - n\mu}{\sqrt{n\sigma^2}}\right) \\
&= P\left(\xi_n > \frac{0.5 - 16 \times 0.036}{\sqrt{16 \times 0.0081}}\right) \\
&= P(\xi_n > -0.211) \\
&\approx \Phi(0.211) = 0.58.
\end{aligned}
$$

这 16 台电子仪器以大约 58% 的概率会对人的健康造成伤害.

推论 5.5.3   设 $S_n \sim Bino(n,p)$, $p = 1 - q \in (0,1)$, 则 $n \to \infty$ 时,

$$\frac{S_n - np}{\sqrt{npq}} \xrightarrow{d} N(0,1). \tag{5.5.4}$$

证明   设 $\{X_n\}$ 是独立同分布且都服从伯努利分布 $Bino(1,p)$ 的随机序列, 则 $\xi_n = X_1 + X_2 + \cdots + X_n$ 和 S_n 同分布, $E\xi_n = np$, $Var(\xi_n) = npq$. 于是

$$\frac{S_n - np}{\sqrt{npq}} \quad \text{和} \quad \frac{\xi_n - np}{\sqrt{npq}}$$

同分布. 由定理 5.5.1 知道当 $n \to \infty$ 时, 对 $x \in (-\infty, \infty)$,

$$P\left(\frac{S_n - np}{\sqrt{npq}} \leqslant x\right) = P\left(\frac{\xi_n - np}{\sqrt{npq}} \leqslant x\right) \to \Phi(x).$$

图 5.5.6 是 $Bino(n,p)$ 的概率分布图. 从左至右 p 分别等于 0.1, 0.2, $\cdots$, 0.9 和

$$n = \min\{k \mid nk \geqslant 5,\ nq \geqslant 5\}, \tag{5.5.5}$$

其中 $q = 1 - p$. 说明 n 使得 $np \geqslant 5$ 和 $nq \geqslant 5$ 时, 就可以用中心极限定理做近似计算了. 满足 (5.5.5) 式的 n 是使用中心极限定理进行近似计算的最低条件.

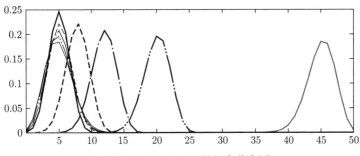

图 5.5.6 $Bino(n,p)$ 的概率分布图

因为 p 接近 $1/2$ 时, 所需要的 n 更小, 所以对相同的 n, p 越接近 $1/2$, 二项分布 $Bino(n,p)$ 越接近正态分布 $N(np,npq)$.

对于取整数值的随机变量, 例如伯努利分布或者泊松分布等, 如果 n 不是很大, 使用中心极限定理时, 还需要有所细化. 举例来讲, 当 $S_n \sim Bino(n,p)$, 则 $\mathrm{E}S_n = np$, $\mathrm{Var}(S_n) = npq$. 对于满足条件 (5.5.5) 的 n, 从中心极限定理得到

$$Z_n = \frac{S_n - np}{\sqrt{npq}} \sim N(0,1) \ \text{近似成立}.$$

这时, 直接用中心极限定理会得到不合理的结论:

$$P(S_n = k) = P\Big(\frac{S_n - np}{\sqrt{npq}} = \frac{k - np}{\sqrt{npq}}\Big) = P\Big(Z_n = \frac{k - np}{\sqrt{npq}}\Big) \approx 0.$$

而使用等式

$$P(S_n = k) = P(S_n \in (k - 0.5, k + 0.5]),$$

就得到更合理的结果:

$$
\begin{aligned}
P(S_n = k) &= P(k - 0.5 < S_n \leqslant k + 0.5) \\
&= P\left(\frac{k - 0.5 - np}{\sqrt{npq}} < \frac{S_n - np}{\sqrt{npq}} \leqslant \frac{k + 0.5 - np}{\sqrt{npq}} \right) \\
&= P\left(\frac{k - 0.5 - np}{\sqrt{npq}} < Z_n \leqslant \frac{k + 0.5 - np}{\sqrt{npq}} \right) \\
&\approx \Phi\left(\frac{k + 0.5 - np}{\sqrt{npq}} \right) - \Phi\left(\frac{k - 0.5 - np}{\sqrt{npq}} \right).
\end{aligned}
$$

于是, 对于 $S_n \sim Bino(n,p)$ 和正整数 j, k, 当 n 不是很大时, 采用下面推论 5.5.4 中的公式可以提高近似精度.

推论 5.5.4   对于 $S_n \sim Bino(n,p)$, $q = 1 - p$ 和正整数 j, k, 当 n 使得 $np \geqslant 5, nq \geqslant 5$, 有

(1) $P(S_n = k) \approx \Phi\left(\dfrac{k + 0.5 - np}{\sqrt{npq}} \right) - \Phi\left(\dfrac{k - 0.5 - np}{\sqrt{npq}} \right)$;

(2) $P(S_n \leqslant k) = P(S_n \leqslant k + 0.5) \approx \Phi\left(\dfrac{k + 0.5 - np}{\sqrt{npq}} \right)$;

(3) $P(S_n \geqslant k) = P(S_n \geqslant k - 0.5) \approx \Phi\left(-\dfrac{k - 0.5 - np}{\sqrt{npq}} \right)$;

(4) $P(j \leqslant S_n \leqslant k) = P(j - 0.5 \leqslant S_n \leqslant k + 0.5)$

$$
\approx \Phi\left(\frac{k + 0.5 - np}{\sqrt{npq}} \right) - \Phi\left(\frac{j - 0.5 - np}{\sqrt{npq}} \right).
$$

例 5.5.8   某药厂试制了一种新药, 声称对贫血患者的治疗有效率达到 80%. 医药监管部门准备对 100 个贫血患者进行此药的临床试验, 若这 100 人中至少有 75 人用药有效, 就批准此药的生产. 如果该药的有效率确实达到 80%, 此药被批准生产的概率至少是多少?

解   用 S_n 表示这 $n(= 100)$ 个患者中用药后有效的人数. 如果该药的有效率是 $p = 80\%$, 则 $S_n \sim Bino(n,p)$. 由 $100p = 80 > 5, 100(1 - p) = 20 > 5$ 知道, 可用中心极限定理. 于是,

$$P(\text{药被批准}) = P(S_n \geqslant 75)$$
$$= P(S_n > 74.5)$$
$$= P\left(\frac{S_n - np}{\sqrt{np(1-p)}} > \frac{74.5 - np}{\sqrt{np(1-p)}}\right)$$
$$= P\left(\frac{S_n - np}{\sqrt{np(1-p)}} > \frac{74.5 - 80}{\sqrt{80 \times 0.2}}\right)$$
$$\approx 1 - \Phi(-5.5/4)$$
$$= \Phi(1.375) \approx 0.916.$$

于是该药获得批准的概率大约是 91.6%. 如果有效率 $p > 80\%$, 则获得批准的概率 $> 91.6\%$.

5.5.2 林德伯格-费勒定理

定理 5.5.1 要求随机序列 $\{X_j\}$ 独立同分布, 对于独立但是不同分布的随机序列, 我们再介绍下面的林德伯格-费勒 (Lindeberg-Feller) 定理.

设 $\{X_j\}$ 是独立序列, X_j 有分布函数、数学期望和方差如下:

$$F_j(x) = P(X_j \leqslant x), \quad \mu_j = EX_j, \quad \sigma_j^2 = \text{Var}(X_j).$$

定义

$$B_n^2 = \text{Var}(X_1 + X_2 + \cdots + X_n) = \sum_{j=1}^{n} \sigma_j^2. \tag{5.5.6}$$

定理 5.5.5 (林德伯格-费勒) 设 $\{X_j\}$ 是独立随机变量序列, 则方差列 $\{\sigma_j^2\}$ 满足

$$\lim_{n \to \infty} B_n^2 = \infty, \quad \lim_{n \to \infty} \sigma_n^2/B_n^2 \to 0, \tag{5.5.7}$$

并且中心极限定理

$$\lim_{n \to \infty} P\left(\frac{1}{B_n} \sum_{j=1}^{n}(X_j - \mu_j) \leqslant x\right) = \Phi(x) \tag{5.5.8}$$

成立的充要条件是林德伯格条件成立, 即对任何 $\varepsilon > 0$,

$$\lim_{n \to \infty} \frac{1}{B_n^2} \sum_{j=1}^{n} \mathrm{E}\big\{ (X_j - \mu_j)^2 \mathrm{I}[\,|X_j - \mu_j| \geqslant \varepsilon B_n]\big\} = 0. \tag{5.5.9}$$

条件 (5.5.7) 是一个很弱的条件, 只是要求 X_n 的方差 σ_n 不要趋于零太快, 也不要趋于无穷太快. 将条件 (5.5.7) 写成

$$\mathrm{Var}(X_1 + \cdots + X_n) \to \infty, \qquad \frac{\mathrm{Var}(X_n)}{\mathrm{Var}(X_1 + \cdots + X_n)} \to 0,$$

就看出, 条件 (5.5.7) 要求 $\{X_j\}$ 中的随机变量们都不要在整个序列中起太大的作用.

在条件 (5.5.9) 下, 有

$$\frac{1}{B_n} \max_{1 \leqslant j \leqslant n} \{|X_j - \mu_j|\} \xrightarrow{p} 0. \tag{5.5.10}$$

条件 (5.5.10) 也有和条件 (5.5.7) 类似的解释: 每个随机变量在整个序列 $\{X_j\}$ 中的作用都不是很重要的.

结论 (5.5.10) 的证明如下: 对任何 $\varepsilon > 0$, 由林德伯格条件 (5.5.9) 得到

$$P\Big(\frac{1}{B_n} \max_{1 \leqslant j \leqslant n} \{|X_j - \mu_j|\} \geqslant \varepsilon \Big)$$

$$= P\Big(\bigcup_{j=1}^{n} \{|X_j - \mu_j| \geqslant \varepsilon B_n\} \Big)$$

$$\leqslant \sum_{j=1}^{n} P(|X_j - \mu_j| \geqslant \varepsilon B_n)$$

$$= \sum_{j=1}^{n} \mathrm{E}\mathrm{I}[\,|X_j - \mu_j| \geqslant \varepsilon B_n\,]$$

$$\leqslant \sum_{j=1}^{n} \mathrm{E}\Big\{ \frac{(X_j - \mu_j)^2}{\varepsilon^2 B_n^2} \mathrm{I}[\,|X_j - \mu_j| \geqslant \varepsilon B_n\,] \Big\}$$

$$\leqslant \frac{1}{\varepsilon^2 B_n^2} \sum_{j=1}^{n} \mathrm{E}\Big\{ (X_j - \mu_j)^2 \mathrm{I}[\,|X_j - \mu_j| \geqslant \varepsilon B_n\,] \Big\}$$

$$\to 0.$$

作为定理 5.5.5 的应用, 有以下两个推论.

推论 5.5.6 设 $\{X_j\}$ 是独立随机变量序列. 如果有常数列 $\{C_n\}$ 使得概率为 1 地 $\max\limits_{1 \leqslant j \leqslant n} |X_j - \mu_j| \leqslant C_n$ 对所有的 $n \geqslant 1$ 成立, 且 $\lim\limits_{n \to \infty} C_n/B_n = 0$, 则林德伯格条件 (5.5.9) 成立.

证明 对 $\varepsilon > 0$, 当 n 充分大, $C_n < \varepsilon B_n$, 于是对 $1 \leqslant j \leqslant n$, 有 $\mathrm{I}[|X_j - \mu_j| \geqslant \varepsilon B_n] = 0$ 以概率 1 成立, 因而条件 (5.5.9) 成立.

推论 5.5.7 设 $\{X_j\}$ 是独立随机变量序列. 如果有常数 $\delta > 0$ 使得

$$\lim_{n \to \infty} \frac{1}{B_n^{2+\delta}} \sum_{j=1}^{n} \mathrm{E}|X_j - \mu_j|^{2+\delta} = 0,$$

则林德伯格条件 (5.5.9) 成立.

证明 对 $\varepsilon > 0$, 有

$$\lim_{n \to \infty} \frac{1}{B_n^2} \sum_{j=1}^{n} \mathrm{E}\Big\{ (X_j - \mu_j)^2 \mathrm{I}[|X_j - \mu_j| \geqslant \varepsilon B_n] \Big\}$$

$$\leqslant \lim_{n \to \infty} \frac{1}{B_n^2} \sum_{j=1}^{n} \mathrm{E}\Big\{ \frac{|X_j - \mu_j|^{2+\delta}}{(\varepsilon B_n)^\delta} \mathrm{I}[|X_j - \mu_j| \geqslant \varepsilon B_n] \Big\}$$

$$\leqslant \lim_{n \to \infty} \frac{1}{\varepsilon^\delta B_n^{2+\delta}} \sum_{j=1}^{n} \mathrm{E}|X_j - \mu_j|^{2+\delta}$$

$$= 0.$$

练 习 5.5

5.5.1 试举例说明存在同分布的随机变量序列 $\{X_n\}$, 使得 $\mathrm{Var}(X_1) = \sigma^2 < \infty$, 但是中心极限定理

$$\frac{\sum\limits_{j=1}^{n} X_j - n\mathrm{E}X_1}{\sqrt{n\sigma^2}} \xrightarrow{d} N(0,1)$$

不成立.

5.5.2 如果 $\sqrt{n}\xi_n \xrightarrow{d} N(0,1)$, 证明: $\xi_n \xrightarrow{p} 0$.

5.5.3 设 $X \sim Bino(n,p)$. 对 $k \geqslant 1$, 用分部积分公式证明:

$$P(X \geqslant k) = \sum_{j=k}^{n} \mathrm{C}_n^j p^j (1-p)^{n-j} = k\mathrm{C}_n^k \int_0^p t^{k-1}(1-t)^{n-k}\mathrm{d}t.$$

5.5.4 如果 $X \sim Bino(n,p_1)$, $Y \sim Bino(n,p_2)$, $p_1 < p_2$, 则对 $k \geqslant 1$,

$$P(X \geqslant k) < P(Y \geqslant k).$$

§5.6* 随机变量的收敛性

设随机变量 ξ_n 和 ξ 分别有分布函数

$$F_n(x) = P(\xi_n \leqslant x) \quad \text{和} \quad F(x) = P(\xi \leqslant x).$$

现在将随机变量的三种收敛回忆如下:

(1) 如果在 F 的每个连续点 x 有 $F_n(x) \to F(x)$, 则称 ξ_n 依分布收敛到 ξ, 记作 $\xi_n \xrightarrow{d} \xi$;

(2) 如果对任何 $\varepsilon > 0$, 有 $\lim\limits_{n \to \infty} P(|\xi_n - \xi| \geqslant \varepsilon) = 0$, 则称 ξ_n 依概率收敛到 ξ, 记作 $\xi_n \xrightarrow{p} \xi$;

(3) 如果 $P\big(\lim\limits_{n \to \infty} \xi_n = \xi\big) = 1$, 则称 ξ_n 以概率 1 收敛到 ξ, 记作 $\xi_n \to \xi$ 以概率 1 成立.

定理 5.6.1 在上面所述的三种收敛中, $(3) \Rightarrow (2) \Rightarrow (1)$.

证明 $(3) \Rightarrow (2)$ 正是定理 5.4.5.

下证 $(2) \Rightarrow (1)$. 对于 F 的连续点 x, 取 $\delta > 0$, $x_0 = x - \delta$ 和 $x_1 = x + \delta$. 利用

$$
\begin{aligned}
F_n(x) - F(x) &= P(\xi_n \leqslant x) - F(x) \\
&= P(\xi_n \leqslant x, \xi > x_1) + P(\xi_n \leqslant x, \xi \leqslant x_1) - F(x) \\
&\leqslant P(|\xi_n - \xi| > \delta) + F(x_1) - F(x)
\end{aligned}
$$

和

$$F(x) - F_n(x) = P(\xi_n > x) - P(\xi > x)$$
$$= P(\xi_n > x, \xi \leqslant x_0) + P(\xi_n > x, \xi > x_0) - P(\xi > x)$$
$$\leqslant P(|\xi_n - \xi| > \delta) + P(\xi > x_0) - P(\xi > x)$$
$$= P(|\xi_n - \xi| > \delta) + F(x) - F(x_0)$$

得到

$$|F_n(x) - F(x)| \leqslant 2P(|\xi_n - \xi| > \delta) + F(x_1) - F(x_0).$$

当 $n \to \infty$ 得到

$$\varlimsup_{n \to \infty} |F_n(x) - F(x)| \leqslant F(x_1) - F(x_0).$$

令 $\delta \to 0$, 利用 $F(x_1) \to F(x)$ 和 $F(x_0) \to F(x)$ 得到

$$\varlimsup_{n \to \infty} |F_n(x) - F(x)| = 0.$$

例 5.6.1 举例说明随机变量 $\xi_n \xrightarrow{d} \xi$ 时, 不必有 $\xi_n \xrightarrow{p} \xi$.

解 设 $\{\xi_n\}$ 独立同分布, 都服从标准正态分布 $N(0,1)$, 则 ξ_n 有相同的分布函数, 于是 $\xi_n \xrightarrow{d} \xi_1$. 因为 $Z = (\xi_n - \xi_1)/\sqrt{2} \sim N(0,1)$, 所以对任何 $n \geqslant 1$,

$$P(|\xi_n - \xi_1| > \sqrt{2}) = P(|Z| > 1) > 0.$$

说明 $\xi_n \xrightarrow{p} \xi_1$ 不成立.

例 5.6.2 举例说明 $\xi_n \xrightarrow{p} \xi$ 成立时, 不必有 $\xi_n \to \xi$ 以概率 1 成立.

解 设 X 在 $[0,1]$ 中均匀分布, $\mathcal{F}$ 是 $\Omega = [0,1]$ 中的博雷尔可测集全体. 对事件 $A \in \mathcal{F}$, 定义 $P(A) = P(X \in A)$, 则 $(\Omega, \mathcal{F}, P)$ 是概率

空间. 定义

$$A_{kj} = [(j-1)/k, j/k], \quad 1 \leqslant j \leqslant k;$$
$$B_1 = A_{11};$$
$$B_2 = A_{21}, \quad B_3 = A_{22};$$
$$B_4 = A_{31}, \quad B_5 = A_{32}, \quad B_6 = A_{33};$$
$$\cdots\cdots.$$

再定义随机序列

$$\xi_n(\omega) = \begin{cases} 1, & \omega \in B_n, \\ 0, & \text{其他}, \end{cases}$$

则对任何 $\varepsilon \in (0,1)$,

$$P(\xi_n > \varepsilon) = P(\omega \in B_n) = P(X \in B_n) \to 0,$$

即 $\xi_n \xrightarrow{p} 0$. 因为每个 ω 属于无穷多个 B_n, 所以对任何 $\omega \in \Omega, \xi_n(\omega) \to 0$ 不成立.

关于随机变量的收敛性还有如下的定义: 当 $n \to \infty$,

(4) 如果 $\mathrm{E}|\xi_n - \xi| \to 0$, 则称 ξ_n 在 L^1 下收敛到 ξ;

(5) 如果 $\mathrm{E}(\xi_n - \xi)^2 \to 0$, 则称 ξ_n 均方收敛到 ξ.

定理 5.6.2 在上面所述的几种收敛中,$(5) \Rightarrow (4) \Rightarrow (2)$.

证明 $(5) \Rightarrow (4)$. 由内积不等式得到

$$\mathrm{E}|\xi_n - \xi| \leqslant [\mathrm{E}(\xi_n - \xi)^2]^{1/2} \to 0.$$

$(4) \Rightarrow (2)$. 由马尔可夫不等式得到: 对 $\varepsilon > 0$,

$$P(|\xi_n - \xi| \geqslant \varepsilon) \leqslant \frac{1}{\varepsilon}\mathrm{E}|\xi_n - \xi| \to 0.$$

例 5.6.3 举例说明 $\xi_n \to \xi$ 以概率 1 成立时, 不必有 $\mathrm{E}|\xi_n - \xi| \to 0$.

解 设 $X, (\Omega, \mathcal{F}, P)$ 在例 5.6.2 中给出. 定义 $(\Omega, \mathcal{F}, P)$ 上的随机序列

$$\xi_n(\omega) = \begin{cases} n, & \omega \in (0, 1/n), \\ 0, & \text{其他}, \end{cases}$$

则对任何 $\omega \in \Omega$, $\xi_n(w) \to 0$, 于是 $\xi_n \to 0$ 以概率 1 成立. 但是

$$\mathrm{E}|\xi_n - 0| = \mathrm{E}\xi_n = n \times \frac{1}{n} = 1 \nrightarrow 0.$$

例 5.6.4 举例说明 $\mathrm{E}|\xi_n - \xi| \to 0$ 成立时, 不必有 $\mathrm{E}(\xi_n - \xi)^2 \to 0$.

解 在例 5.6.3 中定义 $\xi = 0$ 和

$$\xi_n(\omega) = \begin{cases} \sqrt{n}, & \omega \in (0, 1/n), \\ 0, & \text{其他}, \end{cases}$$

则 $\mathrm{E}|\xi_n - 0| = \sqrt{n}/n \to 0$, $\mathrm{E}|\xi_n - 0|^2 = n/n = 1$.

练　习　5.6

5.6.1 如果 $\xi_n \xrightarrow{d} c$, c 是常数, 证明: $\xi_n \xrightarrow{p} c$.

习　题　五

5.1 验证: $\Gamma(n, \lambda)$ 的特征函数是 $\phi(t) = \left(1 - \dfrac{\mathrm{i}t}{\lambda}\right)^{-n}$.

5.2 设 X 服从柯西分布, 其概率密度是

$$f(x) = \frac{1}{\pi} \cdot \frac{\lambda}{\lambda^2 + (x - \mu)^2}, \quad \lambda > 0.$$

计算 X 的特征函数 $\phi_X(t)$.

5.3 (接上题) 设 X 服从 $\lambda = 1, \mu = 0$ 的柯西分布. 对 $Y = X$, 证明: $Z = X + Y$ 的特征函数 $\phi_Z(t)$ 满足

$$\phi_Z(t) = \phi_X(t)\phi_Y(t),$$

其中 $\phi_Y(t)$ 是 Y 的特征函数. 并问: X, Y 独立吗?

5.4 设 $X_1, X_2, \cdots, X_n$ 独立同分布, 求 $Y = X_1 + X_2 + \cdots + X_n$ 的概率分布, 当

(1) X_1 服从柯西分布;

(2) X_1 服从 $\Gamma(\alpha, \beta)$ 分布.

5.5 设 X 服从负二项分布:

$$P(X = k) = \mathrm{C}_{n+k-1}^{k} p^{n} q^{k}, \quad k = 0, 1, \cdots,$$

求 X 的母函数.

5.6 由 X 的母函数 $g(s)$ 求 X 的概率分布:

(1) $g(s) = b/(a - s)$, a 是大于 1 的常数;

(2) $g(s) = \mathrm{e}^{s-1}$.

5.7 设取非负整数值的随机变量 X 有母函数 $g(s)$, 对非负整数 a, b, 求 $Y = aX + b$ 的母函数.

5.8 设取非负整数值的随机变量 X 有母函数 $g(s)$, 用 $g(s)$ 表达以下函数:

(1) $h_1(s) = \sum\limits_{k=0}^{\infty} P(X \leqslant k)s^k$;

(2) $h_2(s) = \sum\limits_{k=0}^{\infty} P(X = 2k)s^k$, $s \in [0, 1]$.

5.9 掷 4 个均匀的正 12 面体, 设第 j 面的点数是 j, 求点数和分别为 15, 16, 17 的概率.

5.10 甲、乙两人各掷均匀的硬币 n 次, 利用母函数求甲掷得正面次数大于乙掷得正面次数 k 次的概率.

5.11 在独立重复试验中, 用 A_j 表示第 j 次试验的结果是成功. 用 X 表示首次遇到成功后即接失败的试验次数 (如 $X = n$ 表示 $A_{n-1}\overline{A}_n$ 发生, 但是对 $j < n$, 没有 $A_{j-1}\overline{A}_j$ 发生). 求 X 的母函数, EX, $\mathrm{Var}(X)$.

5.12 已知特征函数, 求概率分布:

(1) $\phi(t) = \cos t$;

(2) $\phi(t) = \cos^2 t$;

(3) $\phi(t) = \sum\limits_{k=0}^{\infty} a_k \cos(kt)$, $a_k \geqslant 0$, $\sum\limits_{k=1}^{\infty} a_k = 1$;

(4) $\phi(t) = \dfrac{\sin t}{t}$.

5.13 设 X_n 服从参数 $\lambda_n(> 0)$ 的泊松分布:

$$P(X_n = k) = \lambda_n^k \mathrm{e}^{-\lambda_n}/k!, \quad k = 0, 1, \cdots.$$

(1) 当 $\lambda_n = n\lambda$ 时, 证明:

$$\frac{X_n - n\lambda}{\sqrt{n\lambda}} \xrightarrow{d} N(0, 1).$$

(2) 定义 $Y_n = (X_n - \lambda_n)/\sqrt{\lambda_n}$. 当 $\lim\limits_{n\to\infty} \lambda_n = \infty$ 时, 证明: 对一切实数 x 有 $\lim\limits_{n\to\infty} P(Y_n \leqslant x) = \Phi(x)$.

5.14 设 $\phi(t)$ 是特征函数, 证明: $|\phi(t)|^2$ 是特征函数.

5.15 设 $\boldsymbol{Y} = (Y_1, Y_2, \cdots, Y_n)^{\mathrm{T}} \sim N(\boldsymbol{0}, \boldsymbol{I})$, $\boldsymbol{X} \sim N(\boldsymbol{\mu}, \boldsymbol{\Sigma})$, $\boldsymbol{\Sigma}$ 是 n 维正定矩阵, 证明: $(\boldsymbol{X} - \boldsymbol{\mu})^{\mathrm{T}} \boldsymbol{\Sigma}^{-1}(\boldsymbol{X} - \boldsymbol{\mu})$ 和 $\boldsymbol{Y}^{\mathrm{T}}\boldsymbol{Y}$ 同分布.

5.16 设 $\boldsymbol{Y} = (Y_1, Y_2, \cdots, Y_r)^{\mathrm{T}} \sim N(\boldsymbol{0}, \boldsymbol{I})$, $\boldsymbol{X} \sim N(\boldsymbol{\mu}, \boldsymbol{I})$, $\boldsymbol{A}$ 是秩等于 r 的对称幂等矩阵: $\boldsymbol{A}^{\mathrm{T}} = \boldsymbol{A}^2 = \boldsymbol{A}$, 证明: $(\boldsymbol{X} - \boldsymbol{\mu})^{\mathrm{T}} \boldsymbol{A}(\boldsymbol{X} - \boldsymbol{\mu})$ 和 $\boldsymbol{Y}^{\mathrm{T}}\boldsymbol{Y}$ 同分布.

5.17 如果随机向量 $\boldsymbol{Z}$ 有特征函数 (5.3.3), 其中的 $\boldsymbol{\Sigma}$ 是非负定矩阵, 则 $\boldsymbol{Z}$ 一定能表成 (5.3.1) 式的形式.

5.18 设 $\boldsymbol{Y} = (Y_1, Y_2, \cdots, Y_n)^{\mathrm{T}} \sim N(\boldsymbol{0}, \boldsymbol{I})$, 验证: $\boldsymbol{Y}^{\mathrm{T}}\boldsymbol{Y}$ 的特征函数是 $(1 - 2\mathrm{i}t)^{-n/2}$.

5.19 设某一个年龄段的男性身高 Y 服从正态分布 $N(\mu_Y, \sigma_Y^2)$, 在已知 $Y = y$ 的条件下, 体重 X 服从正态分布 $N(ay+b, \sigma_0^2)$, 其中 $a(> 0), b$ 是常数.

(1) 求 (Y, X) 的联合密度;

(2) 求体重 X 的概率密度.

5.20 设 X, Y 独立同分布, 共同的概率密度 $f(x)$ 恒正, 有二阶连续导数. 如果 $X + Y$ 与 $X - Y$ 独立, 证明: X 服从正态分布.

5.21 设 $\{X_k\}$ 独立同分布, 有共同的概率密度

$$f(x) = \begin{cases} 6x(1 - x), & 0 < x < 1, \\ 0, & \text{其他.} \end{cases}$$

在概率为 1 的意义下计算极限 $\lim\limits_{n\to\infty} n^{-1}\sum\limits_{k=1}^{n} X_k.$

5.22 设全世界有 n 个家庭, 每个家庭有 k 个小孩的概率都是 p_k. 设 p_k 满足 $\sum\limits_{k=0}^{c} p_k = 1$. 如果各个家庭的小孩数是相互独立的, 计算一个小孩来自有 k 个小孩的家庭的概率.

5.23 设 $\{X_k\}$ 独立同分布, $\mu = \mathrm{E}X_1 > 0$. 对 $\alpha < 1$, 证明:

$$\lim_{n\to\infty} P\Big(\sum_{k=1}^{n} X_k \geqslant n^\alpha\Big) = 1.$$

5.24 设 $(X,Y) \sim N(\mu_1,\mu_2;\sigma_1^2,\sigma_2^2;\rho)$, 求 $(X+Y)$ 与 $(X-Y)$ 独立的充要条件.

5.25 设 $(X,Y,Z)^{\mathrm{T}} \sim N(\boldsymbol{\mu}, \boldsymbol{\Sigma})$, 其中

$$\boldsymbol{\mu} = \begin{pmatrix} 3 \\ 5 \\ 7 \end{pmatrix}, \quad \boldsymbol{\Sigma} = \begin{pmatrix} 8 & 3 & 2 \\ 3 & 4 & 1 \\ 2 & 1 & 2 \end{pmatrix},$$

求 $X+Y$ 的概率密度.

5.26 一位职工每天乘公交车上班. 如果每天上班的等车时间服从均值为 5 分钟的指数分布, 求他在 300 个工作日中用于上班的等车时间之和大于 24 小时的概率.

5.27 某人在计算机上平均每天上网 5 小时, 标准差是 4 小时, 求此人一年内上网的时间小于 1700 小时的概率.

5.28 某学校学生上课的出勤率是 97%, 全校有 5000 名学生上课时, 求出勤人数少于 4880 的概率.

5.29 设 $\boldsymbol{Y} = (Y_1, Y_2, \cdots, Y_n)^{\mathrm{T}}$ 服从联合正态分布, 且当 $k \neq j$ 时, 有 $\mathrm{E}(Y_k|Y_j) = 0$ 和 $\mathrm{E}(Y_k^2|Y_j) = 1$.

(1) 给出 $\boldsymbol{Y}$ 的联合密度;

(2) 给出 $\mathrm{Var}(Y_1 + Y_2 + \cdots + Y_n)$;

(3) 对于 $n \times n$ 实矩阵 $\boldsymbol{A}$ 和 n 维列向量 $\boldsymbol{\mu}$, 定义 $\boldsymbol{X} = \boldsymbol{A}\boldsymbol{Y} + \boldsymbol{\mu}$, 计算 $\mathrm{E}(\boldsymbol{X})$ 和 $\mathrm{E}(\boldsymbol{X}\boldsymbol{X}^{\mathrm{T}})$.

5.30 设选民中赞同某候选人的比例 $p \in (0.01, 0.99)$, 该候选人委托一调查公司对 p 进行调查.

(1) 为了以 99% 的把握保证 p 的预测误差不超过 1%, 应要求调查多少选民?

(2) 如果调查一个选民的费用是 3 元, 在满足 (1) 的条件下, 调查公司的调查费用应当是多少?

5.31 如果 $X_n \xrightarrow{p} \xi$, $X_n \xrightarrow{p} \eta$, 则 $\xi = \eta$ 以概率 1 成立.

5.32 如果 $\mathrm{E}X^2 < \infty$, 当 $n \to \infty$ 时, $\mathrm{E}(X_n - X)^2 \to 0$, 则对任何 $\varepsilon > 0$, 存在 n_0 使得只要 $n, m > n_0$, 有 $\mathrm{E}(X_n - X_m)^2 \leqslant \varepsilon$.

5.33 设独立同分布的随机变量 $X_1, X_2, \cdots, X_n$ 和独立同分布的随机变量 $Y_1, Y_2, \cdots, Y_m$ 相互独立,$\mathrm{E}X_1 = \mu_1$, $\mathrm{Var}(X_1) = \sigma_1^2$, $\mathrm{E}Y_2 = \mu_2$, $\mathrm{Var}(Y_1) = \sigma_2^2$. 对充分大的 n 和 m, 求

$$\frac{1}{n}\sum_{j=1}^{n} X_j - \frac{1}{m}\sum_{k=1}^{m} Y_k$$

的近似分布.

5.34 设 X 是随机变量. 对正数 $a > 0$ 和 $c = \mathrm{E}\exp(aX) < \infty$, 证明:$P(X > x) \leqslant ce^{-ax}$.

5.35 设 $\{X_n\}$ 是随机变量序列, 证明:$X_n \xrightarrow{p} \mu$ 的充要条件是

$$\lim_{n \to \infty} \mathrm{E}\frac{(X_n - \mu)^2}{1 + (X_n - \mu)^2} = 0.$$

5.36 设随机变量序列 $\{X_n\}$ 相互独立, X_n 在 $(-n, n)$ 上均匀分布, $S_n = X_1 + X_2 + \cdots + X_n$. 证明: 中心极限定理

$$\frac{S_n}{\sqrt{\mathrm{Var}(S_n)}} \xrightarrow{d} N(0, 1).$$

5.37 生产线共有两道工序, 第一道工序加工后的次品率是 0.001; 第二道工序将次品加工成正品的概率是 0.92, 将正品加工成次品的概率是 0.001. 求 10^6 个出厂产品中, 次品少于 1000 件的概率.

5.38 设 $\{X_k\}$ 是独立同分布的随机变量序列, $\sigma^2 = \mathrm{Var}(X_1) < \infty$. 定义

$$\overline{X}_n = \frac{1}{n}\sum_{k=1}^{n} X_k, \quad \hat{\sigma}_n^2 = \frac{1}{n}\sum_{k=1}^{n}(X_k - \overline{X}_n)^2,$$

证明:

$$\lim_{n\to\infty} \hat{\sigma}_n^2 = \sigma^2 \text{ 以概率 } 1 \text{ 成立}.$$

5.39 如果 $X_n \overset{p}{\longrightarrow} X$, $Y_n \overset{p}{\longrightarrow} Y$, 证明: $X_n + Y_n \overset{p}{\longrightarrow} X + Y$.

5.40 如果 $X_n \overset{p}{\longrightarrow} c$, $g(x)$ 是在 c 连续的函数, 证明:

$$g(X_n) \overset{p}{\longrightarrow} g(c).$$

5.41 设 $\{X_k\}$ 是独立同分布的随机变量序列, $\mu_{2m} = \mathrm{E}X_1^{2m} < \infty$. 写出关于 $\{X_k^m | k = 1, 2, \cdots\}$ 的弱大数律、强大数律和中心极限定理.

5.42 在敏感问题调查的例 1.9.2 中, 对于 p 的估计 $\hat{p}$, 证明:

$$\lim_{n\to\infty} \hat{p} = p \text{ 以概率 } 1 \text{ 成立}.$$

5.43 设 $\{X_k\}$ 是独立同分布的随机变量序列, $\mu = \mathrm{E}X_1$. 对非零常数 a, b, 定义

$$Y_k = aX_k + bX_{k-1} + c, \quad k = 1, 2, \cdots,$$

写出关于 $\{Y_k\}$ 的弱大数律和强大数律.

5.44 利用中心极限定理证明:

$$\lim_{n\to\infty} \mathrm{e}^{-n} \sum_{k=0}^{n} \frac{n^k}{k!} = \frac{1}{2}.$$

5.45 设 $\{X_k\}$ 独立同分布, $\mathrm{E}X_1 = 0$, $\mathrm{E}X_1^2 = 1$, $\mathrm{E}X_1^4 = \mu_4 < \infty$. 定义 $S_n = X_1^2 + X_2^2 + \cdots + X_n^2$.

(1) 证明: $\mu_4 \geqslant 1$, 等号成立的充要条件是 $X_1^2 = 1$ 以概率 1 成立;

(2) 计算 $\mathrm{E}(X_1^2 - 1)^2$;

(3) 计算 $\lim_{n\to\infty} P(S_n \leqslant n + \sqrt{n(\mu_4 - 1)})$.

5.46 设 $X_n \xrightarrow{p} X$, 如果有常数 M 使得概率为 1 地 $|X_n| \leqslant M$ 对所有的 n 成立, 证明:

(1) $|X| \leqslant M$ 以概率 1 成立;

(2) $\mathrm{E}\,|X_n - X| \to 0$, 当 $n \to \infty$;

(3) $\mathrm{E}X_n \to \mathrm{E}X$, 当 $n \to \infty$.

5.47 设 $g(x), h(x)$ 都是 $[0,1]$ 上的连续函数, 满足 $0 \leqslant g(x) < Mh(x)$. 证明:

$$\lim_{n\to\infty} \int_0^1 \int_0^1 \cdots \int_0^1 \frac{g(x_1) + g(x_2) + \cdots + g(x_n)}{h(x_1) + h(x_2) + \cdots + h(x_n)}\, \mathrm{d}x_1\, \mathrm{d}x_2 \cdots \mathrm{d}x_n$$
$$= \frac{\displaystyle\int_0^1 g(x)\, \mathrm{d}x}{\displaystyle\int_0^1 h(x)\, \mathrm{d}x}.$$

5.48* 证明: 魏尔斯特拉斯 (Weierstrass) 定理: 对 $[0,1]$ 上的连续函数 $g(x)$, 有多项式 $g_n(x)$ 使得

$$\lim_{n\to\infty} \sup_{0 \leqslant x \leqslant 1} |g_n(x) - g(x)| \to 0.$$

5.49 如果 $\{X_j\}$ 是非负的独立同分布序列, 证明:

$$\lim_{n\to\infty} \frac{1}{n} \sum_{j=1}^n X_j = \mathrm{E}X \text{ 以概率 1 成立.}$$

5.50 设 $\{X_j\}$ 独立同分布, 有共同的分布函数 $F(x)$. 定义**经验分布**函数:

$$F_n(x) = \frac{1}{n} \sum_{j=1}^n \mathrm{I}[X_j \leqslant x], \quad x \in (-\infty, \infty).$$

如果 $F(x)$ 是连续函数, 证明:

$$\lim_{n\to\infty} \sup_x |F_n(x) - F(x)| = 0, \quad \text{a.s..}$$

第六章　随机过程简介

本章的随机变量都定义在相同的概率空间 $(\Omega, \mathcal{F}, P)$ 上, 不再赘述.

§6.1　泊 松 过 程

6.1.1　计数过程

用 $N(t)$ 表示时间段 $[0,t]$ 内某类事件发生的个数, 则 $N(t)$ 是随机变量. 由于 $N(t)$ 记录了从 0 到 t 内发生事件的个数, 所以称 $\{N(t)|t \geqslant 0\}$ 为**计数过程**. 下面把 $\{N(t)|t \geqslant 0\}$ 简记成 $\{N(t)\}$.

计数过程满足如下的条件:

(1) 对每个 $t \geqslant 0$, $N(t)$ 是取非负整数值的随机变量;

(2) 对 $t > s \geqslant 0$, $N(t) \geqslant N(s)$;

(3) 对 $t > s \geqslant 0$, $N(t) - N(s)$ 是左开右闭的时间段 $(s,t]$ 中事件发生的个数;

(4) 对每个确定的 $\omega \in \Omega$, $N(t,\omega)$ 作为 t 在 $[0,\infty)$ 中的函数是单调不减右连续的.

对确定的 $\omega \in \Omega$, 通常称 $\{N(t,\omega)\}$ 为计数过程 $\{N(t)\}$ 的一次实现或一条**轨迹**, 它是随时间的推移, 对所发生的事件的一条记录曲线, 这条曲线是单调不减右连续的阶梯函数.

计数过程是非常广泛的一类过程, 比如:

$N(t)$ 是 $[0,t]$ 内进入某所大学的汽车数, 每开进校门一辆汽车等于发生一个事件.

$N(t)$ 是 $[0,t]$ 内收到的手机微信数, 每收到一个微信等于一个事件发生.

$N(t)$ 是 $[0, t]$ 内商场经理收到的商品质量的投诉数, 每收到一起投诉等于一个事件发生.

如果在互不相交的时间段内发生事件的个数是相互独立的, 则称相应的计数过程 $\{N(t)\}$ 具有**独立增量性**. 用数学的语言讲, 具有独立增量性等价于对任何正整数 n 和

$$0 < t_1 < t_2 < \cdots < t_n,$$

随机变量

$$N(0), N(t_1) - N(0), N(t_2) - N(t_1), \cdots, N(t_n) - N(t_{n-1})$$

相互独立. 具有独立增量性的计数过程被称为**独立增量过程**.

如果在长度相等的时间段内, 事件发生个数的概率分布是相同的, 则称相应的计数过程具有**平稳增量性**. 具体来讲, 平稳增量性等价于对任何 $s > 0$, $t_2 > t_1 \geqslant 0$, 随机变量

$$N(t_2) - N(t_1) \text{ 和 } N(t_2 + s) - N(t_1 + s) \text{ 同分布}.$$

具有平稳增量性的计数过程又被称为**平稳增量过程**.

例 6.1.1 (接例 2.2.3) 用 $N(t)$ 表示放射性物质钋在 $[0, t]$ 内放射出的 α 粒子数, 则 $\{N(t)\}$ 是计数过程. $\{N(t)\}$ 具有独立增量性和平稳增量性, 从而是独立增量过程和平稳增量过程.

6.1.2 泊松过程

定义 6.1.1 称满足下面条件的计数过程 $\{N(t)\}$ 为强度 λ 的**泊松过程**:

(1) $N(0) = 0$;

(2) $\{N(t)\}$ 是独立增量过程;

(3) 对任何 $t > s \geqslant 0$, $N(t + s) - N(s)$ 服从参数为 λt 的泊松分布, 即

$$P(N(t + s) - N(s) = k) = \frac{(\lambda t)^k}{k!} \mathrm{e}^{-\lambda t}, \quad k = 0, 1, \cdots, \quad (6.1.1)$$

其中正常数 λ 称为泊松过程 $\{N(t)\}$ 的**强度**.

条件 (3) 说明泊松过程是平稳增量过程, 而且在时间段 $(s, s+t]$ 中发生事件的个数服从泊松分布.

泊松过程最早由法国科学家泊松研究, 并以他的名字命名. 泊松过程是应用最广的计数过程. 许多具有独立增量性和平稳增量性的计数过程, 只要在同一时刻没有两个或两个以上的事件同时发生, 就是泊松过程. 由 (6.1.1) 式知道在有限的时间段 $[0, t]$ 内, 泊松过程发生有限个事件的概率为 1.

设 $\{N(t)\}$ 是强度 λ 的泊松过程, 容易计算

$$\mathrm{E}N(t) = \lambda t, \quad \mathrm{Var}(N(t)) = \lambda t.$$

于是

$$\lambda = \frac{\mathrm{E}N(t)}{t}$$

是单位时间内事件发生的平均数. λ 越大, 单位时间内平均发生的事件越多. 这正是称 λ 为泊松过程的强度的原因.

例 6.1.2 (接例 6.1.1) 用 $N(t)$ 表示 1910 年卢瑟福和盖革观测的放射性物质钋在 $[0, t]$ 内放射出的 α 粒子数, 则 $\{N(t)\}$ 是泊松过程. 由于当 $t = 7.5\,\mathrm{s}$ 时, $N(t) \sim Poiss(3.87) = Poiss(\lambda t)$, 所以泊松过程 $\{N(t)\}$ 的强度为 $\lambda = 3.87/7.5 = 0.516$. 图 6.1.1 是在计算机上模拟产生的该泊松过程的一次实现, 观测时间是 28 s.

泊松过程的定义 6.1.1 有使用简单的优点, 但是在判断一个计数过程是否为泊松过程时, 使用下面的等价定义 6.1.2 是更有效的. 下面定义中的 λ 是正常数.

定义 6.1.2 称计数过程 $\{N(t)\}$ 为强度 λ 的**泊松过程**, 如果它满足以下条件:

(1) $N(0) = 0$;

(2) $\{N(t)\}$ 是独立增量过程;

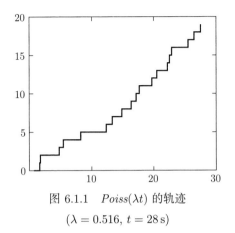

图 6.1.1　$Poiss(\lambda t)$ 的轨迹

$(\lambda = 0.516, t = 28\,\mathrm{s})$

(3) 对任何 $t \geqslant 0$, 当正数 $h \to 0$, 有

$$\begin{cases} P(N(t+h) - N(t) = 1) = \lambda h + o(h), \\ P(N(t+h) - N(t) \geqslant 2) = o(h). \end{cases} \tag{6.1.2}$$

在定义 6.1.2 中, 泊松过程的平稳增量性体现在条件 (6.1.2) 中, 因为 (6.1.2) 表明 $(t, t+h]$ 中发生的事件数只和时间段的长度 h 有关, 和时间段的起点 t 无关. 条件 (6.1.2) 还解释了泊松过程在充分小的时间段 $(t, t+h]$ 内, 有两个或更多个事件发生的概率极小. 因而在概率为 1 的意义下, 泊松过程轨迹的跳跃高度不超过 1.

可以证明定义 6.1.1 和定义 6.1.2 是等价的.

6.1.3　到达时刻的概率分布

设 $\{N(t)\}$ 是强度为 λ 的泊松过程. 定义 $S_0 = 0$. 用 S_n 表示第 n 个事件发生的时刻, 简称为第 n 个**到达时刻**. 这时有

$$\begin{cases} \{N(t) \geqslant n\} = \{S_n \leqslant t\}, \\ \{N(t) = n\} = \{S_n \leqslant t < S_{n+1}\}. \end{cases} \tag{6.1.3}$$

(6.1.3) 式是泊松过程和到达时刻的最基本的关系.

下面计算 S_n 的概率密度. 利用 (6.1.3) 式得到 S_n 的分布函数

$$
\begin{aligned}
F_n(t) = P(S_n \leqslant t) &= P(N(t) \geqslant n) \\
&= 1 - P(N(t) < n) \\
&= 1 - \sum_{k=0}^{n-1} \frac{(\lambda t)^k}{k!} \mathrm{e}^{-\lambda t}.
\end{aligned} \tag{6.1.4}
$$

$F_n(t)$ 连续, 除去在 $t = 0$ 外连续可导. 求导数得到 S_n 的概率密度

$$
\begin{aligned}
f_n(t) &= \sum_{k=0}^{n-1} \frac{(\lambda t)^k}{k!} \lambda \mathrm{e}^{-\lambda t} - \sum_{k=1}^{n-1} \frac{(\lambda t)^{k-1}}{(k-1)!} \lambda \mathrm{e}^{-\lambda t} \\
&= \frac{(\lambda t)^{n-1}}{(n-1)!} \lambda \mathrm{e}^{-\lambda t} \\
&= \frac{\lambda^n}{\Gamma(n)} t^{n-1} \mathrm{e}^{-\lambda t}, \quad t \geqslant 0.
\end{aligned} \tag{6.1.5}
$$

说明 $S_n \sim \Gamma(n, \lambda)$.

6.1.4　等待时间的概率分布

S_n 是泊松过程的第 n 个到达时刻, 引入

$$
X_n = S_n - S_{n-1}, \quad n = 1, 2, \cdots. \tag{6.1.6}
$$

X_n 是第 $n-1$ 个事件发生后, 等待第 n 个事件发生的等待时间. 这时称 X_n 为第 n 个**等待时间**.

定理 6.1.1　泊松过程 $\{N(t)\}$ 的等待时间 $X_1, X_2, \cdots$ 相互独立, 每个 X_j 都服从参数为 λ 的指数分布 $Exp(\lambda)$.

$EX_i = 1/\lambda$ 是平均等待时间, $\lambda t = \mathrm{E}N(t)$ 是 $[0, t]$ 内平均发生的事件数, 因而 $(\mathrm{E}X_i)(\mathrm{E}N(t)) = t$ 成立, 即有

$$
[0, t] \text{ 内平均发生的事件数} = \frac{\text{时间长度 } t}{\text{平均等待时间}}.
$$

§6.2 马尔可夫链

马尔可夫过程是最为重要的随机过程, 在计算数学、金融经济、生物学、化学、管理科学乃至人文科学中都有广泛的应用. 马尔可夫链是马尔可夫过程的特例, 从它的学习中可以窥视马尔可夫过程的研究内容.

设 $\{X_n\} = \{X_n \,|\, n = 0, 1, \cdots\}$ 是随机序列, 如果每个 X_n 都在 S 中取值, 则称 S 为 $\{X_n\}$ 的**状态空间**, 称 S 中的元素为**状态**. 当 S 中只有有限或可列个状态时, 可以将 S 中的状态进行编号, 得到由整数构成的号码集合 I. 为表达方便, 以后用状态的编号表示该状态. 于是 I 成为 $\{X_n\}$ 的状态空间.

下面总设 $\{X_n\}$ 的状态空间是 I, 并且用 $i, j, k, i_0, i_1, \cdots$ 等表示 I 中的状态.

6.2.1 马氏链及其转移概率矩阵

定义 6.2.1 如果对任何正整数 n, 有

$$P(X_{n+1} = j | X_n = i, X_{n-1} = i_{n-1}, \cdots, X_0 = i_0)$$
$$= P(X_{n+1} = j | X_n = i)$$
$$= P(X_1 = j | X_0 = i), \tag{6.2.1}$$

则称 $\{X_n\}$ 为时间齐次的马尔可夫链, 简称为**时齐马氏链**或**马氏链**. 这时称

$$p_{ij} = P(X_1 = j | X_0 = i), \quad i, j \in I$$

为马氏链 $\{X_n\}$ 的**转移概率**, 称矩阵

$$\boldsymbol{P} = (p_{ij}) = (p_{ij})_{i,j \in I}$$

为 $\{X_n\}$ 的**转移概率矩阵**, 简称为**转移矩阵**.

容易看出转移矩阵 $\boldsymbol{P}$ 的各行之和等于 1.

对马氏链的直观理解是: 已知现在 $B = \{X_n = i\}$, 将来 $A = \{X_{n+1} = j\}$ 与过去 $C = \{X_{n-1} = i_{n-1}, \cdots, X_0 = i_0\}$ 独立. 人们习惯称这种性质为**马氏性**. 为了解释马氏性, 再介绍下面的定理.

定理 6.2.1 对于事件 A, B, C, 当 $P(AB) > 0$ 时, 条件

$$P(C|BA) = P(C|B) \tag{6.2.2}$$

与条件

$$P(AC|B) = P(A|B)P(C|B) \tag{6.2.3}$$

等价.

证明 当 (6.2.2) 式成立时, 有

$$P(AC|B) = \frac{P(CBA)}{P(B)} = \frac{P(C|BA)P(BA)}{P(B)} = P(C|B)P(A|B).$$

当 (6.2.3) 式成立时, 有

$$P(C|AB) = \frac{P(ABC)/P(B)}{P(AB)/P(B)} = \frac{P(A|B)P(C|B)}{P(A|B)} = P(C|B).$$

定理 6.2.1 说明, (6.2.2) 式成立的充要条件是: 已知 B 发生时, A 和 C 独立. 即在概率 $P_B(\cdot) = P(\cdot|B)$ 下, A, C 独立. 于是, 马氏链 $\{X_n\}$ 具有马氏性: 对任何 $n \geqslant 1$, 已知现在 $B = \{X_n = i\}$, 将来 $A = \{X_{n+1} = j\}$ 与过去 $C = \{X_{n-1} = i_{n-1}, \cdots, X_0 = i_0\}$ 独立.

为进一步理解马氏链的含义, 看下面的例子.

例 6.2.1 (简单随机游动) 设想一个质点在直线的整数点上做简单随机游动: 质点一旦到达某状态后, 下次向右移动一步的概率是 $p \in (0,1)$, 向左移动一步的概率是 $q = 1-p$. 现在用 X_0 表示质点的初始状态, 用 X_n 表示质点在时刻 n 的状态 (指 n 步转移后的状态), 则 $\{X_n\}$ 是马氏链, 并且

$$\begin{cases} p_{i,i-1} = P(X_{n+1} = i-1 | X_n = i) = q, \\ p_{i,i+1} = P(X_{n+1} = i+1 | X_n = i) = p. \end{cases}$$

例 6.2.2 (两端是吸收壁的简单随机游动) 设质点在状态 $\{1, 2, \cdots, n-1\}$ 中按例 6.2.1 中的规律做简单随机游动, 但是质点一旦到达状态 n 或状态 0 后将永远停留在 n 或 0. 用 X_0 表示质点的初始状态, 用 X_n 表示质点在时刻 n 的状态, 则 $\{X_n\}$ 是马氏链, 并且

$$p_{ij} = \begin{cases} q, & \text{当 } 1 \leqslant i \leqslant n-1, j = i-1, \\ p, & \text{当 } 1 \leqslant i \leqslant n-1, j = i+1, \\ 1, & \text{当 } (i,j) = (0,0) \text{ 或 } (i,j) = (n,n), \\ 0, & \text{其他}. \end{cases}$$

相应的转移概率矩阵是

$$\boldsymbol{P} = \begin{pmatrix} 1 & 0 & 0 & 0 & 0 & \cdots & 0 \\ q & 0 & p & 0 & 0 & \cdots & 0 \\ 0 & q & 0 & p & 0 & \cdots & 0 \\ \vdots & \vdots & \vdots & \vdots & \vdots & & \vdots \\ 0 & 0 & 0 & 0 & 0 & \cdots & 1 \end{pmatrix}.$$

例 6.2.3 (两端是反射壁的简单随机游动) 设质点在状态 $\{1, 2, \cdots, n-1\}$ 中按例 6.2.1 中的规律做简单随机游动, 但是质点到达状态 n 后下一步一定返回 $n-1$, 到达状态 0 后下一步一定返回 1. 仍用 X_0 表示质点的初始状态, 用 X_n 表示质点在时刻 n 的状态, 则 $\{X_n\}$ 是马氏链, 并且

$$p_{ij} = \begin{cases} q, & \text{当 } 1 \leqslant i \leqslant n-1, j = i-1, \\ p, & \text{当 } 1 \leqslant i \leqslant n-1, j = i+1, \\ 1, & \text{当 } (i,j) = (0,1) \text{或} (i,j) = (n,n-1), \\ 0, & \text{其他}. \end{cases}$$

相应的一步转移概率矩阵是

$$\boldsymbol{P} = \begin{pmatrix} 0 & 1 & 0 & 0 & 0 & \cdots & 0 & 0 & 0 \\ q & 0 & p & 0 & 0 & \cdots & 0 & 0 & 0 \\ 0 & q & 0 & p & 0 & \cdots & 0 & 0 & 0 \\ \vdots & \vdots & \vdots & \vdots & \vdots & & \vdots & \vdots & \vdots \\ 0 & 0 & 0 & 0 & 0 & \cdots & q & 0 & p \\ 0 & 0 & 0 & 0 & 0 & \cdots & 0 & 1 & 0 \end{pmatrix}.$$

任何一个具有转移矩阵 P 的马氏链 $\{X_n\}$ 都可以用质点在状态空间 I 中的随机运动给出解释: 质点到达状态 i 后, 下一步移动到状态 j 的概率是 p_{ij}, 它与本次到达 i 之前的运动状况无关.

为了更方便地研究马氏链的性质, 有必要回忆条件概率的基本公式: 设 $P(AB) > 0$, 则

$$P_A(C|B) = P(C|BA). \tag{6.2.4}$$

如果 $P(A) > 0$, B_j $(j = 1, 2, \cdots)$ 是完备事件组, 则有全概率公式 (参考习题 1.23):

$$P(C|A) = \sum_{j=1}^{\infty} P(C|B_jA)P(B_j|A). \tag{6.2.5}$$

马氏链的定义中所包含的内容是很丰富的. 下面的定理把马氏链的马氏性进行了扩充, 其证明可以用 (6.2.4) 和 (6.2.5) 式完成.

定理 6.2.2 设 I 是马氏链 $\{X_n\}$ 的状态空间, $A, A_j \subseteq I$, 则有

(1) $P(X_{n+k} = j|X_n = i) = P(X_k = j|X_0 = i)$;

(2) $P(X_{n+k} = j|X_n = i, X_{n-1} \in A_{n-1}, \cdots, X_0 \in A_0)$
$= P(X_k = j|X_0 = i)$;

(3) $P(X_{n+k} \in A|X_n = i, X_{n-1} \in A_{n-1}, \cdots, X_0 \in A_0)$
$= P(X_k \in A|X_0 = i)$.

定理 6.2.2 的结论 (3) 说明: 已知 $X_n = i$ 的条件下, 将来 $\{X_{n+k} \in A\}$ 与过去 $C = \{X_{n-1} \in A_{n-1}, \cdots, X_0 \in A_0\}$ 独立.

注 6.2.1 如果对任何正整数 n, 只有

$$P(X_{n+1} = j|X_n = i, X_{n-1} = i_{n-1}, \cdots, X_0 = i_0)$$
$$= P(X_{n+1} = j|X_n = i),$$

则称 $\{X_n\}$ 为**非齐次马尔可夫链**.

6.2.2 科尔莫戈罗夫-查普曼方程

根据定理 6.2.2 的结论 (1), 转移概率 $P(X_{k+n} = j|X_n = i)$ 和 n

无关, 所以定义

$$p_{ij}^{(k)} = P(X_{n+k} = j | X_n = i) = P(X_k = j | X_0 = i), \quad i, j \in I,$$

并且称 $p_{ij}^{(k)}$ 为 $\{X_n\}$ 的 k 步转移概率, 称矩阵

$$\boldsymbol{P}^{(k)} = (p_{ij}^{(k)})$$

为 $\{X_n\}$ 的 k 步转移概率矩阵, 简称为 k 步转移矩阵. 于是

$$\boldsymbol{P}^{(1)} = \boldsymbol{P}, \quad \boldsymbol{P}^{(0)} = \text{单位阵}.$$

下面的科尔莫戈罗夫-查普曼方程告诉我们 $\boldsymbol{P}^{(k)}$ 和 $\boldsymbol{P}$ 之间的关系.

定理 6.2.3 (科尔莫戈罗夫-查普曼方程)　对任何 $m, n \geqslant 0$, 有

$$\begin{cases} p_{ij}^{(n+m)} = \sum_{k \in I} p_{ik}^{(m)} p_{kj}^{(n)}, \\ \boldsymbol{P}^{(n+m)} = \boldsymbol{P}^{n+m}, \end{cases}$$

其中 $\boldsymbol{P}^{n+m}$ 表示 $n + m$ 个矩阵 $\boldsymbol{P}$ 相乘.

证明　利用公式 (6.2.5) 和定理 6.2.2 的结论 (2) 得到

$$\begin{aligned} p_{ij}^{(n+m)} &= P(X_{n+m} = j | X_0 = i) \\ &= \sum_{k \in I} P(X_{n+m} = j | X_m = k, X_0 = i) P(X_m = k | X_0 = i) \\ &= \sum_{k \in I} p_{kj}^{(n)} p_{ik}^{(m)}. \end{aligned}$$

写成矩阵的形式就得到

$$\boldsymbol{P}^{(n+m)} = \boldsymbol{P}^{(n)} \boldsymbol{P}^{(m)} = \boldsymbol{P} \boldsymbol{P}^{(n+m-1)} = \cdots = \boldsymbol{P}^{n+m}.$$

为表达方便, 以下设 $I = \{0, 1, \cdots\}$. 设 $\{X_n\}$ 的一步转移概率矩阵是 $\boldsymbol{P}$, X_0 有概率分布

$$p_j = P(X_0 = j), \quad j \in I.$$

我们称

$$\boldsymbol{\pi}(0) = (p_0, p_1, \cdots)$$

为 $\{X_n\}$ 的初始分布, 它表明了质点在初始状态的概率分布情况. 再引入 X_n 的概率分布

$$p_j^{(n)} = P(X_n = j), \quad j \in I$$

和

$$\boldsymbol{\pi}(n) = (p_0^{(n)}, p_1^{(n)}, \cdots),$$

则 $\boldsymbol{\pi}(n)$ 表明质点在 n 时刻所处状态的概率分布情况. 下面的定理表明 $\boldsymbol{\pi}(n)$ 由 $\boldsymbol{\pi}(0)$ 和 $\boldsymbol{P}$ 唯一决定.

定理 6.2.4　对 $n \geqslant 1$,

$$\boldsymbol{\pi}(n) = \boldsymbol{\pi}(n-1)\boldsymbol{P} = \boldsymbol{\pi}(0)\boldsymbol{P}^n.$$

证明　对 $n \geqslant 1$, 用全概率公式得到

$$
\begin{aligned}
p_j^{(n)} &= P(X_n = j) \\
&= \sum_{i \in I} P(X_{n-1} = i)P(X_n = j | X_{n-1} = i) \\
&= \sum_{i \in I} p_i^{(n-1)} p_{ij}.
\end{aligned}
$$

写成矩阵的形式就得到

$$\boldsymbol{\pi}(n) = \boldsymbol{\pi}(n-1)\boldsymbol{P} = \boldsymbol{\pi}(n-2)\boldsymbol{P}^2 = \cdots = \boldsymbol{\pi}(0)\boldsymbol{P}^n.$$

§6.3　时　间　序　列

按时间次序排列的随机变量序列

$$X_1, \ X_2, \ \cdots, \ X_n, \ \cdots$$

称为时间序列. 许多时间序列经过函数变换后会表现出平稳性, 有平稳性的时间序列被称为平稳序列.

为方便我们以后总用 $\mathbf{Z}$ 表示全体整数, 用 $\mathbf{Z}_+$ 表示全体正整数, 用 $\mathbf{N}$ 表示 $\mathbf{Z}$ 或者 $\mathbf{Z}_+$.

6.3.1 平稳序列及其自协方差函数

定义 6.3.1 如果时间序列 $\{X_t\} = \{X_t \mid t \in \mathbf{N}\}$ 满足

(1) 对任何 $t \in \mathbf{N}$, $\mathrm{E}X_t^2 < \infty$;

(2) 对任何 $t \in \mathbf{N}$, $\mathrm{E}X_t = \mu$;

(3) 对任何 $t, s \in \mathbf{N}$, $\mathrm{E}[(X_t - \mu)(X_s - \mu)] = \gamma_{t-s}$,

则称 $\{X_t\}$ 为**平稳时间序列**, 简称为**平稳序列**; 称实数列 $\{\gamma_t\}$ 为 $\{X_t\}$ 的**自协方差函数**.

由定义看出, 平稳序列中随机变量 X_t 的均值 $\mathrm{E}X_t$, 方差 $\mathrm{Var}(X_t)$ $= \mathrm{E}(X_t - \mu)^2$ 都是和 t 无关的常数. 对任何 $s, t \in \mathbf{N}$ 和 $k \in \mathbf{N}$, (X_t, X_s) 和平移 k 步后的 (X_{t+k}, X_{s+k}) 有相同的协方差

$$\mathrm{Cov}(X_t, X_s) = \mathrm{Cov}(X_{t+k}, X_{s+k}) = \gamma_{s-t}.$$

协方差结构的平移不变性是平稳序列的特性. 为此, 又称平稳序列为**二阶矩平稳序列**.

平稳序列的统计特性在自协方差函数中得到充分体现. 时间序列分析的重要特点之一是利用自协方差函数研究平稳序列的统计性质, 所以有必要对 $\{\gamma_t\}$ 的性质进行探讨.

从概率论的知识知道, 随机变量的方差越小, 这个随机变量就越向它的数学期望集中. 特别当随机变量的方差等于零时, 这个随机变量等于它的数学期望的概率是 1. 平稳序列中的每个随机变量有相同的方差 γ_0 和数学期望 μ. 当 $\gamma_0 = 0$, 这个平稳序列中的观测样本都等于常数 μ. 对这样的时间序列没有进一步分析的必要. 我们以后总认为所述平稳序列的方差 $\gamma_0 = \mathrm{Var}(X_t) > 0$.

自协方差函数满足以下三条基本性质:

(1) 对称性: $\gamma_k = \gamma_{-k}$ 对所有 $k \in \mathbf{N}$ 成立;

(2) 非负定性: 对任何 $n \in \mathbf{N}$, n 阶自协方差矩阵

$$\Gamma_n = (\gamma_{k-j})_{k,j=1}^n = \begin{pmatrix} \gamma_0 & \gamma_1 & \cdots & \gamma_{n-1} \\ \gamma_1 & \gamma_0 & \cdots & \gamma_{n-2} \\ \vdots & \vdots & & \vdots \\ \gamma_{n-1} & \gamma_{n-2} & \cdots & \gamma_0 \end{pmatrix}$$

是非负定矩阵;

(3) 有界性: $|\gamma_k| \leqslant |\gamma_0|$ 对所有 $k \in \mathbf{N}$ 成立.

任何满足上述性质 (1), (2), (3) 的实数列都被称为**非负定序列**. 所以平稳序列的自协方差函数是非负定序列. 可以证明, 每个非负定序列都可以是平稳序列的自协方差函数 (见参考书目 [3]).

例 6.3.1 (调和平稳序列) 设 a, b 是常数, 随机变量 U 在 $(-\pi, \pi)$ 内均匀分布, 则

$$X_t = b \cos(at + U), \quad t \in \mathbf{N}$$

是平稳序列. 实际上,

$$\mathrm{E}X_t = \frac{1}{2\pi} \int_{-\pi}^{\pi} b \cos(at + u) \, \mathrm{d}u = 0,$$
$$\mathrm{E}(X_t X_s) = \frac{1}{2\pi} \int_{-\pi}^{\pi} b^2 \cos(at + u) \cos(as + u) \, \mathrm{d}u$$
$$= \frac{1}{2} b^2 \cos((t - s)a).$$

这个平稳序列的观测样本和自协方差函数 $\gamma_k = 0.5b^2 \cos(ak)$ 都是以 a 为角频率, 以 $2\pi/a$ 为周期的函数. 这个例子告诉我们, 平稳序列也可以有很强的周期性.

6.3.2 白噪声

最简单的平稳序列是白噪声, 它在时间序列的研究和应用中有特殊的重要地位.

定义 6.3.2 (白噪声) 设 $\{\varepsilon_t\}$ 是平稳序列. 如果对任何的 $s, t \in$

N,

$$\mathrm{E}\varepsilon_t = \mu, \quad \mathrm{Cov}(\varepsilon_t, \varepsilon_s) = \begin{cases} \sigma^2, & t = s, \\ 0, & t \neq s, \end{cases}$$

则称 $\{\varepsilon_t\}$ 为**白噪声**, 记作 $\mathrm{WN}(\mu, \sigma^2)$.

如果对每个 $t \geqslant 0$, X_t 是随机变量, 则称 $\{X_t\} = \{X_t | t \geqslant 0\}$ 为**随机过程**.

例 6.3.2 (布朗运动和正态白噪声)   如果随机过程 $\{X_t\}$ 满足:

(1) $X_0 = 0$, 并且对任何 $t > s \geqslant 0$, $X_t - X_s$ 服从正态分布 $N(0, t - s)$,

(2) $\{X_t\}$ 有独立增量性 (参见 6.1.1 小节),

则称 $\{X_t\}$ 为标准布朗运动.

对标准布朗运动 $\{X_t\}$, 定义

$$\varepsilon_n = X_{n+1} - X_n, \quad n = 1, 2, \cdots,$$

则 $\{\varepsilon_n\}$ 是标准正态白噪声.

6.3.3   线性平稳序列

如果实数列 $\{a_j\}$ 满足

$$\sum_{j=-\infty}^{\infty} a_j^2 < \infty,$$

则称 $\{a_j\}$ 平方可和. 对于平方可和的实数列 $\{a_j\}$, 定义零均值白噪声 $\{\varepsilon_t\}$ 的无穷滑动和如下:

$$X_t = \sum_{j=-\infty}^{\infty} a_j \varepsilon_{t-j}, \quad t \in \mathbf{N}.$$

可以证明 $\{X_t\}$ 是平稳序列, 有自协方差函数

$$\gamma_k = \sigma^2 \sum_{j=-\infty}^{\infty} a_j a_{j+k}, \quad k \in \mathbf{N}.$$

线性平稳序列描述了相当广泛的一类平稳序列. 如果 $x_1, x_2, \cdots,$ x_N 是平稳序列的观测样本, 定义样本均值

$$\bar{x} = \frac{1}{N} \sum_{j=1}^{N} x_j.$$

当 $N \to \infty$, 只要样本自协方差函数

$$\hat{\gamma}_k = \frac{1}{N} \sum_{t=1}^{N-k} (x_{t+k} - \bar{x})(x_t - \bar{x}), \quad 1 \leqslant k \leqslant \sqrt{N}$$

趋于零, 就可以用线性平稳序列描述这个时间序列. 实际工作中遇到的大部分平稳时间序列的样本自协方差函数 $\hat{\gamma}_k$ 都有收敛到零的性质. 所以线性平稳序列是时间序列的研究重点之一.

应用时间序列分析中最常用到的是单边运动平均, 也叫单边无穷滑动和:

$$X_t = \sum_{j=0}^{\infty} a_j \varepsilon_{t-j}, \quad t \in \mathbf{N}.$$

这里单边的含义是指求和项只有右半部分, 它表明现在的观测 X_t 由 t 时刻及以前的所有白噪声造成, 不受时刻 t 以后的白噪声的影响.

6.3.4 时间序列的线性滤波

在数字信号分析和处理中, 时间序列 $\{X_t\}$ 被称为信号过程. 按通常的定义, 信号过程的频率是单位时间内该信号过程的振动次数. 振动次数越大, 频率就越高. 在一些通讯工程问题里, 常常需要设计一个**线性滤波器**来滤掉信号过程中的高频噪声. 这种滤波器被称为**线性低通滤波器**.

在线性滤波问题中, 绝对可和的实数列 $H = \{h_j\}$ 被称作**保时线性滤波器**. 信号 $\{X_t\}$ 通过滤波器 H 后得到输出

$$Y_t = \sum_{j=-\infty}^{\infty} h_j X_{t-j}, \quad t \in \mathbf{N}. \tag{6.3.1}$$

如果 $\{X_t\}$ 是平稳信号 (即平稳序列), 有数学期望 $\mathrm{E}X_t = \mu$ 和自协方差函数 $\{\gamma_k\}$, 可以证明 (6.3.1) 是平稳信号, 有数学期望

$$\mu_Y = \mathrm{E}Y_t = \sum_{j=-\infty}^{\infty} h_j \mathrm{E}X_{t-j} = \mu \sum_{j=-\infty}^{\infty} h_j$$

和自协方差函数

$$\begin{aligned}
\gamma_Y(n) &= \mathrm{Cov}(Y_{n+1}, Y_1) \\
&= \sum_{j,k=-\infty}^{\infty} h_j h_k \mathrm{E}[(X_{n+1-j} - \mu)(X_{1-k} - \mu)] \\
&= \sum_{j,k=-\infty}^{\infty} h_j h_k \gamma_{n+k-j}.
\end{aligned}$$

设 M 为正整数, 如果取保时线性滤波器 H 满足

$$h_j = \begin{cases} \dfrac{1}{2M+1}, & |j| \leqslant M, \\ 0, & |j| > M, \end{cases} \tag{6.3.2}$$

则

$$Y_t = \frac{1}{2M+1}(X_{t-M} + X_{t+1-M} + \cdots + X_{t+M}), \quad t \in \mathbf{N}$$

是 $\{X_t\}$ 的逐步平均. 它可以对平稳信号 $\{X_t\}$ 起平滑的作用, 同时对抑制噪声, 特别是抑制高频噪声是有效的.

例 6.3.3 (余弦波信号的滤波) 设 $\{\varepsilon_t\}$ 是零均值平稳序列, b 是非零常数, ω 是 $(0,\pi]$ 中的常数, 随机变量 U 和 $\{\varepsilon_t\}$ 独立并且在 $[0,2\pi]$ 上均匀分布. 这时观测信号

$$X_t = b\cos(\omega t + U) + \varepsilon_t, \quad t \in \mathbf{N} \tag{6.3.3}$$

是余弦波信号 $\{b\cos(\omega t + U)\}$ 和随机干扰噪声 $\{\varepsilon_t\}$ 的叠加. 从例 6.3.1 知道余弦波信号是平稳信号序列, 有方差 $b^2/2$. 噪声的方差 $\sigma^2 = \mathrm{Var}(\varepsilon_t)$ 表示噪声的强弱. 信号的方差 $b^2/2$ 表示信号的强弱. 于是信噪比可由

$$b^2/(2\sigma^2)$$

定义. 信噪比 $b^2/(2\sigma^2)$ 大, 信号容易被识别. 信噪比 $b^2/(2\sigma^2)$ 过小, 信号会被噪声淹没. 采用滤波器 (6.3.2) 对 (6.3.3) 进行滤波后得到

$$
\begin{aligned}
Y_t &= \frac{1}{2M+1}(X_{t-M} + X_{t+1-M} + \cdots + X_{t+M}) \\
&= \frac{1}{2M+1} \sum_{j=-M}^{M} \left[b\cos(\omega(t-j)+U) + \varepsilon_{t-j} \right] \\
&= \frac{1}{2M+1} \sum_{j=-M}^{M} b\cos(\omega j)\cos(\omega t+U) + \eta_t,
\end{aligned}
$$

其中

$$
\eta_t = \frac{1}{2M+1} \sum_{j=-M}^{M} \varepsilon_{t-j}, \quad t \in \mathbf{N}
$$

是零均值平稳序列.

图 6.3.1 中的 X_t 是来自模型 (6.3.3) 的 100 个观测, $b = 1.5$, $\omega = \pi/7$, $\{\varepsilon_t\}$ 是方差等于 1 的正态白噪声. 信噪比是 $1.5^2/2 = 1.125$. 保时线性滤波器由 (6.3.2) 式定义, $M = 3$. 可以计算出输出过程的信噪比是 3.245, 是输入过程信噪比的 2.884 倍. 为了比较的方便, 图中把输出过程提高了 3 个单位. 从图中看出, 输入过程的高频干扰噪声被较大程度地过滤掉了. 输出过程明显是一个具有角频率 $w = \pi/7$ 的余弦

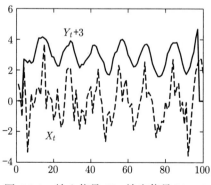

图 6.3.1　输入信号 X_t, 输出信号 $Y_t + 3$

波. 周期是 $T = 2\pi/\omega = 14$. 这时的滤波器就像一个硬毛刷, 它蹭掉了信号过程中的毛刺.

§6.4 严平稳序列

在概率论中, 随机向量 $(Y_1, Y_2, \cdots, Y_n)$ 的联合分布由

$$F(y_1, y_2, \cdots, y_n) = P(Y_1 \leqslant y_1, Y_2 \leqslant y_2, \cdots, Y_n \leqslant y_n)$$

定义. 具有相同的联合分布函数的随机向量被称作同分布的随机向量.

在时间序列分析中, 称时间序列

$$\{X_t | t \in \mathbf{N}\} \quad \text{和} \quad \{Y_t | t \in \mathbf{N}\}$$

是同分布的, 如果对任何正整数 n 和 $t_1, t_2, \cdots, t_n \in \mathbf{N}$, 随机向量

$$(X(t_1), X(t_2), \cdots, X(t_n)) \quad \text{和} \quad (Y(t_1), Y(t_2), \cdots, Y(t_n))$$

是同分布的. 这里规定 $X(t) = X_t, Y(t) = Y_t$.

定义 6.4.1 设 $\{X_t | t \in \mathbf{N}\}$ 是时间序列. 如果对任何正整数 n 和 $k \in \mathbf{N}$, 随机向量

$$(X_1, X_2, \cdots, X_n) \quad \text{和} \quad (X_{1+k}, X_{2+k}, \cdots, X_{n+k})$$

同分布, 则称 $\{X_t | t \in \mathbf{N}\}$ 为**严平稳序列**.

严平稳序列的特征是其概率分布的平移不变性: 对任何固定的 $k \geqslant 1$, 时间序列 $\{X_t | t \in \mathbf{N}\}$ 和 $\{X_{t+k} | t \in \mathbf{N}\}$ 同分布. 于是, 对任何多元函数 $\phi(x_1, x_2, \cdots, x_m)$,

$$Y_t = \phi(X_{t+1}, X_{t+2}, \cdots, X_{t+m}), \quad t \in \mathbf{N} \tag{6.4.1}$$

仍然是严平稳序列.

严平稳序列和平稳序列有密切的关系. 由于 $\{X_t\}$ 的均值 $\mathrm{E}X_t$ 和协方差 $\mathrm{Cov}(X_t, X_s)$ 都由联合分布决定, 所以如果严平稳序列 $\{X_t\}$

的方差 $\mathrm{Var}(X_t)$ 有限, 则它一定是平稳序列. 但是, 平稳序列一般不必是严平稳序列. 鉴于这点, 平稳序列又被称为弱平稳序列或宽平稳序列, 而严平稳序列被称为强平稳序列. 对于正态时间序列 $\{X_t\}$ 来讲, 由于 $\boldsymbol{X} \equiv (X(t_1), X(t_2), \cdots, X(t_n))$ 的数学期望 $\mathrm{E}\boldsymbol{X}$, 协方差矩阵 $\mathrm{Cov}(\boldsymbol{X}, \boldsymbol{X})$ 和 $\boldsymbol{X}$ 的联合分布相互唯一决定, 所以严平稳性和平稳性是等价的.

在很多的应用科学中, 时间序列的观测是不能重复的. 于是, 人们总是遇到要用时间序列 $\{X_t\}$ 的一次实现 $x_1, x_2, \cdots$ 推断 $\{X_t\}$ 的统计性质这个问题. 要做到这点, 必须对时间序列有所要求. 遍历性的要求就是其中一种. 我们不去关心遍历性的数学定义, 但是需要知道如果严平稳序列是遍历的, 那么从它的一次实现 $x_1, x_2, \cdots$ 就可以推断出这个严平稳序列的所有有限维分布:

$$F(x_1, x_2, \cdots, x_m) = P(X_1 \leqslant x_1, X_2 \leqslant x_2, \cdots, X_m \leqslant x_m), \quad m \in \mathbf{Z}_+.$$

有遍历性的严平稳序列被称作**严平稳遍历序列**. 在应用工作中以下定理是有用的.

定理 6.4.1　如果 $\{X_t\}$ 是严平稳遍历序列, 则有如下的结果:

(1) 强大数律: 如果 $\mathrm{E}|X_1| < \infty$, 则

$$\lim_{n\to\infty} \frac{1}{n} \sum_{t=1}^{n} X_t = \mathrm{E}X_1, \quad \text{a.s.};$$

(2) 对任何多元函数 $\phi(x_1, x_2, \cdots, x_m)$,

$$Y_t = \phi(X_{t+1}, X_{t+2}, \cdots, X_{t+m})$$

是严平稳遍历序列.

下面的定理在判定一个线性平稳序列是否遍历时是十分有用的.

定理 6.4.2　如果 $\{\varepsilon_t\}$ 是独立同分布的 $\mathrm{WN}(0, \sigma^2)$, 实数列 $\{a_j\}$ 平方可和, 则线性平稳序列

$$X_t = \sum_{j=-\infty}^{\infty} a_j \varepsilon_{t-j}, \quad t \in \mathbf{N} \tag{6.4.2}$$

是严平稳遍历的.

例 6.4.1 对严平稳序列 $\{X_t\}$, 定义严平稳序列

$$Y_t = I[X_{t+1} \leqslant y_1, X_{t+2} \leqslant y_2, \cdots, X_{t+m} \leqslant y_m], \quad t \in \mathbf{N}.$$

这里 $I[A]$ 是事件 A 的示性函数. 如果 $\{X_t\}$ 是遍历的, 由定理 6.4.1 的结论 (2) 知道 $\{Y_t\}$ 也是遍历的, 并且有界. 利用强大数律得到

$$\lim_{n \to \infty} \frac{1}{n} \sum_{t=1}^{n} Y_t = \mathrm{E}Y_1$$
$$= P(X_1 \leqslant y_1, X_2 \leqslant y_2, \cdots, X_m \leqslant y_m) \text{ 以概率 1 成立.}$$

这个例子说明, 在概率 1 的意义下, $\{X_t\}$ 的每一次观测都可以决定 $\{X_t\}$ 的有限维分布.

例 6.4.2 若 $\{X_t\}$ 是严平稳遍历序列, 则 $\{X_t X_{t+k} | t \geqslant 1\}$ 也是严平稳遍历序列. 当 $\mathrm{E}X_t^2 < \infty$ 时, 有

$$\lim_{N \to \infty} \frac{1}{N} \sum_{t=1}^{N} X_t X_{t+k} = \mathrm{E}(X_t X_{t+k}) \text{以概率 1 成立.}$$

习　题　六

6.1　设 $\{N(t)\}$ 是强度为 λ 的泊松过程. 对 $0 \leqslant s < t$, 证明: 在条件 $N(t) = n$ 下, $N(s)$ 服从二项分布 $Bino(n, s/t)$.

6.2　设 $\{N(t)\}$ 是强度为 λ 的泊松过程, 计算

$$\mathrm{E}[N(t)N(t+s)], \quad \mathrm{E}[N(t+s)|N(t)].$$

6.3　设公路上同方向行驶的车辆之间的距离服从均值 $\lambda = 0.1\,\mathrm{km}$ 的指数分布, 求 $5\,\mathrm{km}$ 的公路上有 50 至 59 辆车的概率.

6.4　设 $\{N(t)|t \geqslant 0\}$ 是强度为 λ 的泊松过程.

(1) 对 $t > s \geqslant 0$, 计算 $P(N(t) = n | N(s) = m)$;

(2) 在概率为 1 的意义下给出极限 $\lim\limits_{t \to \infty} N(t)/t$;

(3) 给出极限 $\lim\limits_{t\to\infty} P((N(t)-\lambda t)/\sqrt{t\lambda} \leqslant x)$.

6.5 设钻井需要 1500 h. 已知钻头的寿命服从参数为 λ 的指数分布, 求需要钻头数的概率分布.

6.6 设火灾发生的累积次数是强度为 λ 的泊松过程 $\{N(t)\}$, 发生第 j 次火灾后保险公司需要支付的赔付金为 Y_j, $EY_j < \infty$. 用 $W(t)$ 表示 $[0,t]$ 内保险公司支付的赔付金总数. 如果 $\{Y_j\}$ 有相同的数学期望, 并且与火灾的发生时刻独立, 计算

$$E[W(t)|N(t)] \quad \text{和} \quad EW(t).$$

6.7 设 $\{X_n\}$ 是马氏链, $A_0, A_1, \cdots, A_{n-1}$ 是状态空间 I 的子集, 对 $C = \{X_{n-1} \in A_{n-1}, \cdots, X_0 \in A_0\}$, 证明:

$$P(X_{n+1} = j|X_n = i, C) = P(X_1 = j|X_0 = i).$$

6.8 在习题 6.7 的条件下, 证明:

$$P(X_{n+k} = j|X_n = i, C) = P(X_{n+k} = j|X_n = i).$$

6.9 对马氏链 $\{X_n\}$, 证明:

$$P(X_{n+k} = j|X_n = i) = P(X_k = j|X_0 = i).$$

6.10 设 $\{X_n\}$ 是马氏链, A_j 是状态空间 I 的子集, 证明:

$$P(X_{n+k} \in A|X_n = i, X_{n-1} \in A_{n-1}, \cdots, X_0 \in A_0)$$
$$= P(X_k \in A|X_0 = i).$$

6.11 如果 $\{\varepsilon_n\}$ 是 WN$(0, \sigma^2)$, $a \in (-1, 1)$, 求一个平稳序列使得

$$X_n = aX_{n-1} + \varepsilon_n, \quad n \in \mathbf{N}.$$

6.12 设 $\gamma_X(k)$ 和 $\gamma_Y(k)$ 分别是平稳序列 $\{X_t\}$ 和 $\{Y_t\}$ 的自协方差函数. 记 $\mu_X = EX_t$ 和 $\mu_Y = EY_t$. 定义

$$Z_t = X_t + Y_t, \quad t \in \mathbf{N}.$$

如果对一切 t, s, X_t 和 Y_s 不相关, 证明: $\{Z_t\}$ 是平稳序列, 有自协方差函数

$$\gamma_Z(k) = \gamma_X(k) + \gamma_Y(k), \quad k = 0, 1, 2, \cdots.$$

6.13　平稳序列 $\{X_t\}$ 有 n 阶自协方差矩阵 Γ_n. 求 $(X_n, X_{n-1}, \cdots, X_1)$ 的协方差矩阵.

6.14　如果输入序列 $\{X_t\}$ 是线性平稳序列, 则从保时线性滤波器 H 输出的序列 $\{Y_t\}$ 也是线性平稳序列.

6.15　设 $\{X_t\}$ 是严平稳序列. 对多元函数 $\phi(x_1, x_2, \cdots, x_m)$, 证明:

$$Y_t = \phi(X_{t+1}, X_{t+2}, \cdots, X_{t+m}), \quad t \in \mathbf{N}$$

是严平稳序列.

部分习题答案和提示

第一章 练 习

1.1.2 (1) $A\overline{B},\overline{C}$; (2) $\overline{A}BC$; (3) $\overline{A}\,\overline{B}\,\overline{C}$; (4) $AB\overline{C}+\overline{A}\,B\overline{C}+\overline{A}\,BC$;
(5) $A\cup B\cup C$.

1.2.1 $n=2m$ 时是 m; $n=2m+1$ 时是 m 和 $m+1$.

1.2.2 $n=2m$ 时是 $7m$; $n=2m+1$ 时是 $7m+3$ 和 $7m+4$.

1.2.4 $q_n=1-(364/365)^n$.

1.3.1 $\pi/4$.

1.3.2 $1/4$.

1.3.3 当且仅当边长 $ac=bc$, 答案是肯定的.

1.4.1 (1) $\Omega=\{\omega|\omega=(a_1,a_2,a_3),a_i\in\{红、黄、蓝、白\},i=1,2,3\}$,
$\mathscr{F}=\{A|A\subseteq\Omega\}$, $P(A)={}^{\#}A/4^3$; (2) 3/8.

1.8.1 (1) p_1p_2; (2) $p_1+p_2-p_1p_2$.

1.8.2 0.4914.

1.8.4 3.

1.9.2 (1) 2/3; (2) 1/2.

习 题 一

1.1 $B_j=A_j-\bigcup_{i=0}^{j-1}A_i$, $A_0=\varnothing$.

1.2 无放回 $1-\mathrm{C}_{97}^2/\mathrm{C}_{100}^2$.

1.3 $4\mathrm{C}_{13}^3/\mathrm{C}_{52}^3$; $13^3\mathrm{C}_4^3/\mathrm{C}_{52}^3$.

1.4 $52(52-4)(52-8)/52^3=132/13^2$, $52\cdot4^2/52^3=1/13^2$.

1.5 (1) 1/5; (2) 3/5; (3) 9/10.

1.6 $n!\mathrm{C}_{365}^n/(365)^n$, $1-n!\mathrm{C}_{365}^n/(365)^n$.

1.7 $(n-1)n/\mathrm{C}_{2n}^3$.

1.8 C_N^n/N^n. $\#\Omega = N^n$, A 中的 ω 和恰有 n 个 1 的 N 维 0-1 向量一一对应.

1.9 小于 10/9. 由 $(x-1)^2/x^2 < 0.01$ 解出.

1.10 (1) C_{N+n-1}^n/N^n; (2) $\sum\limits_{j=1}^{N}(-1)^{j-1}C_N^j(1-j/N)^n$ (将 N 个盒子依次排列, 将抽到的号码 i 放入第 i 个盒子).

1.11 16/33.

1.12 $C_{80}^4 C_{N-80}^{100-4}/C_N^{100}$ 或 $C_{100}^4 p_N^4 (1-p_N)^{96}$; $N = 2000$.

1.13 $\sum\limits_{j=0}^{n}(-1)^j/j!$.

1.14 $\sum\limits_{j=0}^{n-k}(-1)^j/(k!j!)$, $k = 1,2,\cdots$. (用 $A_n(k)$ 表示恰有 k 个人拿对自己帽子的排列数, 则 $A_n(k) = C_n^k A_{n-k}(0)$, 其中 C_n^k 表示从 n 个中选定 k 个人拿对帽子, $A_{n-k}(0)$ 表示其余的 $n-k$ 个人都没有拿对帽子.)

1.15 $1/2$.

1.16 25/91, 6/91.

1.17 311/1152.

1.18 $\dfrac{(\lambda p)^m}{m!}\, \mathrm{e}^{-\lambda p}$, $m = 0,1,\cdots$.

1.19 $p^2/(1-2pq) = p^2/(p^2+q^2)$.

1.20 $\sum\limits_{j=1}^{n}(-1)^{j-1}/j!$.

1.24 0.0872, 0.6448, 0.9718.

1.25 五局三胜对甲有利.

1.26 14/57.

1.27 3/7.

1.28 0.015.

1.29 $a_i b_j$ 表示第一人到 i 层, 第二人到 j 层, 则 $\Omega = \{a_i b_j | 2 \leqslant i, j \leqslant n\}$, $\mathcal{F}$ 是 Ω 的子集的全体, $\#\Omega = (n-1)^2$, $\#\mathcal{F} = 2^{(n-1)^2}$. 对 $B \in \mathcal{F}$, $P(B) = \#B/\#\Omega$. $A = \{a_i b_j | 2 \leqslant i, j \leqslant n, i \neq j\}$, $\#A = (n-1)(n-2)$, $P(A) = (n-2)/(n-1)$.

1.30 $P(A) = 333/1000$.

1.31 $\displaystyle\sum_{j=0}^{n}(n-j)^{r+1}\Big/\sum_{j=0}^{n}n(n-j)^r \to (r+1)/(r+2),\ n\to\infty.$

1.32 0.974.

1.33 根据对题目的不同理解, 答案是 $2\mathrm{C}_{2n-r}^n(1/2)^{2n-r}\ (r>0)$,
或 $\mathrm{C}_{2n-r}^n(1/2)^{2n-r}$.

1.34 $P(A)=(10!)^2(2!)^{10}/20!.$

1.35 $10/\mathrm{C}_{50}^3.$

1.36 0.03024.

1.37 1283/1296.

1.38 $2, 2^n.$

1.39 $\,^{\#}\mathcal{F}=2^n.$ (设 $\mathcal{F}$ 是 $A_1, A_2, \cdots, A_n$ 中的所有有限并加上空集 $\varnothing$ 构成的
集合, 则 $\Omega\in\mathcal{F}$; $\mathcal{F}$ 对并的运算封闭, 对余的运算封闭: $\overline{A_k}=\bigcup_{j\neq k}A_j\in$
$\mathcal{F}$, $\overline{\bigcup_{j=1}^{k}A_{k_j}}=\bigcup_{j=k+1}^{n}A_{k_j}\in\mathcal{F}.$ 由于 $\,^{\#}\mathcal{F}=\mathrm{C}_n^0+\mathrm{C}_n^1+\cdots+\mathrm{C}_n^n=2^n,$ 所
以 $\mathcal{F}$ 对可列并封闭. $\mathcal{F}$ 是含 $A_1, A_2, \cdots, A_n$ 的最小事件域, $\,^{\#}\mathcal{F}=2^n$).

1.40 1024.

1.42 $\mathrm{C}_m^c\mathrm{C}_{n-m}^{k-c}/\mathrm{C}_n^k.$

1.43 $P(A_k)=\mathrm{C}_n^k\mathrm{C}_n^{n-k}/\mathrm{C}_{2n}^n=(\mathrm{C}_n^k)^2/\mathrm{C}_{2n}^n.$

1.44 $P(A_1)=n/N,\ P(A_k)=\dfrac{n}{N}\cdot\dfrac{(N-n)(N-n-1)\cdots(N-n-k+2)}{(N-1)(N-2)\cdots(N-k+1)},\ 0$
$k\leqslant N-n+1.$

1.45 (1) $p_k=\mathrm{C}_{b+r}^{b-k}\mathrm{C}_{a-r}^k/\mathrm{C}_{a+b}^b.$

1.46 (1) 在 $\{1, 2, \cdots, n\}$ 中无放回地任选 k 个, 用 A_i 表示取到的 k 个数中
最大的是 $i(\geqslant k)$, 则 $P(A_i)=\mathrm{C}_{i-1}^{k-1}/\mathrm{C}_n^k.$
在 (1) 中取 $n=n-m$ 得 (2). 由 (2) 得 (3).

1.49* 设
$$\Omega=\bigcup_{j=1}^{n}(A_j+\overline{A_j})=\bigcup_{j=1}^{2^n}B_j.$$
又设 $B_1, B_2, \cdots, B_m$ 非空, B_{m+k} 是空集. 则 $m\leqslant 2^n-1$, $B_1, B_2, \cdots, B_n$
是 Ω 的完备事件组, 每个 A_k 可以用 $B_1, B_2, \cdots, B_m$ 的并表示, 这是因

为

$$A_k = A_k \Big(\bigcup_{j \neq k} (A_j + \overline{A}_j) \Big).$$

不难看出, $\mathcal{F}$ 是空集和 $\{B_k | 1 \leqslant k \leqslant m\}$ 中的元素的并的全体. 由习题 1.39 知道 $^\# \mathcal{F} = 2^m \leqslant 2^{2^n-1}$.

1.51 $1 - \displaystyle\sum_{j=1}^{10} \mathrm{C}_{10}^j (-2)^j (19-j)! / 19! \approx 0.3395.$

第二章　练　习

2.2.1 $\displaystyle\sum_{j=0}^{k-j} p_j q_{k-j}, k = 0, 1, \cdots.$

2.2.2 $X + Y \sim Poiss(\lambda + \mu).$

2.3.1 $b = |a|.$

2.3.2 $\mu = 4.$

2.5.1 $f_Y = 1/(2\sqrt{x}),\ x \in (0,1).$

2.5.2 $1/(\pi\sqrt{R^2 - x^2}),\ |x| < R.$

2.6.1 (1) $g(x) = -\lambda^{-1} \ln(1-x),\ x \in (0,1).$

2.6.2 $h(x) = \mathrm{I}_{(0,p)}(x).$

习　题　二

2.1　$1/5.$　　**2.2**　$0.321, 0.243.$

2.3　$20/27.$

2.4　$\begin{aligned}
P(X \leqslant x, Y < y) &= P\Big(X \leqslant x, \bigcup_{n=1}^{\infty} \{Y \leqslant y - 1/n\} \Big)\\
&= \lim_{n \to \infty} P(X \leqslant x, Y \leqslant y - 1/n)\\
&= \lim_{n \to \infty} P(X \leqslant x) P(Y \leqslant y - 1/n)\\
&= P(X \leqslant x) P\Big(\bigcup_{n=1}^{\infty} \{Y \leqslant y - 1/n\} \Big)\\
&= P(X \leqslant x) P(Y < y).
\end{aligned}$

2.5　$p_k = P(X = k) = 2^{-k-1},\ k = 0, 1, 2, \cdots.$

2.6　$p_k = q^k p,\ p_n = q^n.$

2.7 (1) $C_4^3(1-p)^3 p^2$; (2) $p = 0.5$.

2.8 $p_1 p_3 + 2 p_1 p_2^2 + p_1^3 p_3$.

2.10 $c = 1/(a-b), d = b/(b-a)$.

2.12 (1) $f_Y(y) = f(1/y)/y^2$; (2) $f_Y(y) = f(y) + f(-y)$, $y \geqslant 0$;

(3) $f_Y(y) = \dfrac{1}{1+y^2} \displaystyle\sum_{k=-\infty}^{\infty} f(k\pi + \arctan y)$.

2.13 $1/\sqrt{8w}$, $w \in (128, 162)$.

2.15 (1) $[(6-k+1)^n - (6-k)^n]/6^n$; (2) $[k^n - (k-1)^n]/6^n$;

(3) $(1/2)^n - 2(1/3)^n + (1/6)^n$.

2.16

$$F_Z(z) = \begin{cases} (1-p)(1-\mathrm{e}^{-\lambda z}), & z \in [0,1), \\ p(1-\mathrm{e}^{-\lambda(z-1)}) + (1-p)(1-\mathrm{e}^{-\lambda z}), & z \geqslant 1, \\ 0, & z < 0; \end{cases}$$

$$f_Z(z) = \begin{cases} (1-p)\lambda \mathrm{e}^{-\lambda z}, & z \in [0,1), \\ p\lambda \mathrm{e}^{-\lambda(z-1)} + (1-p)\lambda \mathrm{e}^{-\lambda z}, & z \geqslant 1, \\ 0, & z < 0. \end{cases}$$

2.18 $2\mathrm{e}^y/[\pi(1+\mathrm{e}^{2y})]$.

2.19 0.905.

2.20 $\sigma \leqslant 0.00388$.

2.21 $p_a = 0.0815$; $p_b = 0.0184$; 方案 (b) 的工作效率高.

2.22 0.072, 0.008, 0.409.

2.23 0.349, 0.581, 0.343, 0.692.

2.24

Y	0	1	4	9	25
p	0.30	0.12	0.28	0.20	0.10

2.25 $1/(\pi\sqrt{R^2 - y^2})$, $y \in (-R, R)$.

2.26 (1) $P(X = k) = \dfrac{1}{3}\left(\dfrac{2}{3}\right)^{k-1}$, $k = 1, 2, \cdots$;

(2) $P(Y = k) = 1/3$, $k = 1, 2, 3$;   (3) 8/27, 38/81.

2.27 $f_Y(y) = 2/(\pi\sqrt{1-y^2})$, $y \in (0,1)$.

2.28 用 U, V 分别表示 n 次移动中向右和向左的次数, 则

$$\begin{cases} U - V = X_n, \\ U + V = n, \end{cases} \Rightarrow U = \frac{X_n + n}{2}.$$

于是

$$P(X_n = k) = P(U = (n+k)/2)$$
$$= \begin{cases} \mathrm{C}_n^{(n+k)/2} p^{(n+k)/2} q^{(n-k)/2}, & n+k = 偶数, \\ 0, & 其他. \end{cases}$$

2.29 $2/9$.

2.30 条件 $X + Y = n$ 下: $X \sim Bino(n, p)$, $p = \lambda_1/(\lambda_1 + \lambda_2)$.

2.31 $\mathrm{C}_n^k \mathrm{C}_m^{n-k} / \mathrm{C}_{n+m}^n$.

2.32 参考 §1.9 的赌徒破产模型.

2.33 (1) 0.9901;　　(2) 1;　　(3) 0.0183.

2.35 用 H 表示正面, 用 F 表示反面,

$$\Omega = \{(H, F), (F, H), (H, H), (F, F)\}.$$

用 $\omega = (\omega_1, \omega_2)$ 表示 Ω 中的样本点, 定义

$$X(\omega) = \begin{cases} 1, & \omega_1 = H, \\ 0, & \omega_1 = F; \end{cases} \quad Y(\omega) = \begin{cases} 1, & \omega_2 = H, \\ 0, & \omega_2 = F. \end{cases}$$

2.36 不能, 不能. (考虑 $\Omega = \bigcap_{j=1}^{n+1} (A_j + \overline{A_j})$).

2.37 (1) 考虑 $P(A\overline{B}\,\overline{C})$);

(2) $\Omega = \{1, 2, 3, 4\}$, $P(\{i\}) = 1/4$, $A = \{1, 2\}$, $B = \{1, 3\}$, $C = \{2, 3\}$.

2.38 $1/[\pi\sqrt{R^2 - x^2}]$, $|x| < R$.

2.39 $\left(\dfrac{\lambda \exp(-\lambda \arccos y)}{1 - \mathrm{e}^{-2\pi\lambda}} + \dfrac{\lambda \exp(\lambda \arccos y)}{\mathrm{e}^{2\pi\lambda} - 1} \right) \dfrac{1}{\sqrt{1 - y^2}}$, $y \in (-1.1)$.

2.41* 用 $F^{-1}(x)$ 的性质.

2.42* (6) 对 $p \in (0, 1)$, 有 $P(Y < p) = P(F(X) < p) = P(X < F^{-1}(p)) = F(F^{-1}(p)) = p$. 于是 $P(Y \leqslant p) = P\left(\bigcap_{n=1}^{\infty} \{Y < p + 1/n\} \right) =$

$$\lim_{n\to\infty} P(Y < p + 1/n) = \lim_{n\to\infty} P(Y < p + 1/n) = p.$$ (7) 引入 $\xi_p = \sup\{x|F(x) < p\}$, $\eta_p = \inf\{x|F(x) \geqslant p\}$. 则对任何 $\varepsilon > 0$, 由 $F(\eta_p - \varepsilon) < p$ 和 (2.6.3) 得到 $\eta_p - \varepsilon < \xi_p$, 从而 $\eta_p \leqslant \xi_p$. 另一方面, 对任何 $\varepsilon > 0$, 由 $F(\eta_p + \varepsilon) \geqslant p$ 和 (2.6.2) 得到 $\eta_p + \varepsilon \geqslant \xi_p$, 从而 $\eta_p \geqslant \xi_p$. 于是, $\eta_p = \xi_p$.

2.43* 对正整数 n, m, 有 $a \equiv f(1) = f(1/m + 1/m + \cdots + 1/m) = mf(1/m)$, 于是有 $f(1/m) = a/m$, $f(n/m) = f(1/m + \cdots + 1/m) = nf(1/m) = na/m$. 对 $x \geqslant 0$, 有 $n/m \to x$, 当 $m \to \infty$. 于是 $f(x) = \lim_{m\to\infty} f(n/m) = \lim_{m\to\infty} (n/m)a = ax$.

(2) 利用 $f(x) = \ln g(x)$.

第三章　练　习

3.1.1 $f(x,y) = \dfrac{\partial^2 F(x,y)}{\partial x \partial y} = 2\mathrm{e}^{-(2x+y)}$, $x, y \geqslant 0$.

3.1.2 $F_X(x) = 1 - \mathrm{e}^{-2x}$, $x > 0$; $F_Y(y) = 1 - \mathrm{e}^{-y}$, $y \geqslant 0$;

$F(x,y) = F_X(x)F_Y(y)$.

3.2.2 $Bino(n, p_1 + p_2 + \cdots + p_k)$.

3.5.1 $f_{Y|X}(y|x) = 1/(1-x)$, $x \in (x, 1)$.

3.5.2 否.

3.5.3 引入 $g(x,y) = f_X(x)f_Y(y)$, 则 $g(x,y) \leqslant f(x,y)$. 利用

$$\int g(x,y)\,\mathrm{d}x\,\mathrm{d}y = 1$$

得到 $g(x,y) = f(x,y)$.

3.6.1 对 $x_1 \leqslant x_2 \leqslant x_3$,

$$\frac{n!F^{k_1-1}(x_1)[F(x_2) - F(x_1)]^{k_2-k_1-1}}{(k_1-1)!(k_2-k_1-1)!}$$

$$\times \frac{[F(x_3) - F(x_2)]^{k_3-k_2-1}[1 - F(x_3)]^{n-k_3}}{(k_3-k_2-1)!(n-k_3)!} f(x_1)f(x_2)f(x_3).$$

3.6.2 $b_F = \sup\{x|F(x) < 1\}$; $a_F = \inf\{x|F(x) > 0\}$.

习　题　三

3.1　$f_X(x) = 1/(b-a), x \in (a,b)$; $F_Y(y) = 1/(d-c), y \in (c,d)$.

3.2　$f_X(x) = 21x^2(1-x^4)/8, |x| < 1$; $f_Y(y) = 3.5y^{5/2}, y \in (0,1)$.

3.3　(1) $p_{1,1} = p_{-1,-1} = 1/6, p_{-1,1} = p_{1,-1} = 1/3$; (2) 1/2.

3.4　(1) $C = 3/(\pi R^3)$; (2) $\dfrac{1}{2}$.

3.7　不必.

3.8　不必.

3.9　$c = 1/48$; $P(X=i) = 1/8 \, (1 \leqslant i \leqslant 8)$; $P(Y=1/j) = 1/6 \, (1 \leqslant j \leqslant 6)$.

3.10　$c = 1/8$, $P(X=i) = 1/8 \, (1 \leqslant i \leqslant 8)$; $P(Y=1/j) = 1/8 \, (1 \leqslant j \leqslant 8)$.

3.12　$f(x,y) = 1/(2\pi), (x,y) \in D$.

3.13　$\varphi_1(x) = (b-a)x + a$; $\varphi_2(x) = k, x \in [p_{k-1}, p_k), p_{-1} = 0$,

$$p_k = \sum_{j=0}^{k} \lambda^j \mathrm{e}^{-\lambda}/j!;$$

$$\varphi_3(x) = k, \ x \in [p_{k-1}, p_k), \ p_{-1} = 0, \ p_k = \sum_{j=0}^{k} \mathrm{C}_n^j p^j (1-p)^{n-j}.$$

3.14　1/8; 3/8; 27/32; 2/3.

3.15　$\beta/(1+\beta)$.

3.16　$b \neq 0$ 或 $a = b = c = 0$.

3.17　$P(X > Y) = \mu/(\lambda + \mu)$.

3.18　$f_{\min}(z) = (\lambda + \mu)\mathrm{e}^{-(\lambda+\mu)z}, \quad z > 0$;

$f_{\max}(z) = \lambda\mathrm{e}^{-\lambda z} + \mu\mathrm{e}^{-\mu z} - (\lambda + \mu)\mathrm{e}^{-(\lambda+\mu)z}, \quad z > 0$;

$f_{X+Y}(z) = \dfrac{\lambda\mu}{\mu-\lambda}(\mathrm{e}^{-\lambda z} - \mathrm{e}^{-\mu z}), \quad z > 0$.

3.19　$f_X(x) = x\mathrm{e}^{-x}, x > 0$; $f_Y(y) = \mathrm{e}^{-y}, y > 0$.

3.23　参考例 2.3.5 的结论.

3.24　$f_{Y|X}(y|x) = 1/(2x), |y| < x$; $f_{X|Y}(x|y) = 1/(1-|y|), |y| < x < 1$.

3.25　(1) $f_U(u) = (1/\alpha)f(u)G(u)$; $f_V(v) = (1/\alpha)g(v)[1 - F(v)]$.

3.26　$f_X(x) = g(x)/m(D)$.

3.29　$n(n-1)r^{n-2}(1-r), r \in (0,1)$.

3.32　$f_Z(z) = z^2\mathrm{e}^{-z}/2, z > 0$.

3.33 $k \geqslant 1$ 时为 $2\alpha p^k/(2-p)^{k+1}$, $k = 0$ 时为 $1 - \alpha p/(1-p) + \alpha p/(2-p)$.

3.34 (1) $P_a = e^{-\lambda}(e^{\lambda/2} - 1)$;　　(2) $P_b = \lambda^2/[8(e^{\lambda/2} - 1)]$.

3.36 $f(x,y) = 1/(1-x)$, $0 < x < y < 1$, $f_Y(y) = -\ln(1-y)$, $y \in (0,1)$.

3.37 (1) $X_{(n)} \sim \beta n (1 - e^{-\beta x})^{n-1} e^{-x\beta}$;　　(2) $X_{(1)} \sim Exp(n\beta)$.

3.38 (1) $p\beta e^{-\beta x}/(p + q e^{-\beta x})^2$, $x \geqslant 0$;　　(2) $p\beta e^{-\beta x}/(1 - q e^{-\beta x})^2$, $x \geqslant 0$.

3.39 $\Phi\left(\dfrac{y - \mu_2 - (\rho\sigma_2/\sigma_1)(x - \mu_1)}{\sqrt{(1-\rho^2)}\sigma_2}\right)$.

3.40 $\displaystyle\sum_{k=0}^{n}(1 - e^{-\lambda(z+k)})C_n^k p^k q^{n-k}\mathrm{I}[z \geqslant -k]$;

$\displaystyle\sum_{k=0}^{n}\lambda e^{-\lambda(z+k)}C_n^k p^k q^{n-k}\mathrm{I}[z \geqslant -k]$.

3.41 $\displaystyle\sum_{k=1}^{\infty} f_Y(z - x_k)p_k$.

3.42 $\varphi(x) = \eta(-\ln U)^{1/\beta}$.

3.43 (1)

X	1	2	3	4	5
p_i	0.28	0.28	0.21	0.11	0.12

Y	1	2	3	4	5
p_i	0.18	0.33	0.17	0.12	0.20

(2)

U	1	2	3	4	5
p_i	0.06	0.20	0.27	0.17	0.30

(3)

V	1	2	3	4	5
p_i	0.40	0.41	0.11	0.06	0.02

(4) $P = 0.05/0.17 = 0.2941$.

3.44 (1) $f(x) = (n-1)(1 - x/y)^{n-2}/y$, $x \in (0, y)$;

(2) $f(x) = (n-1)!/y^{n-1}$, $0 < x_1 < x_2 < \cdots < x_{n-1} < y$.

3.45 (1) $f(x) = (n-1)(1 - x/y)^{n-2}/y$, $x \in (0, y)$;

(2) $f(x) = (n-1)!/y^{n-1}$, $0 < x_1 < x_2 < \cdots < x_{n-1} < y$.

3.46 $C_{nk}^j p^j (1-p)^{nk-j}$, $j = 0, 1, \cdots, nk$.

3.47 $P(X \leqslant x | N = n) = \Phi((x - k\mu)/\sqrt{n\sigma^2})$.

3.48 $\dfrac{1}{4(1+v)\sqrt{v}} \exp\left(-\dfrac{\sqrt{u}(\sqrt{v}+1)}{\sqrt{1+v}} \right)$, $u, v > 0$.

3.49 $g(u,v) = \dfrac{1}{2\pi} \exp(-u/2) \dfrac{1}{\sqrt{u^2 - v^2}}$, $|v| < u$.

3.51* 可以.

3.52* X 有连续分布 $F(x)$, $F(X)$ 服从 $[0,1]$ 上的均匀分布, 且有 $F(X_1) < F(X_2) < \cdots < F(X_n)$. 用微分法可得 $(F(X_1), F(X_2), F(X_n))$ 的联合密度

$$g(a,b,c) = n(n-1)(n-2)(c-b)^{n-3}, \quad 0 < a < b < c < 1.$$

由此得

$$\begin{aligned}
P(Y \leqslant y) &= P\left(\frac{F(X_n) - F(X_2)}{F(X_n) - F(X_1)} \leqslant y \right) \\
&= P\left(F(X_n) \leqslant \frac{F(X_2) - yF(X_1)}{1-y} \right) \\
&= \int_0^1 \int_a^1 \int_a^c g(a,b,c) \mathrm{I}\left[c \leqslant \frac{b - ya}{1-y} \right] \mathrm{d}b\,\mathrm{d}c\,\mathrm{d}a \\
&= \int_0^1 \int_a^1 \int_a^c g(a,b,c) \mathrm{I}[b \geqslant c - y(c-a)] \mathrm{d}b\,\mathrm{d}c\,\mathrm{d}a \\
&= \int_0^1 \int_a^1 \int_{c-y(c-a)}^c g(a,b,c) \mathrm{d}b\,\mathrm{d}c\,\mathrm{d}a \text{ (由于 } c - y(c-a) \geqslant a) = y^{n-2}.
\end{aligned}$$

故所求密度为 $f(y) = (n-2)y^{n-3}$, $y \in (0,1)$.

第四章　练　习

4.2.1 (1) 0; (2) 1/2; (3) $(1/2)\cos[(j-k)a]$.

4.5.3 $1/(\lambda + \mu)$.

习　题　四

4.1 $2/\pi$.

4.2 -1860 元.

4.4 0.9998 (这时 $X - Y \sim N(-0.1, 8/10^4)$, 参考习题 3.27).

4.5 $0.9996(= 0.9998^2)$.

4.7 参考习题 2.10.

4.8 取 $\eta = X - Y \sim N(0, 2(1 - \rho))$, $2 \max\{X, Y\} = |\eta| + (X + Y)$, 故 $\mathrm{E} \max\{X, Y\} = \mathrm{E}|\eta|/2 = \sqrt{(1 - \rho)/\pi}$.

4.9 $46/5$ (用定理 4.1.1(3) 和 $\sum\limits_{k=0}^{m} \mathrm{C}_{n-k}^{m-k} = \mathrm{C}_{n+1}^{m}$ (见附录 A 中组合公式 A5)).

4.10 (1) $\sum\limits_{k=1}^{N} \left[1 - \left(\dfrac{k-1}{N} \right)^n \right]$; (2) $n(N + 1)/(n + 1)$.

4.11 $3/4$; $3/5$.

4.12 $\lambda^{-1} \ln[(a + b)/b]$.

4.13 $a_j = \sigma_j^{-2} \Big/ \sum\limits_{j=1}^{n} \sigma_j^{-2}$.

4.14 $\mathrm{E}X = 0$, $\mathrm{Var}(X) = R^2/2$.

4.15 $\sqrt{\pi/2}$.

4.17 $Y = X_1 + X_2 + \cdots + X_n$, $Y_i = Y - X_i$, 则 (X_i, Y_i) $(i = 1, 2, \cdots, n)$ 同分布. 于是 X_i/Y $(i = 1, 2, \cdots, n)$ 同分布, 从而有相同的数学期望……

4.21 49.

4.22 $1/(n + 1)$, $n/(n + 1)$, $n/(n + m)$.

4.23 取 $c = (a + b)/2$, 则 $|X - c| \leqslant |b - c| = (b - a)/2$ 以概率 1 成立……

4.28 $(1) 1/5\lambda$; (2) $137/60\lambda$.

4.35 (1) $\mathrm{E}(S|N = m) = nmp$;　(2) $\mathrm{E}(S|N) = nNp$;

(3) $\mathrm{E}S = \mathrm{E}[\mathrm{E}(S|N)] = n\lambda p$.

4.36 $\mathrm{Cov}(X, Y) = -1/144$.

4.39 $7[1 - (6/7)^{25}]$.

4.40 $\mu \mathrm{E}T$, μ 是每天的平均消费.

4.43 (1) 由 $X = X^+ - X^-$, $|X| = X^+ + X^{-1}$ 和 $\mathrm{E}X = 0$ 得到 $\mathrm{E}X^+ = \dfrac{1}{2} \mathrm{E}|X| \leqslant \dfrac{\sqrt{\sigma^2}}{2}$.

(2) 用马尔可夫不等式得到 $P(X > \sigma + \mu) = P((X - \mu)^+ > \sigma) \leqslant \dfrac{\mathrm{E}(X - \mu)^+}{\sigma} \leqslant \dfrac{1}{2}$.

4.44* 对任何 $x > 0$, 有 $P(X > a) = P(X + x > a + x) \leqslant \mathrm{E}(X + x)^2/(a + x)^2 = (\sigma^2 + x^2)/(a + x)^2$. 极小化 $(\sigma^2 + x^2)/(a + x)^2$ 得到结果.

4.45 -15.38.

4.46 先考虑 $m = 1$.

<h2 style="text-align:center">第五章　练　　习</h2>

5.3.1 $N(\boldsymbol{A\mu} + \boldsymbol{\alpha}, \boldsymbol{A\Sigma A}^{\mathrm{T}})$.

5.3.2 $N\left(\displaystyle\sum_{j=1}^{n} \mu_j, \sum_{j=1}^{n}\sum_{k=1}^{n} \sigma_{jk}\right)$.

<h2 style="text-align:center">习　题　五</h2>

5.2 $\mathrm{e}^{\mathrm{i}\mu t - \lambda|t|}$.

5.3 不独立.

5.4 (1) 参数为 $(n\lambda, n\mu)$ 的柯西分布; (2) $\Gamma(n\alpha, \beta)$ 分布.

5.5 $g(s) = \displaystyle\sum_{k=0}^{\infty} \mathrm{C}_{n+k-1}^{k} p^n q^k s^k = p^n(1 - qs)^{-n}$.

5.6 (1) $p_k = ba^{-(k+1)}, \ k = 0, 1, \cdots$; (2) $p_k = \mathrm{e}^{-1}/k!$.

5.7 $g(s) = \mathrm{E}s^{aX+b} = s^b \mathrm{E}[(s^a)^X] = s^b g(s^a)$.

5.8 (1) $g(s)/(1 - s)$; (2) $[g(\sqrt{s}) + g(-\sqrt{s})]/2, \ s \in [0, 1]$.

5.9 $\mathrm{C}_{14}^3/12^4, \ (\mathrm{C}_{15}^3 - 4)/12^4, \ (\mathrm{C}_{16}^3 - 4\mathrm{C}_4^3)/12^4$.

5.10 $\mathrm{C}_{2n}^{n+k}/2^{2n}$.

5.11 $pqs^2/(1 - s + pqs^2)$, $\mathrm{E}X = 1/(pq)$, $\mathrm{Var}(X) = q/p^2 + p/q^2$.

5.12 $p_1 = p_{-1} = 1/2$; $p_{-2} = p_{-2} = 1/4, p_0 = 1/2$; $p_0 = a_0, p_k = a_{|k|}/2, k = \pm 1, \pm 2, \cdots$; $\mathcal{U}(-1, 1)$.

5.13 (2) 可用特征函数证明.

5.14 是 $X - Y$ 的特征函数, X, Y 独立同分布.

5.19 注意用 X 服从正态分布.

(1) $f(y, x) = \dfrac{1}{2\pi\sigma_Y\sigma_X} \exp\left(-\dfrac{(y - \mu_Y)^2}{2\sigma_Y^2} - \dfrac{(x - ay - b)^2}{2\sigma_X^2}\right)$.

(2) $X \sim N(a\mu_Y + b, \sigma_X^2 + a^2\sigma_Y^2)$.

5.21 $1/2$.

5.22 $kp_k / \displaystyle\sum_{k=0}^{c} kp_k$. 用 X_i 表示第 i 个家庭的小孩数, 则 $X_1, X_2, \cdots, X_n$ 独

立同分布, $S_n = \displaystyle\sum_{k=1}^{n} X_k$ 是全世界的小孩数. 引入 $Y_i = I[X_i = k]$,

则 $Y_1, Y_2, \cdots, Y_n$ 独立同分布. $T_n = \displaystyle\sum_{k=1}^{n} Y_k$ 是全世界有 k 个小孩的家

庭数, kT_n 是全世界有 k 个小孩的家庭的小孩总数. 所要求的概率是

kT_n/S_n. 由于 n 已经充分大, 由强大数律得到

$$\frac{kT_n}{S_n} = \frac{kT_n/n}{S_n/n} \to \frac{k\mathrm{E}Y_1}{\mathrm{E}X_1} = kp_k \Big/ \sum_{k=0}^{c} kp_k.$$

5.24 $\sigma_1^2 = \sigma_2^2$.

5.25 $X + Y \sim N(8, 18)$.

5.26 0.756.

5.27 0.051.

5.28 0.9929.

5.29 (1) $N(\mathbf{0}, \mathbf{I})$; (2) n; (3) $\boldsymbol{\mu}$, $\mathbf{A}\mathbf{A}^{\mathrm{T}} + \boldsymbol{\mu}\boldsymbol{\mu}^{\mathrm{T}}$.

5.30 $n = 16641$, $3n = 49923$.

5.33 $N(\mu_1 - \mu_2, \sigma_1^2/n + \sigma_2^2/m)$.

5.36 用推论 5.5.5.

5.37 0.0081.

5.44 设 $\{X_k\}$ 是独立同分布的随机序列, $X_k \sim Poiss(1)$ $\cdots\cdots$

5.45 (2) $\mu_4 - 1$;

(3) $\begin{cases} 1, & \mu_4 = 1, \\ 0.8413, & \mu_4 > 1. \end{cases}$

5.48* 设 $\{X_j\}$ 独立同分布, $X_j \sim Bino(1, x)$, 则 $S_n = X_1 + X_2 + \cdots + X_n \sim Bino(n, x)$. 由 $S_n/n \to x$ 以概率 1 成立得到有界随机变量 $g(S_n/n) \to g(x)$ 以概率 1 成立. 于是多项式 $g_n(x) = \mathrm{E}g(S_n/n) =$

$$\sum_{j=0}^{n} g(j/n)\mathrm{C}_n^j x^j (1-x)^{n-j} \to g(x).$$ 由于 $g(x)$ 在 $[0,1]$ 有界和均匀连续, 所以可设 $\sup\limits_{x\in[0,1]} |g(x)| \leqslant M$, 并且对任何 $\varepsilon > 0$, 有 $\delta(>0)$ 使得只要 $|x-y| \leqslant \delta$, 就有 $|g(x) - g(y)| \leqslant \varepsilon$. 这样得到

$$\begin{aligned}
|g_n(x) - g(x)| &\leqslant \sum_{j=0}^{n} |g(j/n) - g(x)|\mathrm{C}_n^j x^j (1-x)^{n-j} \\
&= \sum_{j:\,|j/n-x|\leqslant\delta} |g(j/n) - g(x)|\mathrm{C}_n^j x^j (1-x)^{n-j} \\
&\quad + \sum_{j:\,|j/n-x|>\delta} |g(j/n) - g(x)|\mathrm{C}_n^j x^j (1-x)^{n-j} \\
&\leqslant \varepsilon + 2M \sum_{j:\,|j/n-x|>\delta} \mathrm{C}_n^j x^j (1-x)^{n-j} \\
&= \varepsilon + 2M P(|S_n/n - ES_n/n| \geqslant \delta) \\
&\leqslant \varepsilon + \frac{2M}{4n\delta^2} = \varepsilon + \frac{M}{2n\delta^2}.
\end{aligned}$$

上式的右边与 x 无关, 所以结论成立.

第六章　习　题　六

6.2　$\lambda^2 ts + (\lambda t)^2 + \lambda t,\ \lambda s + N(t).$

6.3　$P(50 \leqslant N(5) \leqslant 59) = \sum_{j=50}^{59} \dfrac{(50)^k}{k!}\,\mathrm{e}^{-50}$ 或用中心极限定理得到 0.458.

6.4　(1) $[\lambda(t-s)]^{n-m}\mathrm{e}^{-\lambda(t-s)}/(n-m)!,\ n \leqslant m$; (2) λ; (3) $\Phi(x)$.

6.5　$(1500\lambda)^{k-1}\mathrm{e}^{-1500\lambda}/(k-1)!.$

6.6　$N(t)EY_1,\ \lambda t EY_1.$

6.11　$X_n = \sum_{j=0}^{\infty} a^j \varepsilon_{n-j}.$

6.13　$\Gamma_n.$

附录 A　组合公式和斯特林公式

1. 分类加法计数原理

如果完成一件事有 n 类办法, 在第一类办法中有 m_1 种不同的方法, 在第二类办法中有 m_2 种不同的方法 …… 第 n 类办法中有 m_n 种不同的方法, 每种方法都能完成这件事, 那么完成这件事共有

$$N = m_1 + m_2 + \cdots + m_n$$

种不同的方法.

分类加法计数原理简称为**分类计数原理**. 其特点是各类中的每一方法都可以完成要做的事情.

例 1　从北京到沈阳可乘飞机、火车和长途汽车三种交通工具, 如果一天内有 4 个航班飞往沈阳, 有 3 列火车和有 5 趟长途汽车开往沈阳, 从北京到达沈阳有多少不同的选择?

解　从北京到沈阳有飞机、火车和长途汽车这三类交通工具可供选择, 其中乘飞机有 4 种选择, 乘火车有 3 种选择, 乘长途汽车有 5 种选择, 所以一共有 $4 + 3 + 5 = 12$ 种选择.

2. 分步乘法计数原理

如果完成一件事需要分成 n 个步骤, 第一步有 m_1 种不同的方法, 第二步有 m_2 种不同的方法 …… 在第 n 步有 m_n 种不同的方法, 那么完成这件事共有

$$N = m_1 \times m_2 \times \cdots \times m_n$$

种不同的方法.

分步乘法计数原理简称为**分步计数原理**. 其特点是每一步中都要使用一个方法才能完成要做的事情.

例 2 从 A 到 B 有 3 条不同的路径, 从 B 到 C 也有 3 条不同的路径, 问从 A 到 C 共有多少条不同的路径?

解 假定从 A 到 B 的三条路径分别为 a, b, c, 从 B 到 C 的三条路径分别为 $1, 2, 3$, 则 A 到 C 的路径为

$$a1, a2, a3, b1, b2, b3, c1, c2, c3.$$

共有 $3 \times 3 = 9$ 种.

3. 有重复的排列数

从 n 个不同的元素中取出 m 个元素进行排列, 允许元素重复出现, 这种排列称为有重复的排列, 其不同的排列总数是 n^m 个.

证明 第 1 步选取的元素排在第一位, 有 n 种方法; 第 2 步选取的元素排在第 2 位, 有 n 种方法 …… 第 m 步选取的元素排在第 m 位, 有 n 种方法. 根据分步计数原理, 不同的排列总数是 n^m 个.

例 3 罐中装有编号 1 至 n 的小球 n 个, 从中摸出一个, 记下球号后放回. 摸球 m 次时, 依次记录摸到的球号, 最多得到多少种球号的排列?

解 这是一个有重复的排列问题: 一共有 n 个不同的小球, 从中一共取出 m 个, 允许重复, 不同的结果共有 n^m 种.

4. 排列数

从 n 个不同元素中取出 m $(m \leqslant n)$ 个不同的元素, 按照一定的顺序排成一列, 叫作从 n 个不同元素中取出 m 个元素的一个排列. 用符号 A_n^m 表示排列的个数时, 有

$$A_n^m = \frac{n!}{(n-m)!}.$$

其中, $n!$ 是 n 的阶乘, $0! \equiv 1$.

证明 第 1 步从 n 个元素中选取一个, 有 n 种方法; 第 2 步从余下的 $n-1$ 个元素中选取一个, 有 $n-1$ 种方法 …… 第 m 步从余下的 $n-m+1$ 个元素中选取一个, 有 $n-m+1$ 种方法. 根据分步计数

原理, 一共有

$$n(n-1)(n-2)\cdots(n-m+1) = \frac{n!}{(n-m)!}$$

种方法.

根据排列的定义, 一个排列包含两个方面的意义: 一是"取出元素"; 二是"按照一定顺序排列". 因此, 两个排列相同, 当且仅当这两个排列的元素及其排列顺序完全相同.

如果 $m=n$, A_n^m 表示将全体元素进行排列, 所以又叫作**全排列**. n 个不同元素的全排列个数是

$$A_n^n = n(n-1)\cdots 3\cdot 2\cdot 1 = n!.$$

例 4 我国的邮政编码由 6 位数字组成, 如果每个数字可以是 $0,1,\cdots,9$ 中的一个, 最多可以编排多少个数字互不相同的邮政编码?

解 一个数字均不相同的邮政编码恰是从 $0,1,2,\cdots,9$ 中取出的 6 个数字的一个排列. 这样的数字一共有

$$A_{10}^6 = \frac{10!}{(10-6)!} = 151200.$$

于是, 最多可以编排 151200 个数字互不相同的邮政编码.

5. 组合数

从 n 个不同的元素中取出 $m(m\leqslant n)$ 个不同的元素, 不论次序地构成一组, 称为一个组合. 用 C_n^m 表示所有不同的组合个数时, 有

$$C_n^m = \frac{n!}{m!(n-m)!}, \quad 0\leqslant m\leqslant n.$$

上面所说的"取出 m 个不同的元素"的"不同"是强调取出的元素不能有重复, 也就是指无放回的抽取.

证明 先从这 n 个不同元素中取出 m 个元素, 不考虑次序构成一个组合, 共有 C_n^m 个组合; 然后将每一个组合中的 m 元素进行全排列, 全排列数是 $A_m^m = m!$.

由于第二步得到的全排列恰好是从 n 个不同元素中取出 m 个元素的排列, 所以根据分步计数原理, 得到 $A_n^m = C_n^m A_m^m$. 于是,

$$C_n^m = \frac{A_n^m}{A_m^m} = \frac{n!}{m!(n-m)!}, \quad 0 \leqslant m \leqslant n.$$

排列与组合的相同点是都是从 n 个不同元素中取 m 个元素, 元素无重复. 不同点是组合与顺序无关, 排列与顺序有关. 两个组合相同, 当且仅当这两个组合的元素完全相同.

例 5 把 n 个不同的元素分成有顺序的两组, 第一组有 m 个元素, 第二组有 $n-m$ 个元素, 共有 C_n^m 种分法.

证明 从 n 个不同的元素中取出 $m(m \leqslant n)$ 个不同的元素, 放入第一组, 得到一个组合. 每个组合恰好是一个分组. 因为组合数是 C_n^m, 所以共有 C_n^m 种不同的分组方法.

6. 有次序分组数

将 n 个不同的元素分成有次序的 k 组, 不考虑每组中元素的次序, 第 i 组恰有 n_i 个元素的不同结果数是

$$\binom{n}{n_1, \, n_2, \cdots, n_k} = \frac{n!}{n_1! n_2! \cdots n_k!}.$$

证明 第 1 步从 n 个元素中取出 n_1 个, 有 $C_n^{n_1}$ 种方法; 第 2 步从余下的 $n - n_1$ 个元素中选取 n_2 个, 有 $C_{n-n_1}^{n_2}$ 种方法 $\cdots\cdots$ 第 k 步从余下的 $n - n_1 - n_2 - \cdots - n_{k-1} = n_k$ 个元素中选取 n_k 个, 有 $C_{n_k}^{n_k}$ 种方法. 根据分步计数原理, 一共有

$$C_n^{n_1} C_{n-n_1}^{n_2} \cdots C_{n_k}^{n_k} = \frac{n!}{n_1! n_2! \cdots n_k!}$$

种方法.

7. 可重复的分组数

从 n 个不同的球中有放回地每次抽取一个, 共抽取 m 次. 将这 m 个球不论次序地组成一组时, 可以得到 C_{n+m-1}^m 个不同的组合 (参考 §1.2).

8. 本书中用到的组合公式

A1 $(p+q)^n = \sum_{k=0}^{n} C_n^k p^k q^{n-k}$ (§2.2 二项分布).

A2 $\sum_{k=0}^{n} (C_n^k)^2 = \sum_{k=0}^{n} C_n^k C_n^{n-k} = C_{2n}^n$ (§2.2 超几何分布).

A3 $\sum_{k=0}^{\infty} C_{k+r-1}^{r-1} q^k = (1-q)^{-r}$ (§2.2 负二项分布).

A4 $\sum_{i=k}^{n} C_{i-1}^{k-1} = C_n^k$ (习题 1.46).

A5 $\sum_{k=0}^{m} C_{n-k-1}^{m-k} = C_n^m$ (习题 1.46).

A6 $\sum_{j=0}^{m} C_{n+j}^n = C_{n+m+1}^{n+1}$ (习题 1.46).

A7 $C_{a+b}^b = \sum_{k=0}^{a-r} C_{b+r}^{b-k} C_{a-r}^k$ (习题 1.45).

A8 $C_{a+b}^{a-r} = \sum_{k=0}^{a-r} C_b^k C_a^{k+r}$ (习题 1.45).

A9   斯特林 (Stirling) 公式: $n! \simeq n^n \mathrm{e}^{-n} \sqrt{2\pi n}$, 当 $n \to \infty$.

A10 $C_{n+m}^k = \sum_{i=0}^{k} C_n^i C_m^{k-i}$ (习题 1.43, 练习 3.4.1).

附录 B　Γ 函数和 B 函数

Γ 函数 $\Gamma(\alpha)$ 由积分

$$\Gamma(\alpha) = \int_0^\infty x^{\alpha-1} \mathrm{e}^{-x}\,\mathrm{d}x, \quad \alpha > 0$$

定义, 有如下的基本性质:

$$\Gamma(\alpha) = \Gamma(1+\alpha)/\alpha, \quad \Gamma(n) = (n-1)!, \quad \Gamma(1/2) = \sqrt{\pi}.$$

B 函数 $\mathrm{B}(a,b)$ 由积分

$$\mathrm{B}(a,b) = \int_0^1 x^{a-1}(1-x)^{b-1}\,\mathrm{d}x, \quad a,b > 0$$

定义, 有如下的基本性质:

$$\mathrm{B}(a,b) = \frac{\Gamma(a)\Gamma(b)}{\Gamma(a+b)}.$$

附录 C　常见概率分布的数学期望、方差、母函数和特征函数

离散型分布	概率分布	数学期望	方差	母函数	特征函数
伯努利分布 $Bino(1,p)$	$p_k = p^k q^{1-k}$, $k = 0,1$, $p + q = 1, pq > 0$	p	pq	$ps + q$	$pe^{it} + q$
二项分布 $Bino(n,p)$	$p_k = C_n^k p^k q^{n-k}$, $0 \leqslant k \leqslant n$, $p + q = 1$, $pq > 0$	np	npq	$(ps + q)^n$	$(pe^{it} + q)^n$
泊松分布 $Poiss(\lambda)$	$p_k = \dfrac{\lambda^k}{k!} e^{-\lambda}$, $k = 0,1,\cdots$, $\lambda = $ 正常数	λ	λ	$e^{\lambda(s-1)}$	$e^{\lambda(e^{it}-1)}$
几何分布	$p_j = q^{j-1} p$, $j = 1,2,\cdots$	$\dfrac{1}{p}$	$\dfrac{q}{p^2}$	$\dfrac{ps}{(1 - qs)}$	$\dfrac{pe^{it}}{(1 - qe^{it})}$
超几何分布 $H(n,M,N)$	$p_k = \dfrac{C_M^k C_{N-M}^{n-k}}{C_N^n}$, $0 \leqslant k \leqslant n$, $p + q = 1$, $pq > 0$	$\dfrac{nM}{N}$	$n\dfrac{M}{N}\left(1 - \dfrac{M}{N}\right)$ $\times \dfrac{N - n}{N - 1}$		
负二项分布	$p_k = C_{k+r-1}^{r-1} q^k p^r$, $k = 0,1\cdots$, $p + q = 1$, $pq > 0$	$\dfrac{rq}{p}$	$\dfrac{rq}{p^2}$	$\left(\dfrac{p}{1 - qs}\right)^r$	$\left(\dfrac{p}{1 - qe^{it}}\right)^r$

连续型分布	概率密度	数学期望	方差	特征函数
均匀分布 $Unif(a,b)$	$f(x) = \dfrac{1}{b-a},$ $a < x < b$	$\dfrac{a+b}{2}$	$\dfrac{(b-a)^2}{12}$	$\dfrac{(\mathrm{e}^{itb} - \mathrm{e}^{ita})}{it(b-a)}$
指数分布 $Exp(\lambda)$	$f(x) = \lambda \mathrm{e}^{-\lambda x},\ x > 0$	$\dfrac{1}{\lambda}$	$\dfrac{1}{\lambda^2}$	$\left(1 - \dfrac{\mathrm{i}t}{\lambda}\right)^{-1}$
正态分布 $N(\mu,\sigma^2)$	$\dfrac{1}{\sqrt{2\pi}\sigma} \exp\left[-\dfrac{(x-\mu)^2}{2\sigma^2}\right]$	μ	σ^2	$\exp\left(\mathrm{i}\mu t - \dfrac{\sigma^2 t^2}{2}\right)$
$\Gamma(\alpha,\beta)$ 分布	$\dfrac{\beta^\alpha}{\Gamma(\alpha)} x^{\alpha-1} \mathrm{e}^{-\beta x},\ x \geqslant 0$	$\dfrac{\alpha}{\beta}$	$\dfrac{\alpha}{\beta^2}$	$(1 - \mathrm{i}t/\beta)^{-\alpha}$

附录 D   正态分布表

$$\Phi(x) = \frac{1}{\sqrt{2\pi}} \int_{-\infty}^{x} e^{-t^2/2} \, dt$$

x	$\Phi(x)$	x	$\Phi(x)$	x	$\Phi(x)$
0.00	0.5000	0.62	0.7324	1.24	0.8925
0.02	0.5080	0.64	0.7389	1.26	0.8962
0.04	0.5160	0.66	0.7454	1.28	0.8997
0.06	0.5239	0.68	0.7517	1.30	0.9032
0.08	0.5319	0.70	0.7580	1.32	0.9066
0.10	0.5398	0.72	0.7642	1.34	0.9099
0.12	0.5478	0.74	0.7704	1.36	0.9131
0.14	0.5557	0.76	0.7764	1.38	0.9162
0.16	0.5636	0.78	0.7823	1.40	0.9192
0.18	0.5714	0.80	0.7881	1.42	0.9222
0.20	0.5793	0.82	0.7939	1.44	0.9251
0.22	0.5871	0.84	0.7995	1.46	0.9279
0.24	0.5948	0.86	0.8051	1.48	0.9306
0.26	0.6026	0.88	0.8106	1.50	0.9332
0.28	0.6103	0.90	0.8159	1.52	0.9357
0.30	0.6179	0.92	0.8212	1.54	0.9382
0.32	0.6255	0.94	0.8264	1.56	0.9406
0.34	0.6331	0.96	0.8315	1.58	0.9429
0.36	0.6406	0.98	0.8365	1.60	0.9452
0.38	0.6480	1.00	0.8413	1.62	0.9474
0.40	0.6554	1.02	0.8461	1.64	0.9495
0.42	0.6628	1.04	0.8508	1.66	0.9515
0.44	0.6700	1.06	0.8554	1.68	0.9535
0.46	0.6772	1.08	0.8599	1.70	0.9554
0.48	0.6844	1.10	0.8643	1.72	0.9573
0.50	0.6915	1.12	0.8686	1.74	0.9591
0.52	0.6985	1.14	0.8729	1.76	0.9608
0.54	0.7054	1.16	0.8770	1.78	0.9625
0.56	0.7123	1.18	0.8810	1.80	0.9641
0.58	0.7190	1.20	0.8849	1.82	0.9656
0.60	0.7257	1.22	0.8888	1.84	0.9671

(续表)

x	$\Phi(x)$	x	$\Phi(x)$	x	$\Phi(x)$
1.86	0.9686	2.56	0.9948	3.26	0.9994
1.88	0.9699	2.58	0.9951	3.28	0.9995
1.90	0.9713	2.60	0.9953	3.30	0.9995
1.92	0.9726	2.62	0.9956	3.32	0.9995
1.94	0.9738	2.64	0.9959	3.34	0.9996
1.96	0.9750	2.66	0.9961	3.36	0.9996
1.98	0.9761	2.68	0.9963	3.38	0.9996
2.00	0.9772	2.70	0.9965	3.40	0.9997
2.02	0.9783	2.72	0.9967	3.42	0.9997
2.04	0.9793	2.74	0.9969	3.44	0.9997
2.06	0.9803	2.76	0.9971	3.46	0.9997
2.08	0.9812	2.78	0.9973	3.48	0.9997
2.10	0.9821	2.80	0.9974	3.50	0.9998
2.12	0.9830	2.82	0.9976	3.52	0.9998
2.14	0.9838	2.84	0.9977	3.54	0.9998
2.16	0.9846	2.86	0.9979	3.56	0.9998
2.18	0.9854	2.88	0.9980	3.58	0.9998
2.20	0.9861	2.90	0.9981	3.60	0.9998
2.22	0.9868	2.92	0.9982	3.62	0.9999
2.24	0.9875	2.94	0.9984	3.64	0.9999
2.26	0.9881	2.96	0.9985	3.66	0.9999
2.28	0.9887	2.98	0.9986	3.68	0.9999
2.30	0.9893	3.00	0.9987	3.70	0.9999
2.32	0.9898	3.02	0.9987	3.72	0.9999
2.34	0.9904	3.04	0.9988	3.74	0.9999
2.36	0.9909	3.06	0.9989	3.76	0.9999
2.38	0.9913	3.08	0.9990	3.78	0.9999
2.40	0.9918	3.10	0.9990	3.80	0.9999
2.42	0.9922	3.12	0.9991	3.82	0.9999
2.44	0.9927	3.14	0.9992	3.84	0.9999
2.46	0.9931	3.16	0.9992	3.86	0.9999
2.48	0.9934	3.18	0.9993	3.88	0.9999
2.50	0.9938	3.20	0.9993	3.90	1.0000
2.52	0.9941	3.22	0.9994	3.92	1.0000
2.54	0.9945	3.24	0.9994	3.94	1.0000

参 考 书 目

[1] 陈希孺. 数理统计学简史[M]. 长沙: 湖南教育出版社, 2002.

[2] 何书元. 概率论与数理统计[M]. 北京: 高等教育出版社, 2021.

[3] 何书元. 应用时间序列分析[M]. 2版. 北京: 北京大学出版社, 2023.

[4] 何声武. 随机过程引论[M]. 北京: 高等教育出版社, 1999.

[5] 茆诗松, 王玲玲. 加速寿命试验[M]. 北京: 科学出版社, 1997.

[6] 汪仁官. 概率论引论[M]. 北京: 北京大学出版社, 1994.

[7] Saeed G. Fundamentals of Probability[M]. New Jersey: Prentice-Hall, Inc USA, 2000.

[8] Ross S M. 概率论基础教程: 第 7 版 [M]. 郑忠国, 詹从赞, 译. 北京: 人民邮电出版社, 2007.

名 词 索 引